力学

御領 潤
Goryo Jun
[著]

NBS
Nippyo
Basic Series

日評ベーシック・シリーズ

日本評論社

はじめに

物理学とは何か，何を目指しているのか，という問いかけに対し，物理を研究している人々の間で大まかに共通の認識があると思います．たとえば，日本で最初にノーベル賞を受賞した湯川秀樹博士はその著作において,「物理学は法則を媒介として自然現象を理解しようとする学問である」という言葉で端的に表現しています．すなわち，できるだけ少ない知識 (少数の法則) から，バラエティに富んだ数多くのことがら (物理現象) を統一的に説明すること，いわば「一を知って十を知る」ことを目指しているといってよいと思います．そして物理のなかでも，この思想がもっともわかりやすく反映されているのが力学といえるのではないでしょうか．

筆者は学生のとき力学の授業で,「初期条件を与えれば物体の運動は一意に定まる，というのが力学の命である」と教わりました．それに対し熱・統計力学ではすべての物体の初期条件を一意に定めることができないため，統計性・不可逆性が生じます．また，量子力学では状態の時間発展の一意性は力学と同様ですが，状態を観測することが系に影響を与えるため，物理量の測定結果を確率的にしか予言することができません．このように，力学以降に発展してきた分野の特徴・本質を際立たせるためにも，力学の理解は重要となってきます．いわば，物理の体系の中の「基準」のような働きをしているといってもいいかもしれません．そのため，物理を学ぶ上で最初に力学を会得しておくことは，とても大切だと思います．

筆者は現在，理工学部 1, 2 年生の力学の講義を担当していますが，執筆に当たっては実際の教室での状況を思い起こしながら，初学者が詰まりそうなところに気をつけてできるだけ丁寧に書いたつもりです．また，あまり煩雑な計算を要する問題には立ち入らず，基本的な問題を取り上げています．

力学の教科書には，歴史的な名著やいろいろな工夫が凝らされた素晴らしいものが，すでに数多く世に出されています．そのような状況の中で執筆をお引き受けしたことは，浅学無知な筆者にとってまさに清水の舞台を飛び降りる心地でした．いろいろ至らない点も多いことと思われます．お気づきの点があればぜひとも，ご指導・ご鞭撻いただければ幸いです．

本書の執筆を勧めてくださった初貝安弘先生，そして長いこと忍耐強く原稿をお待ちいただいた上に，的確なコメントを下さった日本評論社編集部の筧裕子さんに心より厚く御礼申し上げます．また，遠く離れて単身赴任をしている筆者を温かく見守り続けてくれている家族に対しても，感謝の意を表します．

雪帽子の岩木山を眺めつつ，

2017 年 2 月

御領 潤

目次

第1章

微分と積分

初めに，高等学校の数学で学習してきた微積分に関して簡単な復習を行う．この章に出てくる内容は，後の章で頻繁に用いられる．

1.1 関数の微分

1.1.1 微分の定義

変数が t であるような関数 $f(t)$ があったとき，その微分は極限操作

$$\frac{df(t)}{dt} \equiv \lim_{\Delta t \to 0} \frac{f(t+\Delta t) - f(t)}{\Delta t} \tag{1.1}$$

によって定義される．

順を追って説明すると，まず，t を有限量 Δt だけ増やしたときの $f(t)$ の増分 $\Delta f(t) = f(t+\Delta t) - f(t)$ を求める．これを Δt で割る．これは，区間 Δt における関数 $f(t)$ の変化の割合を表す．そして，$\Delta t \to 0$ の極限を取る．すなわち，微分とは無限小の区間における関数 $f(t)$ の変化の割合である．よって，微分は関数 $f(t)$ の接線の傾きと一致することがわかる (図 1.1)．後にテイラー展開の節 (p.5) でも述べるが，Δt が十分小さいときには近似的に

$$f(t+\Delta t) \simeq f(t) + \frac{df(t)}{dt}\Delta t \tag{1.2}$$

が成り立つことが微分の定義からわかる．

微分の記号は，(1.1) 式の左辺のような表し方の他に，$f'(t)$ のようにダッシュ記号を用いる表し方もある．微分する変数 t が時間を表している場合，時間微分

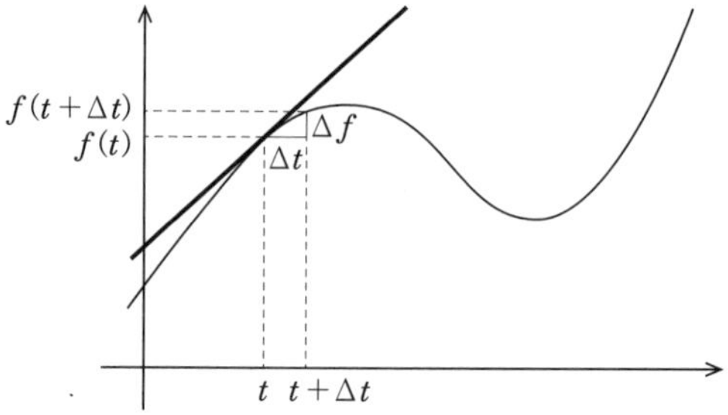

図 1.1 微分と接線の傾き.

と呼ばれる．空間変数で微分する場合は空間微分と呼ぶ．時間微分の場合には特に，$\dot{f}(t)$ のように表すこともある．本書では適宜，それぞれの表記を用いる．

例題 1.1 点 $\mathrm{P}(t_0, x_0)$ を通る関数 $x = f(t)$ の，点 P における接線の方程式を求めなさい．

解 接線の傾きは $f'(t_0)$ になる．点 P を通るため，

$$x - x_0 = f'(t_0)(t - t_0). \tag{1.3}$$

□

1.1.2 三角関数とその微分

頻繁に用いる具体例として，三角関数の微分を考える．まずは三角関数の復習から入ろう．図 1.2 (a) のように，斜辺の長さが 1 である直角三角形を考える．三角関数は，斜辺以外の 2 辺の長さを図で定義された角度 θ の関数として表した量である．水平線に平行な辺の長さが $\cos\theta$, 鉛直線に平行な辺の長さが $\sin\theta$ である．ピタゴラスの定理より，

$$\cos^2\theta + \sin^2\theta = 1 \tag{1.4}$$

が導かれる．

ここで，図 1.2 (b) のように斜辺の長さは 1 のまま直角三角形の角度を微小量 $d\theta$ だけ変化させる．補助線として，水平線と平行な一点鎖線 (-·-·-) を引いてみる．すると，太い横線が $\cos\theta$ の変化量 $d\cos\theta$, 太い縦線が $\sin\theta$ の変化量 $d\sin\theta$

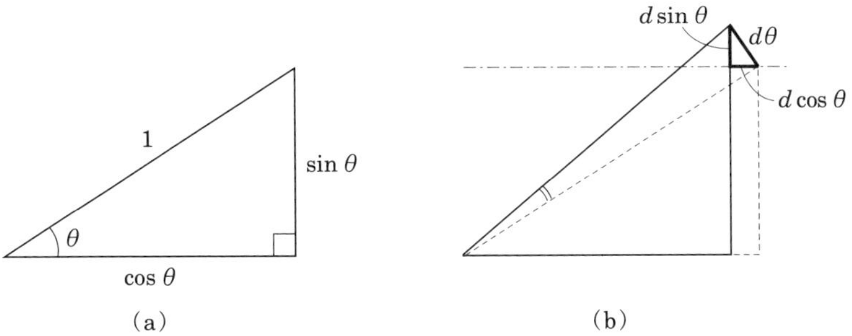

図 1.2 (a) 三角関数の定義と，(b) 角度を微小量 $d\theta$ だけ変えたときの三角関数の変化量．破線 (----) はもとの直角三角形であり，一点鎖線 (-·-·-) は水平線と平行になっている．$\cos\theta$ の変化量は太い横線，$\sin\theta$ の変化量は太い縦線となる．

を表していることがわかる．ところで，太線で囲まれた直角三角形は，角度が θ であったもとの直角三角形 (破線で囲まれた直角三角形) と相似の関係にある．そして太線の三角形の斜辺の長さは直径 1 で角度 $d\theta$ を見込む円弧の長さ，すなわち $d\theta$ と近似的に等しい．それゆえ，

$$d\sin\theta = \cos\theta d\theta, \tag{1.5}$$

$$d\cos\theta = -\sin\theta d\theta \tag{1.6}$$

となる．両辺を微小量 $d\theta$ で割ることにより，

$$\frac{d\sin\theta}{d\theta} = \cos\theta, \tag{1.7}$$

$$\frac{d\cos\theta}{d\theta} = -\sin\theta. \tag{1.8}$$

すなわち，$\sin\theta$ の微分は $\cos\theta$ になり，$\cos\theta$ の微分は $-\sin\theta$ になることが示される．

1.1.3 いろいろな初等関数の微分と微分の公式

三角関数も含めた初等的な関数の微分を，表 1.1 にまとめた．また，とてもよく使う微分の公式として，関数の**積の微分**，および，**合成関数の微分**も表 1.1 の最後にまとめてある．これらの公式を用いた計算は，自動的に手が動くくらいに習熟しておきたいところである．

表 1.1 簡単な関数の微分や微分公式.

$f(t)$	$f'(t)$	
t^a	at^{a-1}	a は実数
$\log t$	t^{-1}	
e^t	e^t	
$\sin t$	$\cos t$	
$\cos t$	$-\sin t$	
$\tan t$	$(\cos t)^{-2}$	
$\sin^{-1} t$	$(1-t^2)^{-1/2}$	
$\cos^{-1} t$	$-(1-t^2)^{-1/2}$	
$\tan^{-1} t$	$(1+t^2)^{-1}$	
$\cosh t$	$\sinh t$	ただし，$\cosh t = \dfrac{e^t + e^{-t}}{2}$, $\sinh t = \dfrac{e^t - e^{-t}}{2}$
$\sinh t$	$\cosh t$	
$\tanh t$	$1 - \tanh^2 t$	ただし，$\tanh t = \dfrac{\sinh t}{\cosh t}$
$\cosh^{-1} t$	$(t^2-1)^{-1/2}$	
$\sinh^{-1} t$	$(t^2+1)^{-1/2}$	
$\tanh^{-1} t$	$(1-t^2)^{-1}$	
$g(at)$	$ag'(t)$	
$g(h(t))$	$g'(t)\dfrac{dg(h)}{dh}$	合成関数の微分
$g(t)h(t)$	$g'(t)h(t) + g(t)h'(t)$	関数の積の微分
$g^{-1}(t)$	$\left(\dfrac{dg(y)}{dy}\right)^{-1}$	ただし，$t = g(y)$
$\log g(t)$	$\dfrac{g'(t)}{g(t)}$	

1.1.4 テイラー展開

$t=t_0$ のまわりにおける関数 $f(t)$ のテイラー展開は

$$f(t) = f(t_0) + \left.\frac{df(t)}{dt}\right|_{t=t_0}(t-t_0) + \frac{1}{2!}\left.\frac{d^2f(t)}{dt^2}\right|_{t=t_0}(t-t_0)^2 + \cdots$$
$$= \sum_{n=0}^{\infty}\frac{(t-t_0)^n}{n!}\left.\frac{d^nf(t)}{dt^n}\right|_{t=t_0} \tag{1.9}$$

で与えられる．ここで，

$$\left.\frac{d^nf(t)}{dt^n}\right|_{t=t_0} \tag{1.10}$$

は $t=t_0$ における $f(t)$ の n 階微分である．特に，$t_0=0$ の場合の展開を**マクローリン展開**という．

例題 1.2 (1.9) 式を証明しなさい．

解 (1.9) 式の左辺を n 階 $(n=0,1,2,\ldots)$ 微分してから $t=t_0$ とおくと，$\left.\frac{d^nf(t)}{dt^n}\right|_{t=t_0}$ となる．右辺に関しても同様の操作を行うと，やはり同じ量 $\left.\frac{d^nf(t)}{dt^n}\right|_{t=t_0}$ が得られる． □

テイラー展開 (1.9) を用いると，t_0 にほど近い値をもつ t に関して $f(t)$ の近似式を得ることができ，さまざまな場面で大変有用である．$t-t_0 \ll 1$ のとき，$(t-t_0)^n$ は次数 n が大きくなればなるほどさらに小さい量となる．そこで，

$$f(t) = f(t_0) + \left.\frac{df(t)}{dt}\right|_{t=t_0}(t-t_0) + \mathcal{O}((t-t_0)^2) \tag{1.11}$$

のように $(t-t_0)$ に関してゼロ次の項と 1 次の項だけを考慮し，2 次以上の項 $\mathcal{O}((t-t_0)^2)$ を無限小量として無視するという近似が可能となる．より近似の精度を上げたければ，取り込む次数を上げていけば良い．

例題 1.3 $t=0.1$ として，以下の関数 $f(t)$ の近似値を求めなさい．ただし，t の 2 次以上の項は無視してよい．

(1) $f(t)=\sqrt{1+t}$

(2) $f(t)=\dfrac{1}{1+t}$

(3) $f(t) = e^t$

(4) $f(t) = \log(1+t)$

(5) $f(t) = \sin t$

解 マクローリン展開 ($t=0$ のまわりのテイラー展開)

$$f(t) = f(0) + \left.\frac{df(t)}{dt}\right|_{t=0} t + \mathcal{O}(t^2)$$

を用いる．

(1) $f(0) = 1,\ f'(0) = \dfrac{1}{2}$ より，

$$\sqrt{1+0.1} = 1 + \frac{1}{2} \times 0.1 + \cdots \simeq 1.05.$$

(2) $f(0) = 1,\ f'(0) = -1$ より，

$$\frac{1}{1+0.1} = 1 - 1 \times 0.1 + \cdots \simeq 0.9.$$

(3) $f(0) = 1,\ f'(0) = 1$ より，

$$e^{0.1} = 1 + 1 \times 0.1 + \cdots \simeq 1.1.$$

(4) $f(0) = 0,\ f'(0) = 1$ より，

$$\log(1+0.1) = 1 \times 0.1 + \cdots \simeq 0.1.$$

(5) $f(0) = 0,\ f'(0) = 1$ より，

$$\sin 0.1 = 1 \times 0.1 + \cdots \simeq 0.1.$$

□

例題 1.4 以下の問いに答えなさい．

(1) $f(t) = \sin t$ をマクローリン展開しなさい．

(2) $f(t) = \cos t$ をマクローリン展開しなさい．

(3) $f(t) = e^{it}$ をマクローリン展開しなさい．また，上の二つの問いの答えを用いて，$e^{it} = \cos t + i \sin t$ となることを確かめなさい．

解 (1) $f(t)$ の n 階微分を $f^{(n)}(t)$ と表す．

$f^{(2n)}(t) = (-1)^n \sin t,\ f^{(2n+1)}(t) = (-1)^n \cos t$ より，$f^{(2n)}(0) = 0,\ f^{(2n+1)}(0) = (-1)^n$．よって，

$$f(t) = t - \frac{1}{3!}t^3 + \frac{1}{5!}t^5 + \cdots = \sum_n \frac{(-1)^n}{(2n+1)!}t^{2n+1}. \tag{1.12}$$

(2) $f^{(2n)}(t) = (-1)^n \cos t$, $f^{(2n+1)}(t) = (-1)^n \sin t$ より，$f^{(2n)}(0) = (-1)^n$，$f^{(2n+1)}(0) = 0$. よって，

$$f(t) = 1 - \frac{1}{2!}t^2 + \frac{1}{4!}t^4 + \cdots = \sum_n \frac{(-1)^n}{2n!}t^{2n}. \tag{1.13}$$

(3) $f^{(n)}(t) = i^n e^{it}$ より，$f^n(0) = i^n$. よって，

$$\begin{aligned} f(t) &= 1 + it - \frac{1}{2!}t^2 - \frac{i}{3!}t^3 + \frac{1}{4!}t^4 + \cdots \\ &= \sum_n \frac{i^n}{n!}t^n \\ &= \sum_n \frac{(-1)^n}{2n!}t^{2n} + i\sum_n \frac{(-1)^n}{(2n+1)!}t^{2n+1} \\ &= \cos t + i \sin t. \end{aligned} \tag{1.14}$$

□

上の例題で得られた

$$e^{it} = \cos t + i \sin t \tag{1.15}$$

を**オイラーの公式**と呼ぶ.

これは指数関数の虚数べきの定義とみなせる．頻繁に用いられる関係式である．また，この公式より直ちに

$$\cos t = \frac{e^{it} + e^{-it}}{2}, \tag{1.16}$$

$$\sin t = \frac{e^{it} - e^{-it}}{2i} \tag{1.17}$$

が成り立つこともわかる.

例題 1.5 (1.16) 式と (1.17) 式が成り立つことを示しなさい.

解 (1.15) 式より，

$$e^{-it} = \cos t - i \sin t. \tag{1.18}$$

(1.15) 式と (1.18) 式を辺々足すことにより (1.16) 式が，引くことにより (1.17) 式が導かれる. □

1.2 関数の積分

1.2.1 不定積分

微分したら $f(t)$ となる関数のことを $f(t)$ の不定積分と呼び，

$$\int dt\, f(t) \tag{1.19}$$

と表す．これは $\int f(t)\, dt$ のように，dt を $f(t)$ の後に書いても良い．本書でも両方を用いる．$F(t)$ を $f(t)$ の不定積分の一つであるとすると，これに定数 C を加えたものの微分もやはり $f(t)$ となるので，

$$\int dt\, f(t) = F(t) + C \tag{1.20}$$

のように表される．C は積分定数と呼ばれる．

たとえば，表 1.1 (p.4) にあるように t^a の微分は $dt^a/dt = at^{a-1}$ となるので，

$$\int dt\, t^{a-1} = \frac{t^a}{a} + C \qquad (\text{ただし，} a \neq 0) \tag{1.21}$$

となる．基本的な関数の不定積分を表 1.2 にまとめておく．また，よく用いる部分積分や置換積分の公式もまとめた．

1.2.2 定積分

変数 t の領域を決めて積分することを定積分と呼ぶ．$t_a \leqq t \leqq t_b$ の領域における定積分を

$$\int_{t_a}^{t_b} dt\, f(t) = F(t_b) - F(t_a) \tag{1.22}$$

と定義する．定積分には，

$$\int_{t_a}^{t_b} dt\, f(t) = -\int_{t_b}^{t_a} dt\, f(t), \tag{1.23}$$

$$\int_{t_a}^{t_b} dt\, f(t) + \int_{t_c}^{t_a} dt\, f(t) = \int_{t_c}^{t_b} dt\, f(t) \tag{1.24}$$

という性質がある．

表 1.2 基本的な関数の不定積分や積分公式 (ただし，C は積分定数).

$f(t)$	$\int dt\, f(t)$	
0	C	
t^a	$(a+1)^{-1}t^{a+1}+C$	ただし，$a \neq -1$
t^{-1}	$\log\lvert t\rvert + C$	
e^t	$e^t + C$	
$\sin t$	$-\cos t + C$	
$\cos t$	$\sin t + C$	
$(\cos t)^{-2}$	$\tan t + C$	
$(1-t^2)^{-1/2}$	$-\cos^{-1} t + C$	
$(1+t^2)^{-1}$	$\tan^{-1} t + C$	
$\sinh t$	$\cosh t + C$	
$\cosh t$	$\sinh t + C$	
$1-\tanh^2 t$	$\tanh t + C$	
$(t^2-1)^{-1/2}$	$\cosh^{-1} t + C$	
$(t^2+1)^{-1/2}$	$\sinh^{-1} t + C$	
$(1-t^2)^{-1}$	$\tanh^{-1} t + C$	
$g(at)$	$a^{-1}G(at)+C$	ただし，$G(t)$ は $g(t)$ の不定積分の一つ
$g'(t)h(t)$	$g(t)h(t) - \int dt\, g(t)h'(t)$	部分積分
$g(h(t))h'(t)$	$G(h(t))+C$	置換積分 ($x=h(t)$ とおく)

例題 1.6 (1.23), (1.24) 式を示しなさい.

解 (1.22) 式より,

$$\int_{t_b}^{t_a} dt\, f(t) = F(t_a) - F(t_b) = -\int_{t_a}^{t_b} dt\, f(t). \tag{1.25}$$

また,

$$\int_{t_c}^{t_a} dt\, f(t) = F(t_a) - F(t_c). \tag{1.26}$$

よって，

$$\int_{t_a}^{t_b} dt\, f(t) + \int_{t_c}^{t_a} dt\, f(t) = (F(t_b) - F(t_a)) + (F(t_a) - F(t_c))$$
$$= F(t_b) - F(t_c)$$
$$= \int_{t_b}^{t_c} dt\, f(t). \tag{1.27}$$

□

1.2.3 定積分と面積

図 1.3 (a) の斜線部の面積 S を計算することを考えよう．まず近似的に求めるには，図 1.3 (b) のように 0 から T の区間を N 等分してできる短冊の面積を足し合わせれば良いことに気がつく．式で書くと

$$S \simeq \sum_{n=0}^{N-1} \Delta t f(t_n). \tag{1.28}$$

ただし，

$$t_n = t_a + n\Delta t \tag{1.29}$$

であり，

$$\Delta t = \frac{t_b - t_a}{N} \tag{1.30}$$

は短冊の幅である．より正確な値を求めようと思ったら，分割数 N を増やしていけば良い．そして右辺で $N \to \infty$, 言い換えると $\Delta t \to 0$ の極限をとれば厳密に S と一致する．式で書くと，

$$S = \lim_{\Delta t \to 0} \sum_{n=1}^{N-1} \Delta t f(t_n). \tag{1.31}$$

ところで，$F(t)$ を微分したら $f(t)$ になるので，

$$f(t_n) = \left.\frac{dF(t)}{dt}\right|_{t=t_n}. \tag{1.32}$$

((1.32) 式の右辺は $t = t_n$ における $F(t_n)$ の微分を表している)．それゆえ，$F(t_{n+1}) = F(t_n + \Delta t)$ について，Δt に関するテイラー展開の 1 次までを考えると

$$F(t_{n+1}) - F(t_n) \simeq \Delta t f(t_n) \tag{1.33}$$

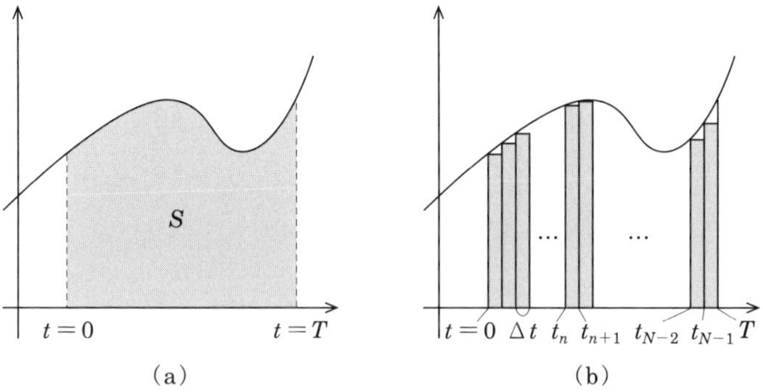

図 1.3 定積分と面積. (a) 求めたい面積と, (b) それを短冊に分割したもの.

となり, Δt をゼロに近づけるほど左辺と右辺の値は一致していく. よって,

$$
\begin{aligned}
S &= \lim_{\Delta t \to 0} \sum_{n=0}^{N-1} (F(t_{n+1}) - F(t_n)) \\
&= F(t_b) - F(t_a) \\
&= \int_{t_a}^{t_b} dt\, f(t).
\end{aligned}
\tag{1.34}
$$

すなわち, 図 1.3 (a) の斜線部の面積は定積分 (1.22) で表される.

以上の説明より同時に, **積分とは, 無限小量を無限に足し合わせる操作である**ことがわかる.

例題 1.7 $0 \leqq t < 1$ の領域で, 以下の関数 $x = f(t)$ と t 軸との間に挟まれる領域の面積を求めなさい. ただし, x が負の領域の面積は負であるとすること.

(1) $f(t) = t^2 - \dfrac{1}{4}$

(2) $f(t) = e^{-t}$

(3) $f(t) = \dfrac{1}{1+t}$

解 求める面積を S とすると,

$$
(1) \quad S = \int_0^1 dt \left(t^2 - \frac{1}{4}\right) = \left[\frac{1}{3}t^3 - \frac{t}{4}\right]_0^1 = \frac{1}{12}. \tag{1.35}
$$

$$(2) \quad S = \int_0^1 dt\, e^{-t} = \left[-e^{-t}\right]_0^1 = 1 - \frac{1}{e}. \tag{1.36}$$

$$(3) \quad S = \int_0^1 dt \frac{1}{1+t} = [\log|1+t|]_0^1 = \log 2. \tag{1.37}$$

□

第2章

運動の記述

運動とは物体の位置の時間的変化のことを指す．この章では，運動をどのように表すかについて議論する．物体の運動とその原因に関する議論については次章以降で紹介する．前者を**運動学**，後者を**力学**と呼んでいる．また，ベクトルの基本事項についてもおさらいをする．

2.1　物体の位置・変位

簡単のため物体を点で近似する．物体の位置は，別の物体から見た距離と方向を定めることによって決まる．すなわち基準が必要である．距離と方向を決めるためには基準は点では事足りず，大きさを持ったものでなければならない．この役割を果たしているのが座標系である．一番簡単なタイプの座標系は直交座標系で，適当な位置に原点 O を与え，そこから互いに直交する 3 本の軸，x 軸，y 軸，z 軸を用意する．ここで，図 2.1 のように，z 軸は x 軸の正の方向から y 軸の正の方向へ回したときに右ねじが進む向きにとるのが通常である．これを右手系と呼ぶ．座標軸を設定してやると，物体が存在する点 P は図 2.1 のように座標値 (x, y, z) によって表すことができる．また，点 P の位置を原点 $\mathrm{O}(0, 0, 0)$ から点 $\mathrm{P}(x, y, z)$ に向けて引いた矢印，すなわち 図 2.1 の太い矢印のようなベクトルを用いて表すこともできる．このような位置を指定するベクトルのことを，特に**位置ベクトル**と呼ぶ．

物体が点 P から点 Q まで移動したとする．このとき，P から Q へ向けて引いたベクトルを変位という．変位といった場合，物体が実際にたどった経路は問題

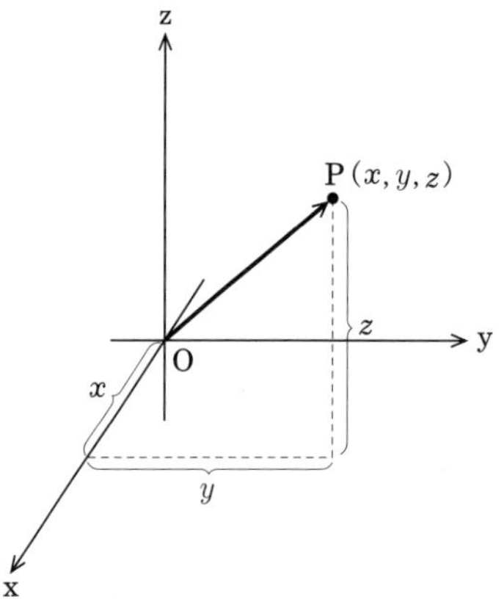

図 2.1 直交座標系，および点 P の位置ベクトル．本書では，座標軸はローマン体，座標はイタリックのローマン体で表す．

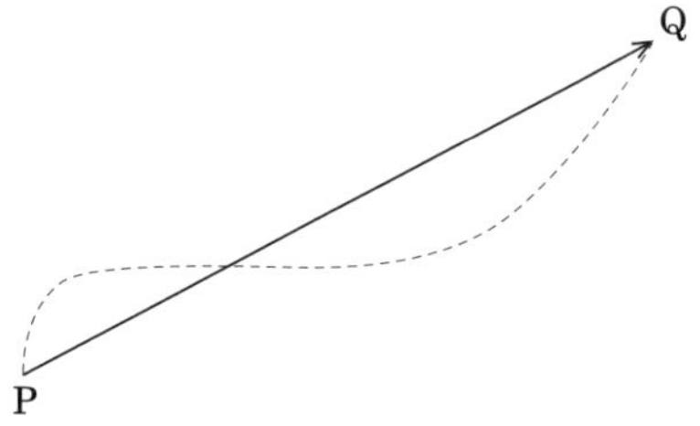

図 2.2 物体の変位．実際には物体が破線にそって進んだとしても，変位は点 P と点 Q を結ぶベクトルで与えられる．

にしない．たとえば物体が図 2.2 の破線にあるように蛇行して進んだとしても，始点 P と終点 Q が同じであるかぎり変位は同じになる．

2.2 ベクトル

前節からもわかるように，物体の運動を記述する上でベクトルは大変便利なものである．そこでしばらくページを割いて，ベクトルとその基本的な演算について紹介しよう．

物理で扱う量のなかには，質量や電荷などといった，正負の大きさだけをもつ量がある．これを**スカラー量**と呼ぶ．その一方で，前節の繰り返しになるが物体の位置やその変位 (どの方向にどれだけ移動したか) を議論したいときには，大きさと向きを表す量があると便利である．これを**ベクトル量**と呼ぶ．ベクトル量は一般に $\boldsymbol{A}$ のように太文字で表される．また，$\vec{A}$ のような表し方もある．特に，始点が B で終点が C で与えられるベクトルの場合，これを $\overrightarrow{\mathrm{BC}}$ のように表すこともある．この表記に従うと，前節で述べた位置ベクトルは $\overrightarrow{\mathrm{OP}}$, 変位は $\overrightarrow{\mathrm{PQ}}$ となる．本書では主に，太文字による表記法を用いる．

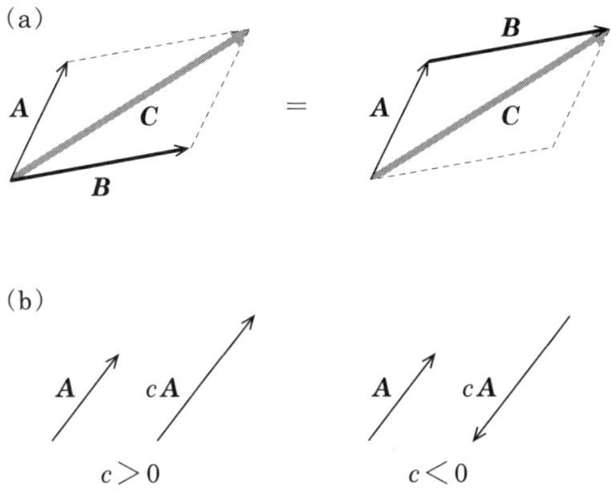

図 2.3　(a) ベクトルの和と差，および (b) 定数倍．(a) の右辺では，$\boldsymbol{B}$ を平行移動したものもまた $\boldsymbol{B}$ に等しい，という性質を使っている．

2.2.1　ベクトルの和と差

二つのベクトル $\boldsymbol{A}$ と $\boldsymbol{B}$ の和で与えられるベクトル

$$\boldsymbol{C} = \boldsymbol{A} + \boldsymbol{B} \tag{2.1}$$

は，図 2.3 (a) の左辺のように平行四辺形の法則に従って与えられる．

ベクトル和のことをベクトルの合成とも呼ぶ．ここで，あるベクトルを平行移動したものも元のベクトルと同じである，という性質がある．すなわち，ベクトルは原点のとりかたによらない．そのため上の和は図 2.3 (a) の右辺のように描いても構わない．ところで (2.1) 式を変形すると，

$$\boldsymbol{B} = \boldsymbol{C} - \boldsymbol{A} \tag{2.2}$$

のように書ける．これを図 2.3 (a) の右辺と見比べると，ベクトル $\boldsymbol{C}$ と $\boldsymbol{A}$ の差は，ベクトル $\boldsymbol{A}$ の先端からベクトル $\boldsymbol{C}$ の先端へ向けて描いたものに等しいことがわかる．

2.2.2　ベクトルの定数倍・単位ベクトル

ベクトル $\boldsymbol{A}$ の大きさ (矢印の長さ) は $|\boldsymbol{A}|$, あるいは A と表される．$\boldsymbol{A}$ に定数 c を掛けると，元のベクトルと比べ大きさが $|c\boldsymbol{A}|$ 倍で，$c > 0$ なら同じ向き，$c < 0$

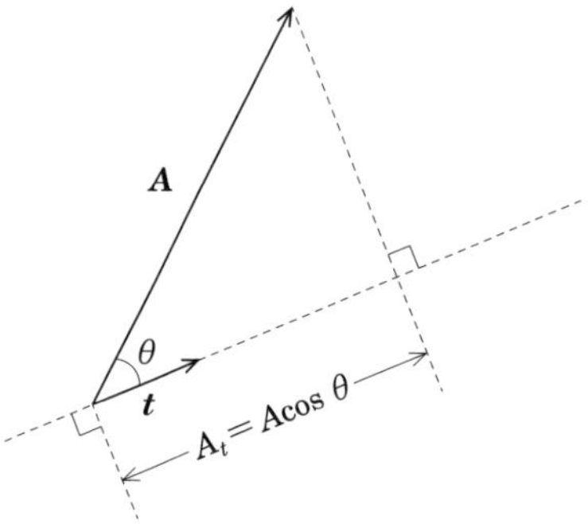

図 2.4　$\boldsymbol{A}$ の $\boldsymbol{t}$ 方向に対する成分 A_t.

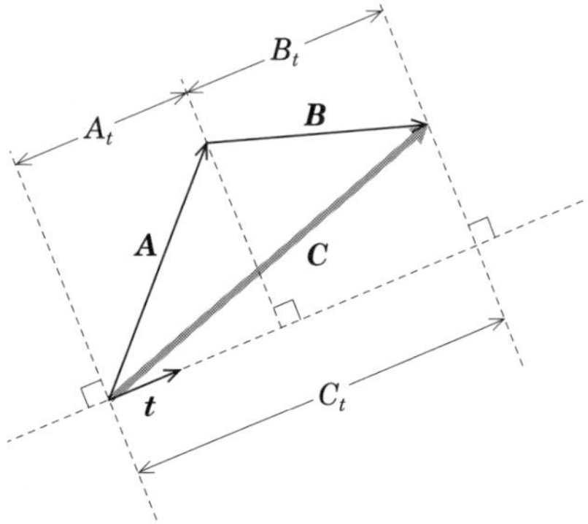

図 2.5　ベクトル和の成分．図より，$C_t = A_t + B_t$ であることがわかる．

なら逆向きのものになる (図 2.3 (b) 参照)．また，向きが $\boldsymbol{A}$ と同じで大きさが 1 のベクトルのことを $\boldsymbol{A}$ の単位ベクトルと呼び，

$$\boldsymbol{e}_A = \frac{\boldsymbol{A}}{|\boldsymbol{A}|} \tag{2.3}$$

と表す．単位ベクトルを $\hat{\boldsymbol{A}}$ とする表し方もある．

2.2.3　ベクトルの成分

二つのベクトル $\boldsymbol{A}$ と $\boldsymbol{t}$ があるとする．図 2.4 のように，$\boldsymbol{A}$ を $\boldsymbol{t}$ の方向へ正射影した線分を，$\boldsymbol{A}$ の $\boldsymbol{t}$ 方向に対する成分と呼ぶ．これを A_t と表すことにする．$\boldsymbol{A}$ と $\boldsymbol{t}$ のなす角を θ $(0 \leqq \theta < \pi)$ とすると，

$$A_t = A\cos\theta \tag{2.4}$$

となる．ベクトル和 (2.1) 式で，合成されたベクトル $\boldsymbol{C}$ の成分と $\boldsymbol{A}$ および $\boldsymbol{B}$ の成分との関係は，図 2.5 からもわかるように

$$C_t = A_t + B_t \tag{2.5}$$

となる．これは任意の $\boldsymbol{t}$ に対して成り立つ．

前節で導入した直交座標系で，ベクトル $\boldsymbol{A}$ と x, y, z 軸とのなす角をそれぞれ $\theta_x, \theta_y, \theta_z$ とすると，

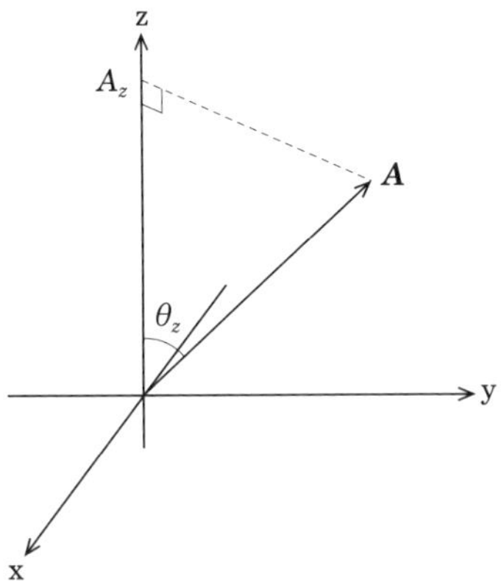

図 2.6　$\boldsymbol{A}$ の成分 A_z. A_x, A_y も同様に求められる.

$$
\begin{aligned}
A_x &= A\cos\theta_x, \\
A_y &= A\cos\theta_y, \\
A_z &= A\cos\theta_z
\end{aligned}
\tag{2.6}
$$

となる (図 2.6 参照). あるいは逆にこれら三つの成分がわかると, ベクトルの大きさおよび向きが

$$
\begin{aligned}
A &= \sqrt{A_x^2 + A_y^2 + A_z^2}, \\
\theta_x &= \cos^{-1}\frac{A_x}{A}, \\
\theta_y &= \cos^{-1}\frac{A_y}{A}, \\
\theta_z &= \cos^{-1}\frac{A_z}{A}
\end{aligned}
\tag{2.7}
$$

より決まるので, ベクトルを与えることと, ベクトルの 3 成分を与えることは等価である. これらの成分を列にならべ,

$$
\boldsymbol{A} = \begin{pmatrix} A_x \\ A_y \\ A_z \end{pmatrix}
\tag{2.8}
$$

のように表す. また, ベクトルの合成 (2.1) について考えると, 成分和の関係式 (2.5) より,

$$\begin{pmatrix} C_x \\ C_y \\ C_z \end{pmatrix} = \begin{pmatrix} A_x + B_x \\ A_y + B_y \\ A_z + B_z \end{pmatrix} \tag{2.9}$$

となることがわかる．すなわち，二つのベクトルの同じ成分同士の和をとることで，合成されたベクトルの各成分が得られる．

2.2.4　基底ベクトル

一般に，各座標軸の正の方向を向く単位ベクトルのセットを基底ベクトルと呼ぶ．直交座標系について考えてみよう．

例題 2.1　x, y, z 軸の正の方向を向く単位ベクトルはそれぞれ，

$$\boldsymbol{e}_x = \begin{pmatrix} 1 \\ 0 \\ 0 \end{pmatrix}, \quad \boldsymbol{e}_y = \begin{pmatrix} 0 \\ 1 \\ 0 \end{pmatrix}, \quad \boldsymbol{e}_z = \begin{pmatrix} 0 \\ 0 \\ 1 \end{pmatrix} \tag{2.10}$$

で与えられることを示しなさい．

解

$$\boldsymbol{e}_x = \begin{pmatrix} \alpha \\ \beta \\ \gamma \end{pmatrix}$$

とおく．(2.6) 式より，

$$\alpha = |\boldsymbol{e}_x| \cos\theta_x,$$
$$\beta = |\boldsymbol{e}_x| \cos\theta_y,$$
$$\gamma = |\boldsymbol{e}_x| \cos\theta_z.$$

大きさ $|\boldsymbol{e}_x| = 1$, $\theta_x = 0$, $\theta_y = \theta_z = \pi$ であることから，$\alpha = 1$, $\beta = \gamma = 0$. よって，$\boldsymbol{e}_x$ が得られる．$\boldsymbol{e}_y$, $\boldsymbol{e}_z$ についても同様．□

(2.10) 式にある三つの単位ベクトルをまとめて直交座標系の基底ベクトルと呼び，図 2.7 のように表される．これを用いると，

$$\boldsymbol{A} = A_x\boldsymbol{e}_x + A_y\boldsymbol{e}_y + A_z\boldsymbol{e}_z \tag{2.11}$$

と表すことができる．

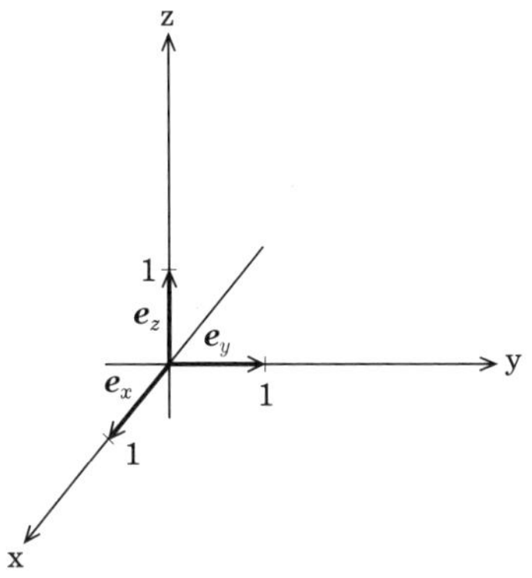

図 2.7 直交座標系の基底ベクトル.

2.2.5 内積

ベクトルの内積は

$$\boldsymbol{A}\cdot\boldsymbol{B} = AB\cos\theta \tag{2.12}$$

と定義される．ここで，θ は $\boldsymbol{A}$ と $\boldsymbol{B}$ のなす角である．

例題 2.2 (1) $\boldsymbol{A}\cdot\boldsymbol{A} = A^2$, および $\boldsymbol{A}\cdot\boldsymbol{B} = \boldsymbol{B}\cdot\boldsymbol{A}$ を示しなさい．

(2) 基底ベクトル同士の内積は

$$\boldsymbol{e}_x\cdot\boldsymbol{e}_x = \boldsymbol{e}_y\cdot\boldsymbol{e}_y = \boldsymbol{e}_z\cdot\boldsymbol{e}_z = 1,$$
$$\boldsymbol{e}_x\cdot\boldsymbol{e}_y = \boldsymbol{e}_y\cdot\boldsymbol{e}_z = \boldsymbol{e}_z\cdot\boldsymbol{e}_x = 0$$

となることを示しなさい．

(3) $\boldsymbol{A}\cdot\boldsymbol{B} = A_xB_x + A_yB_y + A_zB_z$ を示しなさい．

解 (1) 定義である (2.12) 式において $\boldsymbol{B} = \boldsymbol{A}$ とおくと，$\theta = 0$ となるため

$$\boldsymbol{A}\cdot\boldsymbol{A} = A^2\cos 0 = A^2. \tag{2.13}$$

また，

$$\boldsymbol{B}\cdot\boldsymbol{A} = BA\cos\theta = AB\cos\theta = \boldsymbol{A}\cdot\boldsymbol{B}. \tag{2.14}$$

(2) (2.12) 式において $\boldsymbol{A} = \boldsymbol{e}_x$, $\boldsymbol{B} = \boldsymbol{e}_x$ とおくと，$|\boldsymbol{e}_x| = 1, \theta = 0$ より，

$$\boldsymbol{e}_x \cdot \boldsymbol{e}_x = \cos 0 = 1.$$

$\boldsymbol{e}_y \cdot \boldsymbol{e}_y$, $\boldsymbol{e}_z \cdot \boldsymbol{e}_z$ も同様．また，(2.12) 式において $\boldsymbol{A} = \boldsymbol{e}_x$, $\boldsymbol{B} = \boldsymbol{e}_y$ とおくと，$\theta = \pi/2$ となるので，

$$\boldsymbol{e}_x \cdot \boldsymbol{e}_y = \cos \frac{\pi}{2} = 0.$$

$\boldsymbol{e}_y \cdot \boldsymbol{e}_z$, $\boldsymbol{e}_z \cdot \boldsymbol{e}_x$ も同様.

(3)
$$\begin{aligned}
\boldsymbol{A} \cdot \boldsymbol{B} &= (\boldsymbol{e}_x A_x + \boldsymbol{e}_y A_y + \boldsymbol{e}_z A_z) \cdot (\boldsymbol{e}_x B_x + \boldsymbol{e}_y B_y + \boldsymbol{e}_z B_z) \\
&= \boldsymbol{e}_x \cdot \boldsymbol{e}_x A_x B_x + \boldsymbol{e}_x \cdot \boldsymbol{e}_y A_x B_y + \boldsymbol{e}_x \cdot \boldsymbol{e}_z A_x B_z \\
&\quad + \boldsymbol{e}_y \cdot \boldsymbol{e}_x A_y B_x + \boldsymbol{e}_y \cdot \boldsymbol{e}_y A_y B_y + \boldsymbol{e}_y \cdot \boldsymbol{e}_z A_y B_z \\
&\quad + \boldsymbol{e}_z \cdot \boldsymbol{e}_x A_z B_x + \boldsymbol{e}_z \cdot \boldsymbol{e}_y A_z B_y + \boldsymbol{e}_z \cdot \boldsymbol{e}_z A_z B_z.
\end{aligned}$$

(2) で示した性質，および (1) で示した性質 $\boldsymbol{A} \cdot \boldsymbol{B} = \boldsymbol{B} \cdot \boldsymbol{A}$ を用いると，題意が示される．□

2.2.6　外積

ベクトルの外積は

$$\boldsymbol{A} \times \boldsymbol{B} = AB \sin\theta \hat{\boldsymbol{N}}_{AB} \tag{2.15}$$

と定義される.

二つのベクトルがなす角 θ は，$0 \leqq \theta \leqq \pi$ で定義されていることに注意してほしい．そして $\hat{\boldsymbol{N}}_{AB}$ は，$\boldsymbol{A}$ が指す向きから $\boldsymbol{B}$ が指す向きへ回したときに右ねじが進む方向を向く単位ベクトルである．また，外積の大きさ $AB|\sin\theta|$ は $\boldsymbol{A}$ と $\boldsymbol{B}$ によって囲まれる平行四辺形の面積に等しい (図 2.8 参照)．$\boldsymbol{A} \times \boldsymbol{B}$ をこの平行四辺形の**面積ベクトル**と呼ぶ．これを 2 で割ったベクトル $\boldsymbol{A} \times \boldsymbol{B}/2$ は，$\boldsymbol{A}$ と $\boldsymbol{B}$ に挟まれる三角形の面積ベクトルとなる.

例題 2.3　(1)　$\boldsymbol{A} \times \boldsymbol{A} = 0$, および $\boldsymbol{A} \times \boldsymbol{B} = -\boldsymbol{B} \times \boldsymbol{A}$ を示しなさい.

(2)　基底ベクトル同士の外積は

$$\boldsymbol{e}_x \times \boldsymbol{e}_y = \boldsymbol{e}_z,$$
$$\boldsymbol{e}_y \times \boldsymbol{e}_z = \boldsymbol{e}_x,$$
$$\boldsymbol{e}_z \times \boldsymbol{e}_x = \boldsymbol{e}_y,$$

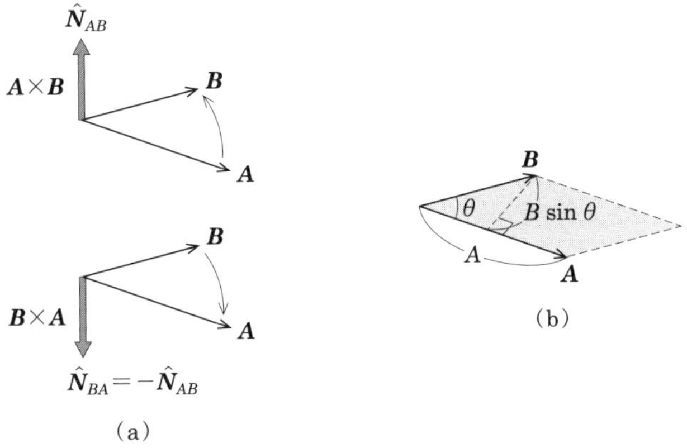

図 2.8 外積の向きと大きさ. (a) $\boldsymbol{A}\times\boldsymbol{B}$ と $\boldsymbol{B}\times\boldsymbol{A}$ は互いに逆向きになる. (b) 外積の大きさ $AB\sin\theta$. これは $\boldsymbol{A}$ と $\boldsymbol{B}$ で囲まれる平行四辺形 (灰色) の面積に等しい.

$$\boldsymbol{e}_x\times\boldsymbol{e}_x=\boldsymbol{e}_y\times\boldsymbol{e}_y=\boldsymbol{e}_z\times\boldsymbol{e}_z=0$$

となることを示しなさい.

(3)
$$\boldsymbol{A}\times\boldsymbol{B}=\boldsymbol{e}_x(A_yB_z-A_zB_y)+\boldsymbol{e}_y(A_zB_x-A_xB_z)+\boldsymbol{e}_z(A_xB_y-A_yB_x)$$
$$=\begin{vmatrix}\boldsymbol{e}_x & \boldsymbol{e}_y & \boldsymbol{e}_z\\ A_x & A_y & A_z\\ B_x & B_y & B_z\end{vmatrix}$$

を示しなさい.

解 (1) 定義である (2.15) 式において $\boldsymbol{B}=\boldsymbol{A}$ とおくと, $\theta=0$ となるため外積の大きさが

$$|\boldsymbol{A}\times\boldsymbol{A}|=A^2\sin 0=0 \tag{2.16}$$

となる. また,

$$\boldsymbol{B}\times\boldsymbol{A}=AB\sin\theta\hat{\boldsymbol{N}}_{BA}.$$

ここで,

$$\hat{\boldsymbol{N}}_{BA}=-\hat{\boldsymbol{N}}_{AB} \tag{2.17}$$

なので (図 2.8 参照)，$\boldsymbol{B} \times \boldsymbol{A} = -\boldsymbol{A} \times \boldsymbol{B}$ となる．

(2) 定義である (2.15) 式において $\boldsymbol{A} = \boldsymbol{e}_x$, $\boldsymbol{B} = \boldsymbol{e}_y$ とおくと，$\theta = \pi/2$ となる．また，$\hat{N}_{AB} = \boldsymbol{e}_z$ となる．よって，$\boldsymbol{e}_x \times \boldsymbol{e}_y = \boldsymbol{e}_z$. $\boldsymbol{e}_y \times \boldsymbol{e}_z = \boldsymbol{e}_x$ と $\boldsymbol{e}_z \times \boldsymbol{e}_x = \boldsymbol{e}_y$ も同様に示される．

また，(1) で示したように同じベクトル同士の外積はゼロになるので，$\boldsymbol{e}_x \times \boldsymbol{e}_x = \boldsymbol{e}_y \times \boldsymbol{e}_y = \boldsymbol{e}_z \times \boldsymbol{e}_z = 0$.

(3)
$$\begin{aligned}\boldsymbol{A} \times \boldsymbol{B} &= (\boldsymbol{e}_x A_x + \boldsymbol{e}_y A_y + \boldsymbol{e}_z A_z) \times (\boldsymbol{e}_x B_x + \boldsymbol{e}_y B_y + \boldsymbol{e}_z B_z) \\ &= \boldsymbol{e}_x \times \boldsymbol{e}_x A_x B_x + \boldsymbol{e}_x \times \boldsymbol{e}_y A_x B_y + \boldsymbol{e}_x \times \boldsymbol{e}_z A_x B_z \\ &\quad + \boldsymbol{e}_y \times \boldsymbol{e}_x A_y B_x + \boldsymbol{e}_y \times \boldsymbol{e}_y A_y B_y + \boldsymbol{e}_y \times \boldsymbol{e}_z A_y B_z \\ &\quad + \boldsymbol{e}_z \times \boldsymbol{e}_x A_z B_x + \boldsymbol{e}_z \times \boldsymbol{e}_y A_z B_y + \boldsymbol{e}_z \times \boldsymbol{e}_z A_z B_z.\end{aligned}$$

(2) で示した単位ベクトルの外積の性質，および (1) で示した $\boldsymbol{A} \times \boldsymbol{B} = -\boldsymbol{B} \times \boldsymbol{A}$ の性質を用いると，題意が示される． □

2.2.7 公式

内積と外積に関する公式として，下記の二つが有名である．

$$(\boldsymbol{a} \times \boldsymbol{b}) \cdot \boldsymbol{c} = (\boldsymbol{b} \times \boldsymbol{c}) \cdot \boldsymbol{a} = (\boldsymbol{c} \times \boldsymbol{a}) \cdot \boldsymbol{b} \tag{2.18}$$

$$\boldsymbol{a} \times (\boldsymbol{b} \times \boldsymbol{c}) = \boldsymbol{b}(\boldsymbol{c} \cdot \boldsymbol{a}) - \boldsymbol{c}(\boldsymbol{a} \cdot \boldsymbol{b}) \tag{2.19}$$

例題 2.4 (1) (2.18) 式を示しなさい．

(2) (2.19) 式を示しなさい．

解 (1) 内積と外積の定義に従って展開すると，

$$\begin{aligned}(\boldsymbol{a} \times \boldsymbol{b}) \cdot \boldsymbol{c} &= (\boldsymbol{a} \times \boldsymbol{b})_x c_x + (\boldsymbol{a} \times \boldsymbol{b})_y c_y + (\boldsymbol{a} \times \boldsymbol{b})_z c_z \\ &= (a_y b_z - a_z b_y) c_x + (a_z b_x - a_x b_z) c_y + (a_x b_y - a_y b_x) c_z \\ &= a_y b_z c_x + a_z b_x c_y + a_x b_y c_z - a_z b_y c_x - a_x b_z c_y - a_y b_x c_z.\end{aligned} \tag{2.20}$$

ところで，$(\boldsymbol{b} \times \boldsymbol{c}) \cdot \boldsymbol{a}$, $(\boldsymbol{c} \times \boldsymbol{a}) \cdot \boldsymbol{b}$ の答えはそれぞれ (2.20) 式の最終行において，$(a, b, c) \to (b, c, a)$, $(a, b, c) \to (c, a, b)$ と置き換えたものに等しい．ところで，(2.20) 式の最終行は両方の置き換えに対して不変である．よって，(2.18) 式が成り立つ．

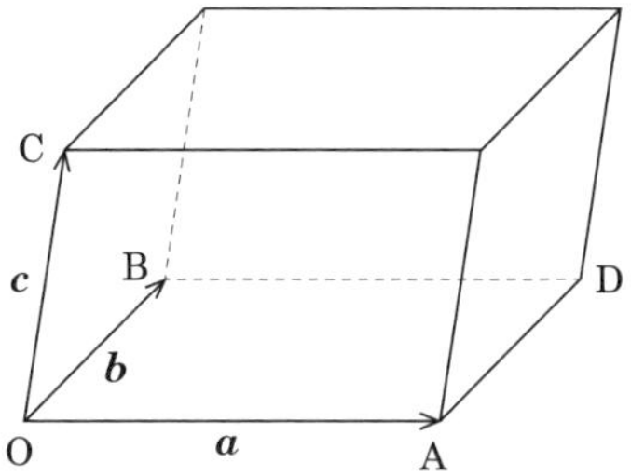

図 2.9　$\boldsymbol{a}$, $\boldsymbol{b}$, $\boldsymbol{c}$ に囲まれた平行六面体.

別解　$(\boldsymbol{a}\times\boldsymbol{b})\cdot\boldsymbol{c}$ は図 2.9 のような $\boldsymbol{a}$, $\boldsymbol{b}$, $\boldsymbol{c}$ に囲まれた平行六面体の体積を表す.なぜなら，θ_c を $\boldsymbol{a}\times\boldsymbol{b}$ と $\boldsymbol{c}$ のなす角とすると，

$$(\boldsymbol{a}\times\boldsymbol{b})\cdot\boldsymbol{c}=|\boldsymbol{a}\times\boldsymbol{b}|c\cos\theta_c. \tag{2.21}$$

ベクトルの外積の説明の際に述べたように (図 2.8 (p.21) 参照)，$|\boldsymbol{a}\times\boldsymbol{b}|$ は OADB の面積であり，$c\cos\theta_c$ は OADB を底面と見たときの平行六面体の高さになる.よってこの式は平行六面体の体積を表す．同様に，$(\boldsymbol{b}\times\boldsymbol{c})\cdot\boldsymbol{a}$ も $(\boldsymbol{c}\times\boldsymbol{a})\cdot\boldsymbol{b}$ も同じ平行六面体の体積を表すことがわかる.

(2) 左辺の z 成分を計算すると，

$$\begin{aligned}\boldsymbol{a}\times(\boldsymbol{b}\times\boldsymbol{c})\big|_z &= a_x(\boldsymbol{b}\times\boldsymbol{c})_y-a_y(\boldsymbol{b}\times\boldsymbol{c})_x\\ &= a_x(b_zc_x-b_xc_z)-a_y(b_yc_z-b_zc_y)\\ &= b_z(c_xa_x+c_ya_y)-c_z(a_xb_x+a_yb_y)+a_zb_zc_z-a_zb_zc_z\\ &= b_z(c_xa_x+c_ya_y+c_za_z)-c_z(a_xb_x+a_yb_y+a_zb_z)\\ &= b_z(\boldsymbol{c}\cdot\boldsymbol{a})-c_z(\boldsymbol{a}\cdot\boldsymbol{b}).\end{aligned} \tag{2.22}$$

よって，(2.19) 式の z 成分が示された．x 成分，y 成分に関しても同様に示せる.

□

2.3　速度・加速度

物体が運動しているとき，物体の位置は時々刻々と変化する．すなわち位置ベクトルは時刻 t の関数となり，

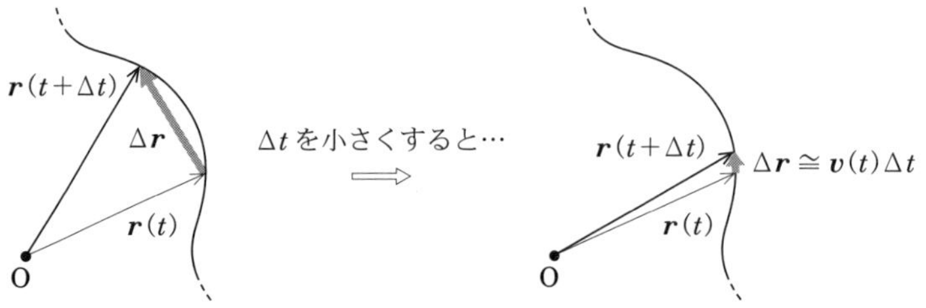

図 2.10 軌跡と速度.

$$\boldsymbol{r}(t) = \begin{pmatrix} x(t) \\ y(t) \\ z(t) \end{pmatrix} = x(t)\boldsymbol{e}_x + y(t)\boldsymbol{e}_y + z(t)\boldsymbol{e}_z \tag{2.23}$$

と表される．時刻 t の変化とともに位置ベクトルの変化をトレースすると，図 2.10 のように物体の軌跡を描くことができる．時間が Δt だけたった後の物体の位置は $\boldsymbol{r}(t+\Delta t)$ で示される．そしてこの間の変位は $\Delta\boldsymbol{r} = \boldsymbol{r}(t+\Delta t) - \boldsymbol{r}(t)$ で与えられる．2.1 節で述べたように，また図 2.10 でも示されているように，変位はこの間実際に物体がたどった経路とは必ずしも一致しない．

ここで，Δt 間の物体の位置の変化の割合，すなわち平均の速度は $\Delta\boldsymbol{r}/\Delta t$ となる (図 2.10)．ただし，これはあくまでも平均化された速度である．物体は $\boldsymbol{r}(t)$ と $\boldsymbol{r}(t+\Delta t)$ の間を往来したり，あるいは激しくジグザグに運動していたかもしれない．すると，ある瞬間の速度は平均の速度と異なることは明らかである．物体の速度の時間変化をより精密に追いかけようと思ったら，時間間隔 Δt を小さくとればよい．そして $\Delta t \to 0$ の極限をとることによって，**時刻 t の瞬間の速度 $\boldsymbol{v}(t)$** が明らかになる．すなわち，

速度 $\boldsymbol{v}(t)$ は，位置ベクトルの時間微分

$$\boldsymbol{v}(t) = \lim_{\Delta t \to 0} \frac{\Delta\boldsymbol{r}}{\Delta t} = \frac{d\boldsymbol{r}(t)}{dt} = \dot{\boldsymbol{r}}(t) \tag{2.24}$$

で定義される．

速度もベクトルであり，大きさと向きを持った量であることに注目してほしい．そして，速度の大きさのことを**速さ**と呼んでいる．また，図 2.10 から速度は軌跡の接線方向を常に向いていることがわかる．また，Δt が十分小さいときは，

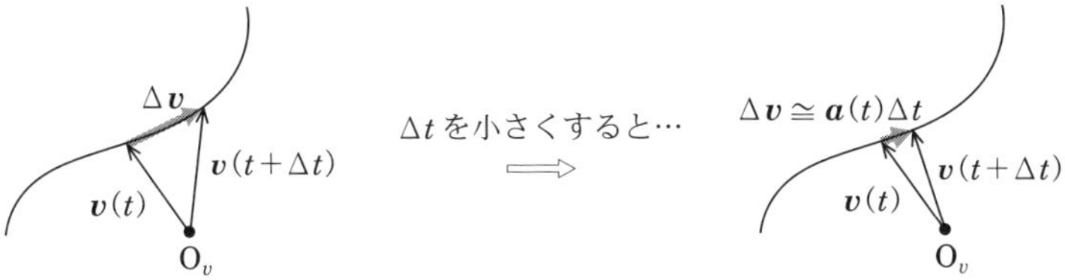

図 2.11 ホドグラフ.

$\Delta\boldsymbol{r}(t) \simeq \boldsymbol{v}(t)\Delta t$ と近似できることも見て取れる.

(2.24) 式からも明らかなように，速度も時間に依存する．図 2.11 のように，速度の起点を一点に固定して時間変化の様子を描いた図をホドグラフと呼ぶ．ここから速度の時間変化の割合，すなわち加速度を考えることができる．まず，時間 Δt の速度の変化量 $\Delta\boldsymbol{v} = \boldsymbol{v}(t+\Delta t) - \boldsymbol{v}(t)$ より，平均の加速度 $\Delta\boldsymbol{v}/\Delta t$ がわかる.

そして $\Delta t \to 0$ の極限，すなわち速度の時間微分によって時刻 t の瞬間の加速度

$$\boldsymbol{a}(t) = \lim_{\Delta t \to 0} \frac{\Delta \boldsymbol{v}}{\Delta t} = \frac{d\boldsymbol{v}}{dt} = \dot{\boldsymbol{v}}(t) = \ddot{\boldsymbol{r}}(t) \tag{2.25}$$

が定義される.

加速度も大きさと向きを持ったベクトル量になる．図 2.11 からわかるように，加速度の向きはホドグラフの接線方向を向く．また，Δt が十分小さいときは，$\Delta\boldsymbol{v}(t) \simeq \boldsymbol{a}(t)\Delta t$ と近似できることも見て取れる.

例題 2.5 (1) 速度や加速度の直交座標系における各成分はどのようになるか確かめなさい.

(2) $x(t) = at^3 + bt + c$, $y(t) = dt + e$, $z(t) = ft^2$ が与えられているとき，物体の速度，および加速度を求めなさい.

(3) 速さが変わらなくても加速度が生じる例を挙げなさい.

解 (1) 位置ベクトル

$$\boldsymbol{r}(t) = x(t)\boldsymbol{e}_x + y(t)\boldsymbol{e}_y + z(t)\boldsymbol{e}_z$$

を時間微分する．直交座標系の基底ベクトルは時間に依存しない[1]．よって，

$$\dot{\boldsymbol{r}}(t) = \dot{x}(t)\boldsymbol{e}_x + \dot{y}(t)\boldsymbol{e}_y + \dot{z}(t)\boldsymbol{e}_z \tag{2.26}$$

となり，速度の各成分は位置ベクトルの各成分の時間微分で与えられることがわかる．これをさらに1階微分することにより，

$$\ddot{\boldsymbol{r}}(t) = \ddot{x}(t)\boldsymbol{e}_x + \ddot{y}(t)\boldsymbol{e}_y + \ddot{z}(t)\boldsymbol{e}_z \tag{2.27}$$

となり，加速度の各成分は位置ベクトルの各成分の時間に関する2階微分で与えられることがわかる．

(2)　速度

$$\dot{\boldsymbol{r}}(t) = (3at^2 + b)\boldsymbol{e}_x + d\boldsymbol{e}_y + 2ft\boldsymbol{e}_z. \tag{2.28}$$

加速度

$$\ddot{\boldsymbol{r}}(t) = 6at\boldsymbol{e}_x + 2f\boldsymbol{e}_z. \tag{2.29}$$

(3)　等速円運動．(ヒント: 等速円運動のホドグラフを描いてみよ．)

等速円運動に限らず，速さが一定のまま速度の向きが変わる運動なら何でも良い．また，これらの場合加速度は必ず速度と直交する．ホドグラフからもわかるが，計算では次のように示せる．$|\dot{\boldsymbol{r}}| = v =$ 一定とすると，$\dot{\boldsymbol{r}}^2 = v^2$．両辺を時間で微分すると，$2\dot{\boldsymbol{r}} \cdot \ddot{\boldsymbol{r}} = 0$. 内積の性質から，$\dot{\boldsymbol{r}}$ と $\ddot{\boldsymbol{r}}$ の向きは直交していることがわかる．　□

2.4　円柱座標系

直交座標系は，最も単純な構造を持つ座標系と言える．しかし，状況によっては別の座標系を使った方が，記述がより簡単になる場合がある．この節では，円柱座標系を紹介する．系が円柱状の対称性を持つ場合，この座標系が便利である．

円柱座標系では，点Pの座標を図2.12に示されている三つの変数 (ρ, ϕ, z) によって指定する．図2.12からわかるように，ρ は点Pからxy平面に下ろした垂線の足P′と原点Oとの距離，ϕ は線分OP′とx軸とのなす角である．

1]　後に述べる円柱座標系や極座標系の基底ベクトルは，時間に依存する．

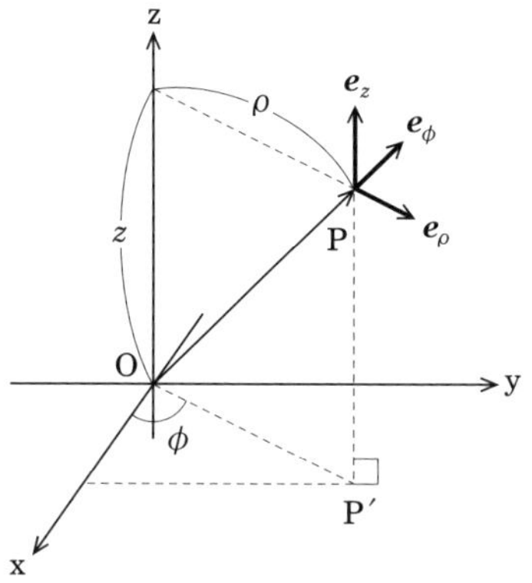

図 2.12　円柱座標系と基底ベクトル．

直交座標系との関係は，

$$x = \rho \cos\phi, \tag{2.30}$$

$$y = \rho \sin\phi, \tag{2.31}$$

$$z = z \tag{2.32}$$

となる．ただし，$0 \leqq \phi < 2\pi$ である．z 座標は直交座標系と同じである．

例題 2.6　ρ と ϕ を，それぞれ x と y を用いて表しなさい．

解　(2.30) 式と (2.31) 式をそれぞれ 2 乗して足し合わせると，

$$x^2 + y^2 = \rho^2(\cos^2\phi + \sin^2\phi) = \rho^2 \tag{2.33}$$

となる．よって，

$$\rho = \sqrt{x^2 + y^2}. \tag{2.34}$$

また，(2.30) 式で (2.31) 式を辺々割ると

$$\frac{y}{x} = \tan\phi \tag{2.35}$$

となるので，

$$\phi = \tan^{-1}\frac{y}{x} \tag{2.36}$$

が得られる． □

ここで，基底ベクトルを導入する．図 2.12 のように，ρ 方向，ϕ 方向，z 方向の基底ベクトルをそれぞれ $\boldsymbol{e}_\rho$, $\boldsymbol{e}_\phi$, $\boldsymbol{e}_z$ とする．$\boldsymbol{e}_\rho$ は ρ 軸の正の向き，すなわち変数 ρ だけを微小量増やしたときに点 P が移動していく向きを向く単位ベクトルである．ϕ 方向，z 方向に関しても同様である．これらの基底は互いに直交している．

このとき，点 P の位置ベクトルは

$$\boldsymbol{r} = \rho\boldsymbol{e}_\rho + z\boldsymbol{e}_z \tag{2.37}$$

と表される．いま，点 P が時間とともに運動しているものとし，(2.37) 式から速度と加速度を求めてみよう．すなわち，時間に関する 1 階微分と 2 階微分を求めればよい．ただし，ここで注意しなければならないのは，物体の運動に伴い基底ベクトル $\boldsymbol{e}_\rho$, $\boldsymbol{e}_\phi$ の向きも時間変化するという点である (基底ベクトルなので，大きさは 1 のままである)．$\boldsymbol{e}_z$ は直交座標系と同様，時間変化しない．

そこで，$\boldsymbol{e}_\rho$, $\boldsymbol{e}_\phi$ の微分を求めてみよう．まず，これらの基底ベクトルを時間変化しない直交座標系の基底ベクトルで表してみる．図 2.12 から

$$\boldsymbol{e}_\rho = \cos\phi\boldsymbol{e}_x + \sin\phi\boldsymbol{e}_y, \tag{2.38}$$

$$\boldsymbol{e}_\phi = \boldsymbol{e}_z \times \boldsymbol{e}_\rho = -\sin\phi\boldsymbol{e}_x + \cos\phi\boldsymbol{e}_y \tag{2.39}$$

となる．ここで，$\boldsymbol{e}_x$ と $\boldsymbol{e}_y$ は時間的に一定であるが，ϕ は時間に依存している．よって，

$$\begin{aligned}\dot{\boldsymbol{e}}_\rho &= -\dot{\phi}\sin\phi\boldsymbol{e}_x + \dot{\phi}\cos\phi\boldsymbol{e}_y \\ &= \dot{\phi}\boldsymbol{e}_\phi,\end{aligned} \tag{2.40}$$

$$\begin{aligned}\dot{\boldsymbol{e}}_\phi &= -\dot{\phi}\cos\phi\boldsymbol{e}_x - \dot{\phi}\sin\boldsymbol{e}_y \\ &= -\dot{\phi}\boldsymbol{e}_\rho\end{aligned} \tag{2.41}$$

となる．図 2.13 も参照してほしい．この結果を用いると，速度は

$$\dot{\boldsymbol{r}} = \dot{\rho}\boldsymbol{e}_\rho + \rho\dot{\phi}\boldsymbol{e}_\phi + \dot{z}\boldsymbol{e}_z, \tag{2.42}$$

加速度は

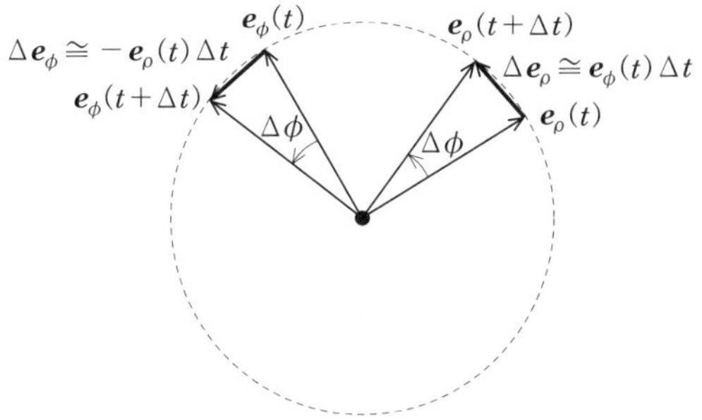

図 2.13 円柱座標系の基底ベクトル $\boldsymbol{e}_\rho$, $\boldsymbol{e}_\phi$ の時間変化.

$$\ddot{\boldsymbol{r}} = (\ddot{\rho} - \rho\dot{\phi}^2)\boldsymbol{e}_\rho + \frac{1}{\rho}\left(\frac{d}{dt}\rho^2\dot{\phi}\right)\boldsymbol{e}_\phi + \ddot{z}\boldsymbol{e}_z \tag{2.43}$$

となる.

特に xy 平面 $(z=0)$ の平面のみ考慮する場合，これを **2 次元極座標系**と呼ぶ．この場合 $\rho = \sqrt{x^2+y^2} = r$ となり，$\boldsymbol{e}_\rho = \boldsymbol{e}_r$ となる.

例題 2.7 xy 平面上で等速円運動する物体の位置ベクトル，速度，および加速度を 2 次元極座標を用いて表しなさい.

解 円運動の半径を $a =$「一定」とすると，位置ベクトルは

$$\boldsymbol{r} = a\boldsymbol{e}_r. \tag{2.44}$$

これを微分して速度

$$\dot{\boldsymbol{r}} = a\dot{\phi}\boldsymbol{e}_\phi \tag{2.45}$$

を得るが，等速円運動より速さ $|\dot{\boldsymbol{r}}| = v =$「一定」であるため，$\dot{\phi} =$「一定」となる．ちなみに，$\dot{\phi}$ は角度変数の単位時間あたりの変化量を表し，**角速度**と呼ばれる．角速度の一定値を ω とすると

$$\dot{\boldsymbol{r}} = a\omega\boldsymbol{e}_\phi = v\boldsymbol{e}_\phi \tag{2.46}$$

という関係が得られる．加速度はこれをさらに微分して

$$\ddot{\boldsymbol{r}} = -a\omega^2\boldsymbol{e}_r = -\frac{v^2}{a}\boldsymbol{e}_r \tag{2.47}$$

となる．例題 2.5 でも議論したように，等速円運動は速さ (速度の大きさ) が一定であるが，加速度はゼロではない例となっていることがわかる．また，加速度は常に円の中心を向くことが (2.47) 式からわかる． □

例題 2.8　$x(t) = a\cos\omega t,\ y(t) = a\sin\omega t,\ z(t) = vt$ が与えられているとき．

(1) 位置ベクトル，速度，加速度を直交座標系を用いて表しなさい．

(2) 位置ベクトル，速度，加速度を円柱座標系を用いて表しなさい．

(3) この運動はどのような運動になるか．図示しなさい．

解　(1) 位置ベクトルは

$$\boldsymbol{r} = a\cos\omega t\boldsymbol{e}_x + a\sin\omega t\boldsymbol{e}_y + vt\boldsymbol{e}_z \tag{2.48}$$

となるので，速度および加速度は

$$\dot{\boldsymbol{r}} = a\omega(-\sin\omega t\boldsymbol{e}_x + \cos\omega t\boldsymbol{e}_y) + v\boldsymbol{e}_z, \tag{2.49}$$

$$\ddot{\boldsymbol{r}} = -a\omega^2(\cos\omega t\boldsymbol{e}_x + \sin\omega t\boldsymbol{e}_y) \tag{2.50}$$

となる．

(2) (1) の結果と，(2.38), (2.39) 式それぞれの右辺で $\phi = \omega t$ としたものを見比べると，

$$\boldsymbol{r} = a\boldsymbol{e}_\rho + vt\boldsymbol{e}_z, \tag{2.51}$$

$$\dot{\boldsymbol{r}} = a\omega\boldsymbol{e}_\phi + v\boldsymbol{e}_z, \tag{2.52}$$

$$\ddot{\boldsymbol{r}} = -a\omega^2\boldsymbol{e}_\rho. \tag{2.53}$$

(3) 例題 2.7 の結果 (2.46), (2.47) 式と見比べると，これらの結果は，xy 平面内で等速円運動，z 軸方向へ等速直線運動を行っている物体の軌跡を表している．すなわち，らせん運動である．$v > 0,\ \omega > 0$ の場合を図示すると，図 2.14 のようになる． □

2.5　極座標系

極座標系は系が球状の対称性を持つ場合に便利である．この座標系では，点 P の座標を図 2.15 に示されている三つの変数 (r, θ, ϕ) によって指定する．図 2.15 か

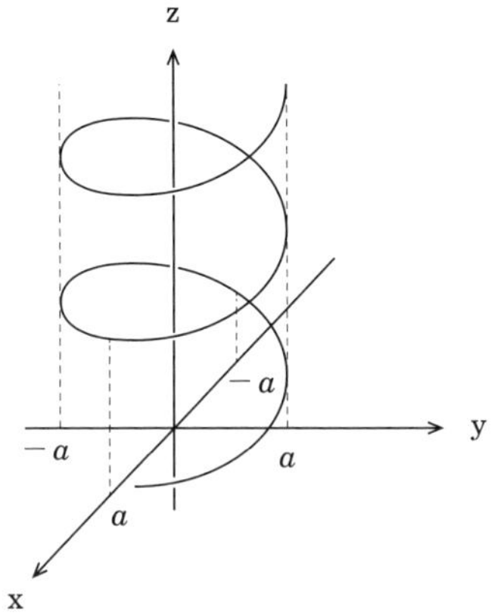

図 2.14 らせん運動.

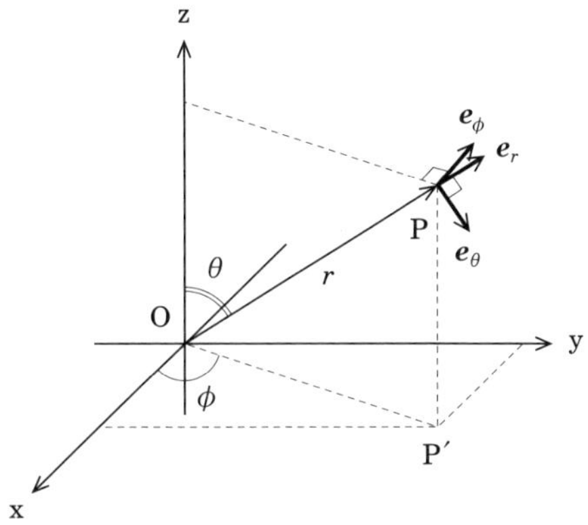

図 2.15 極座標系と基底ベクトル.

らも明らかなように，r は原点 O と点 P の距離，θ は線分 OP と z 軸とのなす角，そして点 P から xy 平面に下ろした垂線の足を P′ とすると，ϕ は線分 OP′ と x 軸とのなす角である．ただし，$0 \leqq \theta < \pi, 0 \leqq \phi < 2\pi$ である．

よって，直交座標系との関係は，

$$x = r \sin\theta \cos\phi, \tag{2.54}$$

$$y = r \sin\theta \sin\phi, \tag{2.55}$$

$$z = r \cos\theta \tag{2.56}$$

となる．

例題 2.9 (r, θ, ϕ) を (x, y, z) を用いて表しなさい．

解 (2.54) 式，(2.55) 式をそれぞれ 2 乗して足し合わせると，

$$x^2 + y^2 = r^2 \sin^2\theta. \tag{2.57}$$

また，(2.56) 式を 2 乗すると，

$$z^2 = r^2 \cos^2\theta. \tag{2.58}$$

よって，

$$x^2 + y^2 + z^2 = r^2 \tag{2.59}$$

となるので，

$$r = \sqrt{x^2 + y^2 + z^2} \tag{2.60}$$

となる．先に ϕ から求めると，(2.54) 式で (2.55) 式を辺々割ることで

$$\frac{y}{x} = \tan\phi \tag{2.61}$$

となるので，

$$\phi = \tan^{-1}\frac{y}{x} \tag{2.62}$$

となる．さらに，

$$\frac{\sqrt{x^2 + y^2}}{z} = \tan\theta \tag{2.63}$$

となるので，

$$\theta = \tan^{-1}\frac{\sqrt{x^2 + y^2}}{z} \tag{2.64}$$

が得られる．□

ここで，基底ベクトルを導入する．図 2.15 のように，r 方向，θ 方向，ϕ 方向の基底ベクトルをそれぞれ $\boldsymbol{e}_r, \boldsymbol{e}_\theta, \boldsymbol{e}_\phi$ とする．これまで議論してきた座標系の基底ベクトルと同様に，極座標系の基底ベクトルも各軸の正の向き，すなわち各々の方向の変数だけ (たとえば，$\boldsymbol{e}_r$ なら r だけ) を微小量増やしたときに点 P が移動する向きを向く単位ベクトルである．そして，互いに直交している．

点 P の位置ベクトルは

$$\boldsymbol{r} = r\boldsymbol{e}_r \tag{2.65}$$

で与えられる．いま，点 P が時間とともに運動しているものとして，(2.65) 式から速度と加速度を求めてみよう．ただし，円柱座標のときと同様，基底ベクトルも時間変化するという点に注意する必要がある．

そこで，$\boldsymbol{e}_r, \boldsymbol{e}_\theta, \boldsymbol{e}_\phi$ の時間微分を求めてみよう．例のごとく，これらの基底ベクトルを直交座標系の基底を用いて表してみる．まず，$\boldsymbol{e}_r = \boldsymbol{r}/r$ であるから，

$$\boldsymbol{e}_r = \sin\theta\cos\phi\,\boldsymbol{e}_x + \sin\theta\sin\phi\,\boldsymbol{e}_y + \cos\theta\,\boldsymbol{e}_z. \tag{2.66}$$

先に $\boldsymbol{e}_\phi$ を求めると，図 2.15 より，

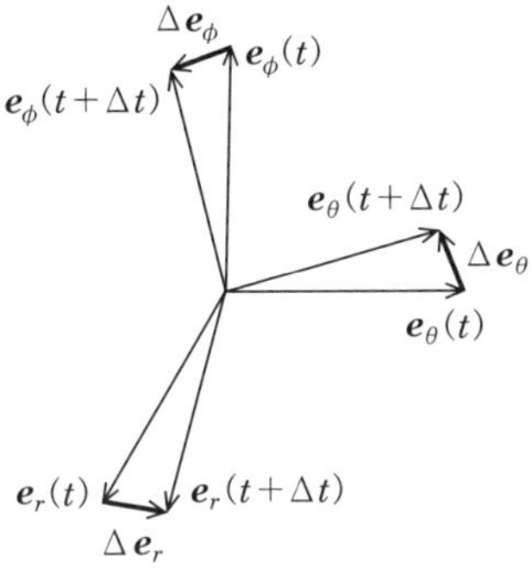

図 2.16 極座標系の基底ベクトル $\boldsymbol{e}_r$, $\boldsymbol{e}_\theta$, $\boldsymbol{e}_\phi$ の時間変化.

$$\begin{aligned}\boldsymbol{e}_\phi &= \frac{\boldsymbol{e}_z \times \boldsymbol{e}_r}{|\boldsymbol{e}_z \times \boldsymbol{e}_r|} \\ &= \frac{-\sin\phi\sin\theta\boldsymbol{e}_x + \cos\phi\sin\theta\boldsymbol{e}_y}{\sin\theta} \\ &= -\sin\phi\boldsymbol{e}_x + \cos\phi\boldsymbol{e}_y. \end{aligned} \tag{2.67}$$

そして,

$$\begin{aligned}\boldsymbol{e}_\theta &= \boldsymbol{e}_\phi \times \boldsymbol{e}_r \\ &= \cos\phi\cos\theta\boldsymbol{e}_x + \sin\phi\cos\theta\boldsymbol{e}_y - \sin\theta\boldsymbol{e}_z \end{aligned} \tag{2.68}$$

となることがわかる. それゆえ,

$$\begin{aligned}\dot{\boldsymbol{e}}_r &= \sin\theta\dot{\phi}(-\sin\phi\boldsymbol{e}_x + \cos\phi\boldsymbol{e}_y) + \dot{\theta}\left\{\cos\theta(\cos\phi\boldsymbol{e}_x + \sin\phi\boldsymbol{e}_y) - \sin\theta\boldsymbol{e}_z\right\} \\ &= \dot{\theta}\boldsymbol{e}_\theta + \sin\theta\dot{\phi}\boldsymbol{e}_\phi, \end{aligned} \tag{2.69}$$

$$\begin{aligned}\dot{\boldsymbol{e}}_\theta &= \cos\theta\dot{\phi}(-\sin\phi\boldsymbol{e}_x + \cos\phi\boldsymbol{e}_y) - \dot{\theta}(\sin\theta\cos\phi\boldsymbol{e}_x + \sin\theta\sin\phi\boldsymbol{e}_y + \cos\theta\boldsymbol{e}_z) \\ &= -\dot{\theta}\boldsymbol{e}_r + \cos\theta\dot{\phi}\boldsymbol{e}_\phi, \end{aligned} \tag{2.70}$$

$$\begin{aligned}\dot{\boldsymbol{e}}_\phi &= -\dot{\phi}(\cos\phi\boldsymbol{e}_x + \sin\phi\boldsymbol{e}_y) \\ &= -\dot{\phi}(\sin\theta\boldsymbol{e}_r + \cos\theta\boldsymbol{e}_\theta) \end{aligned} \tag{2.71}$$

のように求まる. 図 2.16 も参照してほしい. よって, 極座標系における速度と加速度は

$$\begin{aligned}\dot{\boldsymbol{r}} &= \dot{r}\boldsymbol{e}_r + r\dot{\boldsymbol{e}}_r \\ &= \dot{r}\boldsymbol{e}_r + r\dot{\theta}\boldsymbol{e}_\theta + r\dot{\phi}\sin\theta\boldsymbol{e}_\phi, \end{aligned} \tag{2.72}$$

$$
\begin{aligned}
\ddot{\boldsymbol{r}} &= \ddot{r}\boldsymbol{e}_r + \left(\frac{d}{dt}r\dot{\theta}\right)\boldsymbol{e}_\theta + \left(\frac{d}{dt}r\dot{\phi}\sin\theta\right)\boldsymbol{e}_\phi \\
&\quad + \dot{r}\dot{\boldsymbol{e}}_r + r\dot{\theta}\dot{\boldsymbol{e}}_\theta + r\dot{\phi}\sin\theta\dot{\boldsymbol{e}}_\phi, \\
&= (\ddot{r} - r\dot{\phi}^2\sin^2\theta - r\dot{\theta}^2)\boldsymbol{e}_r + (r\ddot{\theta} + 2\dot{r}\dot{\theta} - r\dot{\phi}^2\sin\theta\cos\theta)\boldsymbol{e}_\theta \\
&\quad + \frac{1}{r}\left(\frac{d}{dt}r^2\dot{\phi}\sin^2\theta\right)\boldsymbol{e}_\phi
\end{aligned}
\tag{2.73}
$$

のように表される．

COLUMN ベクトル

この章ではベクトルについても学んだ．ベクトルは物体の運動を記述する上で大変便利なものである．現代では力学に限らず物理のいろいろなところで当たり前のように用いられているが，本格的に導入されたのは意外と後のことだそうで，**19** 世紀末に統計力学で有名なギブスが大学の力学の講義で用いたのが最初だと言われている．ニュートンのプリンキピアが出版されてから約 **200** 年後のことになる．

演習問題

問 2.1 太郎君がまっすぐな道路を横切ろうとしていたら，向こうから車がやって来た．妙なところで負けず嫌いな太郎君は，是が非でも車が通り過ぎる前に道を渡ってやろうと決心した．しかし，太郎君は同時に大変なものぐさ者であり，できるだけゆっくりと歩いて渡りたいとも思っていた．太郎君が車にはねられずに道路を渡ることができる最小の速さと，その場合の歩く向きを求めなさい．ただし，道路の幅 (車の幅と同じとする) を W, 太郎君が渡り始めたときの車との距離を L, そして車はブレーキもかけず一定の速さ V で突っ込んでくるものとする．

問 2.2 等速ではない円運動をしている物体の位置ベクトル，速度，および加速度を 2 次元極座標を用いて表しなさい．

第3章

ニュートンの運動の3法則

力とは物体の運動 (位置の変化) を引き起こすものである．たとえば物を持ち上げる状況を考える．このとき我々は筋肉の緊張を感じる．こうして力を感覚として捉えることができる．そして同じ物体でも，弱い力で持ち上げると速度の変化，すなわち加速度は小さいが，強い力で持ち上げるとより大きな加速度が得られることも理解できる．また，違う物体に対しては同じ程度の力を加えてもより大きな加速度が得られたり，あるいは逆に小さな加速度しか得られなかったりする．すなわち，物体の運動を記述するためには，運動状態の変化のしやすさ・しにくさを表す量が必要なこともわかる．これが**質量**である．

加速度に関しては前章で議論したように明瞭に定義できる．物体の位置やその時間変化を測定すれば曖昧さなく一義的に求められる．それに比べ力と質量については，上で述べたような捉え方ではきわめて感覚的で曖昧である．力・質量・加速度の間の関係，そして同時に力と質量の定義を客観的・定量的に与えるものがニュートンによる運動の法則である．これは，以下の三つの法則からなる．

第 1 法則: 力が働いていない物体は静止，あるいは等速直線運動を続ける
第 2 法則: 物体の質量と加速度の積は，物体に働く力に等しい
第 3 法則: 二つの物体 A と B が互いに力を及ぼし合っているとき，A から B に作用する力と，B から A に作用する力は，大きさが同じで向きが互いに逆となる

以下，それぞれの法則について詳しく述べていくが，そのまえに一つコメントしておく．上記の 3 法則のなかで，物体と呼んでいるものは**質点**であると解釈し

図 3.1 質点．実際の物体は大きさやかたちを持つが，考える問題によっては質点とみなし，より簡明に議論することができる．

てほしい．質点とは，質量をもつ点状の粒子のことである．すなわち大きさもかたちも持たない物体であり，理想化された概念である (図 3.1)．日常我々が目にする物体は，質量と同時に大きさやかたちをもつ．また，かたちも変形することがある．しかし考えている問題や状況によっては，物体の質量以外の性質を十分無視できることが多い．たとえば太陽の周りを運動する惑星の公転軌道を計算したいとき，惑星を質点とみなしても十分精度の良い結果が得られる．惑星の半径が太陽との間の距離に比べきわめて小さいためである．ここで，物体を質点とみなせるか否かはどういった現象を議論したいかによって決まり，物体の絶対的な大きさとは関係ないことに注意してほしい．たとえば野球のボールにカーブをかける様子を議論したい場合，惑星と比べると無視できるほど小さいにもかかわらず，ボールを質点とみなすことはできない．

本書では特に断りのない限り，剛体を扱う章 (第 11 章) 以外のほとんどで物体 (人，車，電車，ボール，コインなど) を質点とみなす．すなわち，注釈がない場合は物体と呼んでいてもそれはみな質点であると解釈してほしい．

3.1 第 1 法則

平らな机にコインを置き指ではじいてみる (図 3.2)．そして，その後の運動の様子を観察する．するとちょっと滑った後に止まる．次に，氷のようなよりなめらかな平面上で同じ実験を行う．この場合コインは一直線上をより長い時間滑っていく．この極限，すなわち平面との摩擦がなく運動中の物体になにも正味の力が

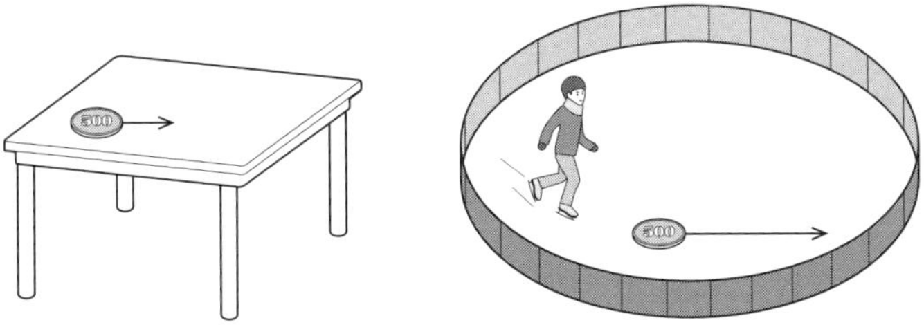

図 3.2　面上でコインをはじく実験．面とコインの摩擦を小さくすればするほど，コインは長い時間滑ることができるようになる．

かかっていないような状況をセットすることができたとすると，物体は永久に一直線上を同じ速さで運動することが想像できる．これを実際に実験で直接確かめることはきわめて困難であるが，摩擦のより小さい平面を次々につくりあげ同じ実験を繰り返し行うことによって，正しいであろうことを推察できる．また，最初に指ではじかなければ，物体は永久に静止し続けるであろう．これをまとめると，本章の冒頭で述べたように，

力が働いていない物体は静止，あるいは等速直線運動を続ける

ということができる．このように，力が働いていないとき物体が同じ運動状態を維持し続けようとする性質を**慣性**と呼ぶ．このため第 1 法則は**慣性の法則**とも呼ばれる[1]．

3.2　第 2 法則

これは質量と力，および加速度の間の定量的関係を示す法則である．前章で曖昧さなく定義された加速度を足がかりにして，議論を進めていく．

3.2.1　質量

質量が異なる二つの物体 O と A を用意する．それぞれの質量を $m_{\mathrm{O}}, m_{\mathrm{A}}$ とする．これらを実験から定量的に求める方法を議論する．

1]　この法則は慣性の存在を主張しているというよりも，この法則が成り立つような座標系を選ぶことができることを主張している，とも解釈されている．

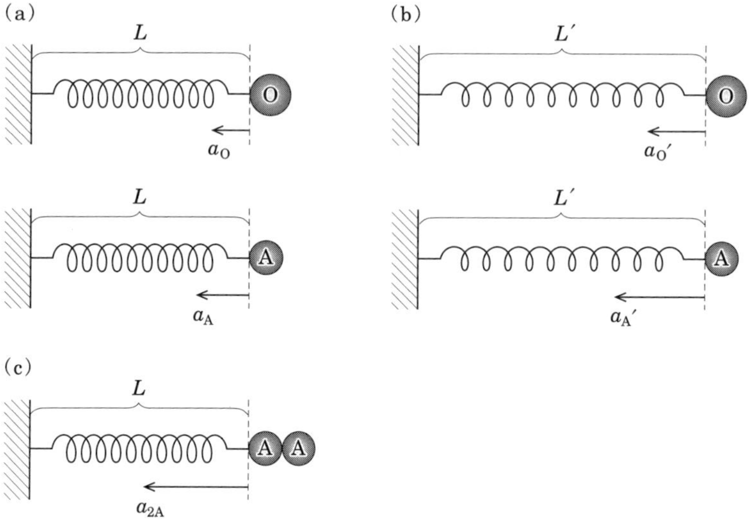

図 3.3　ばねで物体 O や A を加速させる実験．(a) ばねを長さ L まで伸ばして加速させる．(b) ばねを長さ L' まで伸ばして加速させる．(c) 物体 A を二つ合体させ，ばねを長さ L まで伸ばして加速させる．

ばねを使って物体に力を加える実験を考える．ここで，ばねは伸ばせば伸ばすほど大きな力が物体に働き，同じ長さだけ伸ばしたときはいつでも同じ大きさの力が物体に働くことが，経験的に (筋肉などの感覚を通して) 知られているものとする．

まず，O をばねにつなぎ，ばね全体の長さが L になるまで伸ばして手を離す (図 3.3 (a))．手を離した直後の短い時間の O の位置の変化を測定する．これにより，手を離した瞬間の O の加速度を求めることができる．これを a_O とする．

次に，A を同じばねにつなぎ，やはりばね全体の長さを L に伸ばして手を離す (図 3.3 (a))．すなわち，O に作用したのと同じ大きさの力が A に作用する．そして，先ほどとまったく同じ測定を繰り返すことにより，手を離した直後の A の加速度 a_A を得ることができる．このとき，a_A は一般に a_O と同じにはならない．

この章の冒頭に述べたように，質量は「慣性の大きさ」=「物体の運動状態 (速度) の変化のしにくさ」=「加速度の生じにくさ」を表す量である．よって，質量比に対して

$$\frac{m_{\mathrm{A}}}{m_{\mathrm{O}}} = \frac{a_{\mathrm{O}}}{a_{\mathrm{A}}} \tag{3.1}$$

という関係を導入することは自然であろう．こうしておけば，たとえばOに比べAの加速度が小さかったとすれば $(a_{\mathrm{O}} > a_{\mathrm{A}})$, Aの質量の方がOの質量よりも大きい $(m_{\mathrm{A}} > m_{\mathrm{O}})$ ということになるからである．反対に，$a_{\mathrm{O}} < a_{\mathrm{A}}$ ならば $m_{\mathrm{A}} < m_{\mathrm{O}}$ となる．

次に，ばね全体の長さが L' になるまで伸ばし (図 3.3 (b)), OとAに対して同様の実験を繰り返す．そして，それぞれの加速度の測定結果が a'_{O} と a'_{A} であるとする．すると

$$\frac{a_{\mathrm{O}}}{a_{\mathrm{A}}} = \frac{a'_{\mathrm{O}}}{a'_{\mathrm{A}}} \tag{3.2}$$

となっていることが見出される．すなわち，質量比 $m_{\mathrm{A}}/m_{\mathrm{O}}$ は実験状況 (いまの場合，ばねの伸ばし方) の変化に依存せず，物体の種類にのみ依存する量であることがわかる．

物体Oを基準とし同様の実験を行うことにより，任意の物体の質量 m は

$$m = \frac{a_{\mathrm{O}}}{a} m_{\mathrm{O}} \tag{3.3}$$

のように求まる．ここで，a は観測によって得られた任意物体の加速度である．

再び最初の実験 (ばねの長さを L まで伸ばす) に戻る．ただし，今度は同じ物体Aを二つ用意して合体させたものを考える (図 3.3 (c)). 合体したものの質量を $m_{2\mathrm{A}}$ とする．そして実験からその加速度 $a_{2\mathrm{A}}$ を求めると，

$$a_{2\mathrm{A}} = \frac{a_{\mathrm{A}}}{2} \tag{3.4}$$

となることが示される．よって

$$\frac{m_{2\mathrm{A}}}{m_{\mathrm{O}}} = \frac{a_{\mathrm{O}}}{a_{2\mathrm{A}}} = \frac{2a_{\mathrm{O}}}{a_{\mathrm{A}}} = \frac{2m_{\mathrm{A}}}{m_{\mathrm{O}}} \tag{3.5}$$

となり，

$$m_{2\mathrm{A}} = 2m_{\mathrm{A}} \tag{3.6}$$

が導かれる．すなわち，質量には加算性がある．

こうして定義された質量は，慣性質量と呼ばれている[2]．

3.2.2 力と運動方程式

ばねによるこれまでの実験結果を使って，力を定量的に定義しよう．ばねの長さが L (L') のときの力の大きさを F (F') とする．ところで，この章の冒頭に述べたように，力とは「物体の運動状態を変えるもの」=「加速度を生じさせる原因」である．同じ物体で比較するならば，より大きな加速度はより大きな力によって生じ，より小さな加速度はより小さな力によって生じる．よって力の比 F'/F を，基準物体 O のデータを用いて

$$\frac{F'}{F} = \frac{a'_{\mathrm{O}}}{a_{\mathrm{O}}} \tag{3.7}$$

のように定義するのが自然である．ところで (3.2) 式より，

$$\frac{a'_{\mathrm{O}}}{a_{\mathrm{O}}} = \frac{a'_{\mathrm{A}}}{a_{\mathrm{A}}} \tag{3.8}$$

となるため，F'/F は物体に依存しないことが言える．さらに式変形を加えると，

$$\frac{F'}{F} = \frac{m_{\mathrm{O}}a'_{\mathrm{O}}}{m_{\mathrm{O}}a_{\mathrm{O}}} = \frac{m_{\mathrm{A}}a'_{\mathrm{A}}}{m_{\mathrm{A}}a_{\mathrm{A}}} \tag{3.9}$$

となり，

$$\frac{F}{m_{\mathrm{O}}a_{\mathrm{O}}} = \frac{F}{m_{\mathrm{A}}a_{\mathrm{A}}} = \frac{F'}{m_{\mathrm{O}}a'_{\mathrm{O}}} = \frac{F'}{m_{\mathrm{A}}a'_{\mathrm{A}}} = k \tag{3.10}$$

が導かれる．いまの実験ではばねによる力を考えているが，力の源がばね以外の場合で実験しても，k の値も含めてまったく同じ結果が得られる．よって任意の物体，任意の種類の力に対して $kma = F$ となる．単位質量をもつ物体が単位加速度をもつときに働く力の大きさを力の単位にすれば $k = 1$, すなわち

$$ma = F \tag{3.11}$$

と書くことができる．この関係式より，物体の加速度がわかると働く力の大きさがわかり，逆に，働く力の大きさがわかれば物体の加速度が得られる．

2] これに対し，重力が働く大きさをもとに定義された質量のことを重力質量と呼ぶ．重力質量と慣性質量は一致する．これは偶然ではなく必然の一致であることがアインシュタインの一般相対性理論によって示されている．

さらにこの関係はベクトルに拡張することが可能で (すなわち，ベクトルの各成分でこれまで述べてきたことが成り立つ),

$$m\ddot{\boldsymbol{r}} = \boldsymbol{F} \tag{3.12}$$

となる．$\boldsymbol{F}$ は物体に働く力のベクトルである．今後はいちいち力のベクトルとは呼ばず，単に力と呼ぶ．(3.12) 式をニュートンの運動方程式と呼ぶ．

ところで，質量と速度の積

$$\boldsymbol{p} = m\dot{\boldsymbol{r}} \tag{3.13}$$

を運動量と呼ぶ．これを用いると運動方程式は

$$\dot{\boldsymbol{p}} = \boldsymbol{F} \tag{3.14}$$

となる．この式は質量が時間的に変化するような場合にも適用でき，より一般的な運動方程式の表現となっている．

例題 3.1 それぞれの座標系における運動方程式の各成分を求めなさい．第 2 章を参照のこと．

(1) 直交座標系

(2) 円柱座標系と 2 次元極座標系

(3) 極座標系

解 (1) 直交座標系における加速度は

$$\ddot{\boldsymbol{r}} = \ddot{x}\boldsymbol{e}_x + \ddot{y}\boldsymbol{e}_y + \ddot{z}\boldsymbol{e}_z. \tag{3.15}$$

力が

$$\boldsymbol{F} = F_x\boldsymbol{e}_x + F_y\boldsymbol{e}_y + F_z\boldsymbol{e}_z \tag{3.16}$$

のように与えられているとすると，運動方程式の各成分は

$$m\ddot{x} = F_x, \tag{3.17}$$

$$m\ddot{y} = F_y, \tag{3.18}$$

$$m\ddot{z} = F_z. \tag{3.19}$$

(2) 円柱座標系における加速度は

$$\ddot{\boldsymbol{r}} = (\ddot{\rho} - \rho\dot{\phi}^2)\boldsymbol{e}_\rho + \frac{1}{\rho}\frac{d}{dt}(\rho^2\dot{\phi})\boldsymbol{e}_\phi + \ddot{z}\boldsymbol{e}_z. \tag{3.20}$$

力が

$$\boldsymbol{F} = F_\rho\boldsymbol{e}_\rho + F_\phi\boldsymbol{e}_\phi + F_z\boldsymbol{e}_z \tag{3.21}$$

のように与えられているとすると，運動方程式の各成分は

$$m(\ddot{\rho} - \rho\dot{\phi}^2) = F_\rho, \tag{3.22}$$

$$\frac{m}{\rho}\frac{d}{dt}(\rho^2\dot{\phi}) = F_\phi, \tag{3.23}$$

$$m\ddot{z} = F_z. \tag{3.24}$$

2 次元極座標系では，$z = 0$, $\rho = \sqrt{x^2 + y^2} = r$ となるため，(3.22), (3.23) 式で ρ を r におきかえたものとなる．

(3) 極座標系における加速度は

$$\ddot{\boldsymbol{r}} = (\ddot{r} - r\dot{\phi}^2\sin^2\theta - r\dot{\theta}^2)\boldsymbol{e}_r + (r\ddot{\theta} + 2\dot{r}\dot{\theta} - r\dot{\phi}^2\sin\theta\cos\theta)\boldsymbol{e}_\theta$$
$$+ \frac{1}{r}\left(\frac{d}{dt}r^2\dot{\phi}\sin^2\theta\right)\boldsymbol{e}_\phi. \tag{3.25}$$

力が

$$\boldsymbol{F} = F_r\boldsymbol{e}_r + F_\theta\boldsymbol{e}_\theta + F_\phi\boldsymbol{e}_\phi \tag{3.26}$$

のように与えられているとすると，運動方程式の各成分は

$$m(\ddot{r} - r\dot{\phi}^2\sin^2\theta - r\dot{\theta}^2) = F_r, \tag{3.27}$$

$$m(r\ddot{\theta} + 2\dot{r}\dot{\theta} - r\dot{\phi}^2\sin\theta\cos\theta) = F_\theta, \tag{3.28}$$

$$\frac{m}{r}\left(\frac{d}{dt}r^2\dot{\phi}\sin^2\theta\right) = F_\phi. \tag{3.29}$$

□

3.3 第 3 法則

これは**作用・反作用の法則**とも呼ばれる．二つの物体が互いに力を及ぼしあっている (相互作用している) 場合の法則である．

筆者の住居の近所に幼稚園があり，園児たちが無心に戯れる様子をしばしば目

にする．そんなとき，作用・反作用の法則を強烈に想起させる光景に出会すことがある．太郎と花子が園庭で遊んでいる．太郎が近寄ってきたので花子はうっとうしく思い，太郎を突き飛ばす．このとき花子は逆に，太郎から突き飛ばされたかのような力を感じる．また，太郎が花子をつかんで引き寄せようとした場合，太郎は逆に花子から引き寄せられたかのような力を感じる．

これをもっと定量的に述べよう．二つの質点 A と B が互いに力を及ぼしあっている状況を考える．A から B に及ぼす力 (B が A から受ける力) を $\boldsymbol{F}_{\mathrm{AB}}$, そして A が B から受ける力 (B が A に及ぼす力) を $\boldsymbol{F}_{\mathrm{BA}}$ とすると，

$$\boldsymbol{F}_{\mathrm{AB}} = -\boldsymbol{F}_{\mathrm{BA}} \tag{3.30}$$

となる．これが第 3 法則である．系に存在している異なる物体同士が互いに及ぼし合う力を**相互作用**，あるいは**内力**と呼ぶ．そして，これ以外の要因で及ぼされる力を**外力**と呼ぶ．上の式を書き換えると，

$$\boldsymbol{F}_{\mathrm{AB}} + \boldsymbol{F}_{\mathrm{BA}} = 0 \tag{3.31}$$

となる．すなわち第 3 法則は，内力の総和がゼロとなることと等価である．この性質は 3 物体以上の場合にも拡張できる．質点が N 個ある状況を考え，i 番目の質点が j 番目の質点に及ぼす力を $\boldsymbol{F}_{ij}$ とする．すると，作用・反作用の法則から

$$\boldsymbol{F}_{ij} = -\boldsymbol{F}_{ji} \tag{3.32}$$

となる．よって

$$\sum_{ij} \boldsymbol{F}_{ij} = 0 \tag{3.33}$$

となることが示せる．ここで，$\sum_{ij}$ は i と j に関する和である．運動の第 3 法則は，後に述べる運動量保存の法則 (6.3 節) と密接な関連がある．

内力 (相互作用) と外力について触れたが，ここで少し補足しておこう．物体に働く力のうち，どの力を内力，あるいは外力とするかは，系をどのように設定するかに依存している．例として図 3.4 のような，三つの物体 A, B, C が互いに力を及ぼし合っている状況を考える．このとき，図 3.4 (a) のように三つの物体すべてを含むかたちで一つの系と考える場合は，互いの物体に働く力はすべて内力と見なされる．ところが，図 3.4 (b) のように C だけを含む系を考えた場合，A や

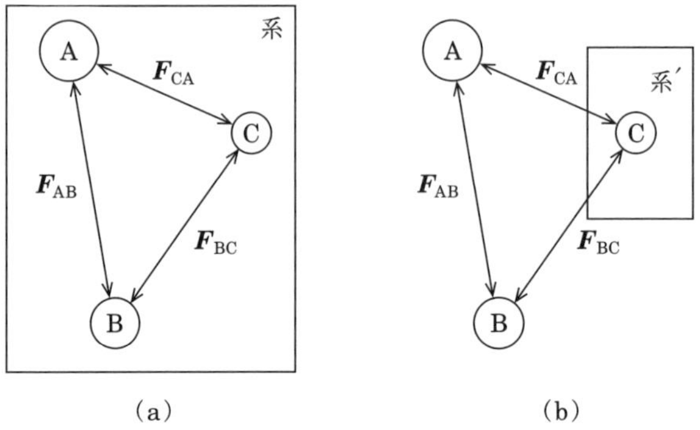

図 3.4 内力と外力. (a) 三つの物体 A, B, C 全体を含んで一つの系と見なしたとき. (b) C だけを含んで一つの系と見なしたとき.

B から及ぼされる力は外力と見なされる. どのような系の設定を選ぶのが便利かどうかは, 考える問題の内容に依存する. たとえば, 後に紹介する保存法則を議論したい場合には, (a) のようにすべての物体を含む系を考えるのが一般的である. また, たとえば A と B の位置は固定されていて C の運動の様子を詳細に調べたい場合には, (b) のように C だけ含む系を考えるのが適当であろう.

3.4 物理量の次元と単位

運動の法則が出そろったところで, 物理量の次元と単位について述べておこう. 力学では, 運動方程式に現れる質量, 加速度, 力などといった物理量 (理論的に計算することができて, かつ, 実験や観測によって測ることができる量) を扱う. 物理量には必ず決まった**次元**が割り当てられている. たとえば, 質量には質量次元 [M], ある点から別のある点までの距離, あるいは物体の変位には長さの次元 [L], そして時間には時間次元 [T] といった具合である. 物理量の種類は次元によって特徴づけられる. 同じ次元を持つ量は同じ物理量となり, 次元が違う量は必ず違う物理量になる. 方程式で結ばれている左辺と右辺の量は, 必ず同じ次元を持っていなければならない. さまざまな物理量の関係式を見比べると, 力学で現れる物理量はすべて [M], [L], および [T] のベキで表されることがわかる. たとえば,

$$\text{「速さ」の次元} = \frac{[\mathrm{L}]}{[\mathrm{T}]} = [\mathrm{LT}^{-1}], \tag{3.34}$$

$$「加速度」の次元 = \frac{[\mathrm{L}]}{[\mathrm{T}^2]} = [\mathrm{LT}^{-2}] \tag{3.35}$$

のようになる.

例題 3.2 力の次元を求めなさい.

解 運動方程式は $m\ddot{\boldsymbol{r}} = \boldsymbol{F}$ であるから,

$$「力」の次元 = \frac{[\mathrm{M}][\mathrm{L}]}{[\mathrm{T}^2]} = [\mathrm{MLT}^{-2}]. \tag{3.36}$$

□

次元は大変便利なものである. 方程式の両辺が必ず同じ次元になっていなければならないという事実は, 計算のチェックにとても役に立つ. また, 物理量の間の定性的な関係式 (係数などは未定のままであるが, 解の大まかな振る舞いを捉えることができるので, 大変有益である) を導くことも可能である. これを**次元解析**と呼んでいる.

そして, 物理量を数値として表す際の基準として, **単位系**が存在する. 単位系の選び方にはさまざまなものがある. 長さ, 質量, 時間に対して m (メートル), kg (キログラム), s (秒) を割り当てる単位系を MKS 単位系という. また, それぞれに対して cm (センチメートル), g (グラム), s (秒) をとったものは CGS 単位系と呼ばれる. 対象とする物理現象に応じて, 適当な単位系を選ぶ.

ここでは, MKS 単位系を用いよう. すると, 速度の単位は m/s (メートル毎秒), 加速度は $\mathrm{m/s^2}$(メートル毎秒毎秒), 力は $\mathrm{kg{\cdot}m/s^2}$ (キログラムメートル毎秒毎秒) のように表される. 力の単位のことを特に N (ニュートン) と呼ぶ.

例題 3.3 運動量の単位は MKS 単位系でどのように表されるか?

解 運動量 $\boldsymbol{p} = m\boldsymbol{v}$ であるから, この単位は kg·m/s (キログラムメートル毎秒), あるいは, N·s (ニュートン秒) となる. □

例題 3.4 日常的に使う単位系では, 地球表面にある質量が 1 kg の物体に働く重力を 1 kg 重と表す. これを MKS 単位系, N で表すといくらになるか?

解 地球表面にある物体に働く重力加速度は $g = 9.8\,\mathrm{m/s^2}$ であるから，質量が 1 kg の物体に働く重力は

$$1\,\mathrm{kg} \times 9.8\,\mathrm{m/s^2} = 9.8\,\mathrm{N}. \tag{3.37}$$

すなわち，1 kg 重を MKS 単位系で表すと 9.8 N ということになる． □

例題 3.5 人間が 100 m 走で加速するときの加速度は大体 $6\,\mathrm{m/s^2}$ 程度だそうである．各自，自分の体重でこの加速度を生じさせるのに必要な力を N で表しなさい．また，これを kg 重に換算するとどうなるか確かめてみなさい．

解 たとえば，体重が 60 kg 重の人の場合，質量は 60 kg となるので，

$$60\,\mathrm{kg} \times 6\,\mathrm{m/s^2} = 360\,\mathrm{N} \tag{3.38}$$

となる．これは

$$360/9.8 \simeq 37\,\mathrm{kg}\ 重 \tag{3.39}$$

となる． □

COLUMN | **質点**

この章の冒頭で質点を導入した．前章のコラムで述べたベクトルのように，これも力学の創始の段階で導入された概念かと思いきや，そうではない．ニュートンは質点とは言わず，原子のことも点だとは思っていなかった節が『プリンキピア』からも読み取れるそうである[3]．質点を明確なかたちで導入したのは，オイラーと言われている．

3］ たとえば，湯川秀樹『物理講義』講談社 (1977) などが参考になる．

第4章

基本的な運動

力学の問題を解くことは，ニュートンの運動方程式を解くことに帰着される．運動方程式は位置ベクトルの時間に関する**2階微分方程式**である．

これを解く大まかな流れとして

(1) 物体に作用している力を明らかにする

(2) 座標系を決める

(3) 運動方程式を立てて解く

の3段階に分けられる．

本章ではこの処方箋にそって，運動方程式から物体の運動を論じるのに慣れることを目標とする．

4.1 一様な重力の下で運動する物体

日常経験するように，地球表面上にある物体には地球からの重力が作用している．重力が働く方向を鉛直方向と呼び，重力が働く向きを下向きにとるのが普通である．また，鉛直軸に対して垂直な面を水平面と呼ぶ．

4.1.1 自由落下運動

一様な重力中で自由落下する質点 m [1]を考える (図 4.1 (a))．鉛直上向きに z 軸をとる．空気の抵抗は無視する．質点の座標を $z(t)$ とすると，運動方程式は

1] 質量が m の質点のことをこのように呼ぶ．

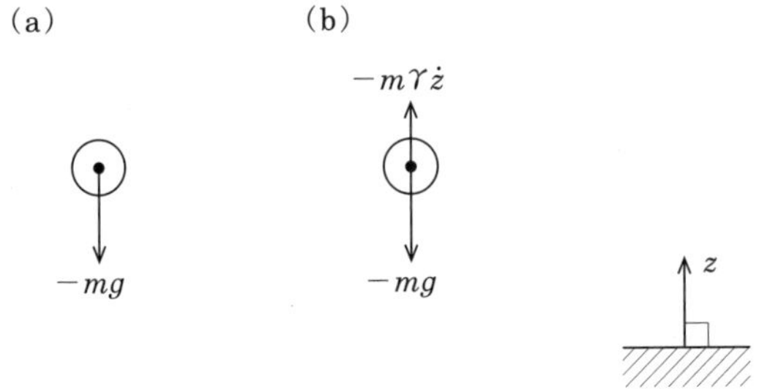

図 4.1 (a) 自由落下運動と，(b) 抵抗力を伴う落下運動．

$$m\frac{d^2z(t)}{dt^2} = -mg \tag{4.1}$$

となる．ここで，g は重力加速度である．この微分方程式を解く．すなわち，t で 2 回積分して $z(t)$ を求める．この場合，積分は簡単に実行できて，

$$z(t) = -\frac{g}{2}t^2 + c_{1z}t + c_{2z}. \tag{4.2}$$

ここで，c_{1z} と c_{2z} は積分定数である．このように，積分定数 (未定係数) を含んだままの微分方程式の解を，**一般解**と呼ぶ．2 階微分方程式の一般解には二つの積分定数が含まれ，それらは初期条件 ($t = 0$ における座標と速度) を与えることにより決定される．たとえば初期条件として，$z(0) = h$, $\dot{z}(0) = v$ を考えると，

$$c_{2z} = h, \tag{4.3}$$

$$c_{1z} = v \tag{4.4}$$

となるので，

$$z(t) = -\frac{g}{2}t^2 + vt + h \tag{4.5}$$

となる．重力は質量に比例するために，得られた結果が質量に依存しなくなることに注意してほしい．

例題 4.1 地表 $h = 0$ から鉛直上向きに速さ v で質点を打ち上げたとする．このとき，質点が到達する最高点 $z_{\max}$, および質点が再び地表に戻ってくるまでの時間 T を求めなさい．

解 t 秒後の座標は

$$z(t) = -\frac{g}{2}t^2 + vt = -\frac{g}{2}\left(t - \frac{v}{g}\right)^2 + \frac{v^2}{2g} = \left(-\frac{g}{2}t + v\right)t \tag{4.6}$$

と変形できる．よって，

$$z_{\max} = \frac{v^2}{2g}, \tag{4.7}$$

$$T = \frac{2v}{g}. \tag{4.8}$$

□

4.1.2 抵抗力を受けながら落下する物体

自由落下の問題に，空気抵抗を取り込む (図 4.1 (b))．空気抵抗の向きは速度と逆向きで，大きさは速さに比例するものとする．運動方程式は

$$m\frac{d^2z(t)}{dt^2} = -mg - m\gamma\frac{dz(t)}{dt} \tag{4.9}$$

と表すことができる．(4.1) 式と比べて，新たに加えられた最後の項が空気抵抗を表しており，γ は時間の逆数の次元を持つ比例係数である．ここで，

$$Z(t) = \frac{dz(t)}{dt} + \frac{g}{\gamma} \tag{4.10}$$

とおくと，$Z(t)$ に対する微分方程式は

$$\frac{dZ(t)}{dt} = -\gamma Z(t) \tag{4.11}$$

と書かれる．これは

$$\frac{dZ}{Z} = -\gamma\, dt \tag{4.12}$$

のように変形できる．表 1.2 (p.9) を用いて両辺積分してみると，左辺の積分は

$$\int \frac{dZ}{Z} = \log Z + C, \tag{4.13}$$

右辺の積分は

$$-\gamma \int dt = -\gamma t + C' \tag{4.14}$$

となる．ここで，C と C' は積分定数である．これらが等しいことから

$$\log Z(t) = -\gamma t + C'' \tag{4.15}$$

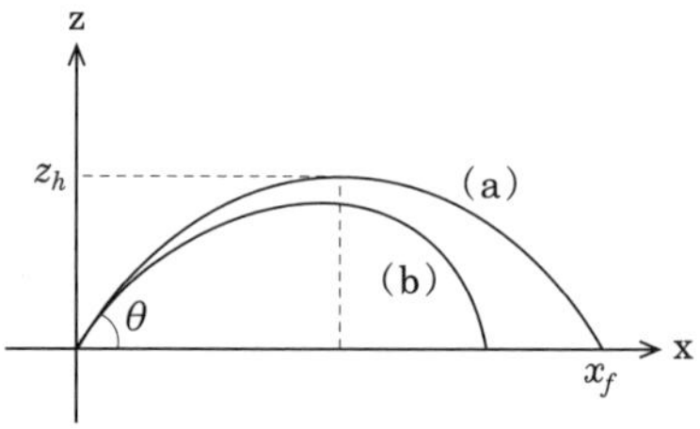

図 4.2　(a) 放物運動と，(b) 抵抗力を伴う放物運動．

のようにまとめられ ($C'' = C' - C$)，両辺の指数をとれば，

$$Z(t) = e^{-\gamma t + C''} = c_1 e^{-\gamma t} \tag{4.16}$$

が得られる ($c_1 = e^{C''}$)．よって，

$$\frac{dz(t)}{dt} = -\frac{g}{\gamma} + c_1 e^{-\gamma t} \tag{4.17}$$

であることがわかる．これをさらにもう 1 回時間で積分すると，

$$z(t) = -\frac{gt}{\gamma} - \frac{c_1}{\gamma} e^{-\gamma t} + c_2. \tag{4.18}$$

先ほどと同様，適当な初期条件を与えることにより c_1 および c_2 が求まる．注目すべき結果として，任意の c_1 と c_2 に対して，すなわちどのような初期条件を選んだとしても，十分長い時間 $t \gg \gamma^{-1}$ が経過した後の物体の速度は必ず一定値 $-g/\gamma$ に近づくということが (4.17) 式からわかる．この速度を**終端速度**という．雨の日に雨滴の速さが地表でほとんどみな同じなのは，この性質によるものと考えられる．

4.1.3　放物運動

次に，重力を感じながら水平方向とのなす角 θ $\left(0 < \theta < \frac{\pi}{2}\right)$ で投げ上げられた質点 m の運動を考えよう (図 4.2 (a) の線)．ただし，空気抵抗は再び無視する．$\theta = \frac{\pi}{2}$ の場合は，前に議論した自由落下運動の問題に帰着される．

水平方向に x 軸をとり，水平成分と鉛直成分それぞれの運動方程式を立てると

$$m\frac{d^2x}{dt^2} = 0, \tag{4.19}$$

$$m\frac{d^2z}{dt^2} = -mg \tag{4.20}$$

となる．よってそれぞれ時間で 2 回積分すると，$z(t)$ は先ほどの (4.2) 式と同じかたちが得られ，

$$x(t) = c_{1x}t + c_{2x} \tag{4.21}$$

となる．ここで，c_{1x}, c_{2x} は積分定数である．初期条件として

$$x(0) = z(0) = 0, \tag{4.22}$$

$$\dot{x}(0) = v_{x_0}, \tag{4.23}$$

$$\dot{z}(0) = v_{z_0} \tag{4.24}$$

を考えると，

$$c_{2x} = c_{2z} = 0, \tag{4.25}$$

$$c_{1x} = v_{x0}, \tag{4.26}$$

$$c_{1z} = v_{z0} \tag{4.27}$$

のように求まるので，

$$x(t) = v_{x0}t, \tag{4.28}$$

$$z(t) = -\frac{g}{2}t^2 + v_{z0}t \tag{4.29}$$

が得られる．

例題 4.2 上で求めた質点の軌跡 (4.28), (4.29) 式が放物線状になっていることを示しなさい．また，質点の最高点の座標 (x_h, z_h), および再び地表に落ちてくるときの x 座標の値 x_f を求めなさい．

解 x を用いて t を表すと，

$$t = \frac{x}{v_{x0}}. \tag{4.30}$$

これを (4.29) 式に代入して

$$\begin{aligned} z &= -\frac{g}{2v_{x0}^2}x^2 + \frac{v_{z0}}{v_{x0}}x \\ &= -\frac{g}{2v_{x0}^2}\left(x - \frac{v_{x0}v_{z0}}{g}\right)^2 + \frac{v_{z0}^2}{2g} \end{aligned}$$

$$= -\frac{g}{2v_{x0}^2}x\left(x - \frac{2v_{x0}v_{z0}}{g}\right). \tag{4.31}$$

よって，放物線軌道となることがわかる．同時に (4.31) 式より，質点は

$$x = \frac{v_{x0}v_{z0}}{g} = x_h \tag{4.32}$$

で最高点

$$z_h = \frac{v_{z0}^2}{2g} \tag{4.33}$$

に到達し，

$$x_f = \frac{2v_{x0}v_{z0}}{g} \tag{4.34}$$

で再び地面に落下することもわかる．□

例題 4.3 前の例題 4.2 で，投げ始めの速さ $v_0 = \sqrt{v_{x0}^2 + v_{z0}^2}$ が一定の条件のもと，z_h を最大にする発射角，および x_f を最大にする発射角をそれぞれ求めなさい．

解 発射角を θ とすると，

$$v_{x0} = v_0 \cos\theta, \tag{4.35}$$

$$v_{z0} = v_0 \sin\theta \tag{4.36}$$

と書ける．よって，それぞれ

$$z_h = \frac{v_0^2}{2g}\sin^2\theta, \tag{4.37}$$

$$x_f = \frac{2v_0^2}{g}\sin\theta\cos\theta = \frac{v_0^2}{g}\sin 2\theta \tag{4.38}$$

となるので，z_h を最大にする発射角は $\frac{\pi}{2}$，x_f を最大にする発射角は $\frac{\pi}{4}$ となる．

□

4.1.4 放物運動に抵抗力が加わった場合

放物運動に対し，速度に比例する抵抗力が加わった場合を考えよう (図 4.2 (b) の線，p.50)．このときの運動方程式は

$$m\frac{d^2x}{dt^2} = -m\gamma\frac{dx}{dt}, \tag{4.39}$$

$$m\frac{d^2z}{dt^2} = -mg - m\gamma\frac{dz}{dt} \tag{4.40}$$

となる．(4.40) 式の一般解は，以前求めた (4.18) 式となる．(4.39) 式を解く．まず，時間で 1 回積分して

$$\frac{dx}{dt} = d_1 e^{-\gamma t} \tag{4.41}$$

が得られ，さらにもう 1 回積分することにより，

$$x = -\frac{d_1}{\gamma}e^{-\gamma t} + d_2 \tag{4.42}$$

が得られる．ただし，d_1, d_2 は積分定数である．

例題 4.4 放物運動に対し抵抗力が加わった場合の問題で，初期条件が

$$x(0) = z(0) = 0, \tag{4.43}$$

$$\dot{x}(0) = v_{x0} > 0, \tag{4.44}$$

$$\dot{z}(0) = v_{z0} > 0 \tag{4.45}$$

で与えられるとき，質点が到達する最高点の座標 (x_h, z_h) を求めなさい．

解 初期条件より，

$$-\frac{c_1}{\gamma} + c_2 = 0, \tag{4.46}$$

$$-\frac{d_1}{\gamma} + d_2 = 0, \tag{4.47}$$

$$-\frac{g}{\gamma} + c_1 = v_{z0}, \tag{4.48}$$

$$d_1 = v_{x0}. \tag{4.49}$$

よって，

$$x = \frac{v_{x0}}{\gamma}\left(1 - e^{-\gamma t}\right), \tag{4.50}$$

$$\begin{aligned} z &= -\frac{g}{\gamma} + \left(v_{z0} + \frac{g}{\gamma}\right)e^{-\gamma t} \\ &= v_{z0}e^{-\gamma t} - \frac{g}{\gamma}(1 - e^{-\gamma t}). \end{aligned} \tag{4.51}$$

(4.50) 式を t について解くと，

$$t = -\frac{1}{\gamma}\log\left(1 - \frac{\gamma x}{v_{x0}}\right). \tag{4.52}$$

これを用いて，(4.51) 式から t を消去すると，

$$z = \frac{g}{\gamma^2}\log\left(1 - \frac{\gamma x}{v_{x0}}\right) + \left(v_{z0} + \frac{g}{\gamma}\right)\frac{x}{v_{x0}}. \tag{4.53}$$

最高点では，(4.53) 式の x に関する微分がゼロとなるので，x_h を求める式として

$$\left.\frac{dz}{dx}\right|_{x=x_h} = -\frac{g}{\gamma v_{z0}}\frac{1}{1 - \dfrac{\gamma x_h}{v_{x0}}} + \frac{1}{v_{x0}}\left(v_{z0} + \frac{g}{\gamma}\right) = 0 \tag{4.54}$$

が得られ，これを解くと

$$x_h = \frac{v_{x0}}{\gamma}\left(1 - \frac{g}{g + \gamma v_{z0}}\right) \tag{4.55}$$

のように求まる．これを (4.53) 式に代入することで，

$$z_h = \frac{g}{\gamma^2}\log\left(\frac{g}{g + \gamma v_{z0}}\right) + \frac{v_{z0}}{\gamma} \tag{4.56}$$

が求まる．これは $\gamma \to 0$ の極限で $v_{z0}^2/2g$ ($\gamma = 0$ のときに求めた最高点の高さ) と一致し，$\gamma > 0$ に関して単調減少する関数であることがわかる (各自，確認してみてほしい)．すなわち，抵抗力が大きくなればなるほど，最高点の高さは低くなる． □

4.2 拘束されながら運動する物体

この節では，物体が面上を運動したり，弦につながれた状態で運動する場合を考える．すなわち，運動に拘束条件が加わる．そのため，物体が条件を満たしながら運動するように働く力が存在する．このような力は**束縛力**と呼ばれ，運動状態が決まって初めて定まる点が特徴である．よって，束縛力は運動方程式のなかに未知数として導入される．

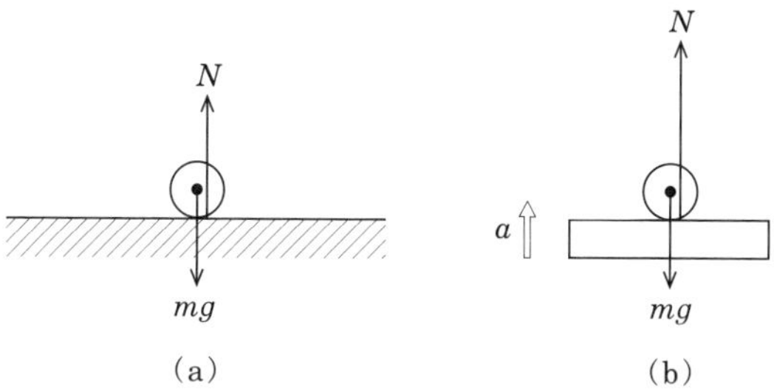

図 4.3 (a) 平面上に静止する物体. 重力と同時に垂直抗力が働いている. (b) 平面が鉛直方向に加速している場合.

4.2.1 面上にある物体の運動

垂直抗力

一般に面上に置かれた物体には，面の法線方向に力が働く．これを垂直抗力と呼ぶ．垂直抗力は束縛力である．ここでは，滑らかな水平面上に静止している質量 m の物体を考える (図 4.3 (a))．物体には鉛直上向きに垂直抗力 N, 鉛直下向きに重力 mg が作用している．鉛直上向きに z 軸をとると，ニュートンの運動方程式は，

$$m\frac{d^2z}{dt^2} = N - mg = 0 \tag{4.57}$$

となる．(4.57) 式の最後でゼロとしたのは物体が静止しているため，加速度 $\frac{d^2z}{dt^2} = 0$ となっているからである．よって，垂直抗力は

$$N = mg \tag{4.58}$$

と求められる．このように，垂直抗力は物体を平面上に支えている力で，物体の運動状態 (いまの場合，平面上で静止) が決まった上で初めて求められる量であり，束縛力の典型的な例となっている．

例題 4.5 図 4.3 (b) のように平面が鉛直方向に加速度 a で加速している場合を議論しなさい．

解 物体が平面上にあるとき，ニュートンの運動方程式は

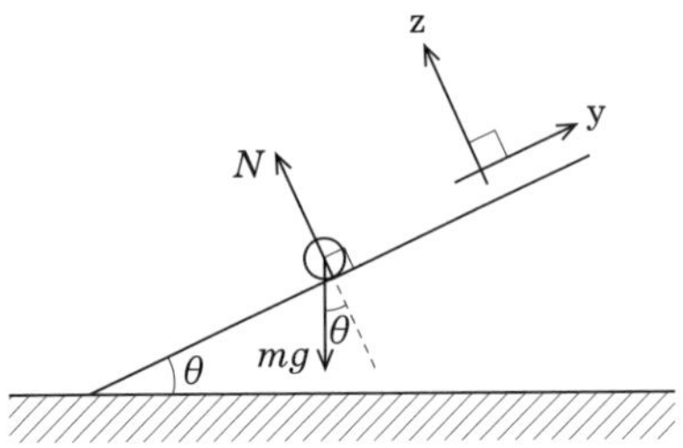

図 4.4 滑らかな斜面上にある物体.

$$m\frac{d^2z}{dt^2} = N - mg$$
$$= ma \tag{4.59}$$

となり,

$$N = m(g + a) \tag{4.60}$$

となる. 物体が面上に存在する限り常に $N > 0$ であり, 物体が面から離れると $N = 0$ となる. $N < 0$ となることはない. $a < -g$ の場合, 物体は平面から離れ自由落下運動をする. □

滑らかな斜面上の物体の運動

図 4.4 のように水平面と角度 θ をなす滑らかな斜面を考える. この上に物体を置き, 静かに手を離す. 物体に働く力は重力と垂直抗力である. 物体を置いた場所を原点にとり, 斜面の最大勾配線に対して垂直方向に x 軸, 平行上向きに y 軸, 斜面の法線方向上向きに z 軸をとる. ここで, 斜面に対して物体はめり込むことがない. すなわち, z 成分の加速度はゼロである. 各成分に対するニュートンの運動方程式は,

$$m\ddot{x} = 0, \tag{4.61}$$

$$m\ddot{y} = -mg\sin\theta, \tag{4.62}$$

$$m\ddot{z} = N - mg\cos\theta = 0 \tag{4.63}$$

となり, 物体は x 軸方向へは等速直線運動, y 軸方向には等加速度運動を行い (加速度 $-g\sin\theta$), z 方向には静止していて垂直抗力が $N = mg\cos\theta$ で与えられるこ

とがわかる.

例題 4.6 斜面上にある物体に対し，x 軸，y 軸方向にそれぞれ初速度 v_{x0}, v_{y0} を与えたとき，どのような運動をするか.

解 運動方程式は (4.61), (4.62), および (4.63) 式である．$t = 0$ における物体の位置を座標原点に選べば，解は

$$x = v_{x0}t, \tag{4.64}$$

$$y = -\frac{gt^2}{2}\sin\theta + v_{y0}t, \tag{4.65}$$

$$N = mg\cos\theta. \tag{4.66}$$

すなわち，実効的な重力加速度が $g\sin\theta$ で与えられる放物運動となる. □

粗い平面・斜面上の物体の運動

次に，表面が粗く物体との間に摩擦が働く場合を考えよう．面と物体の間に働く**摩擦力**は次のような性質を持つものとする．これらは**クーロン–アモントンの法則**と呼ばれている.

(1) 面上に置かれている静止物体に外力を加えて動かそうとしたとき，外力に抗い物体を静止させ続けようとする力のことを**静止摩擦力**という．外力がある一定値 (**最大静止摩擦力**) を超えると，物体は滑り出す.

(2) 滑り出した後も，物体の運動方向と逆向き，すなわち物体の運動を止めようとする力が働く．これを**滑り摩擦力**と呼ぶ.

(3) 最大静止摩擦力と滑り摩擦力は垂直抗力に比例する.

(4) 最大静止摩擦力と滑り摩擦力は見かけの接触面積に依存しない[2].

(5) 最大静止摩擦力よりも滑り摩擦力は必ず小さい.

(6) 滑り摩擦力は速度に依存しない.

(3) 番目の性質から，最大静止摩擦力と滑り摩擦力を与える式

2] ここでは，物体が大きさを持っていることが暗に仮定されている．摩擦の原因や性質を考えるときには物体の大きさを考慮に入れる必要がある．しかしいったん摩擦を取り込んだ後で，物体を質点とみなしてその運動を議論することは可能である.

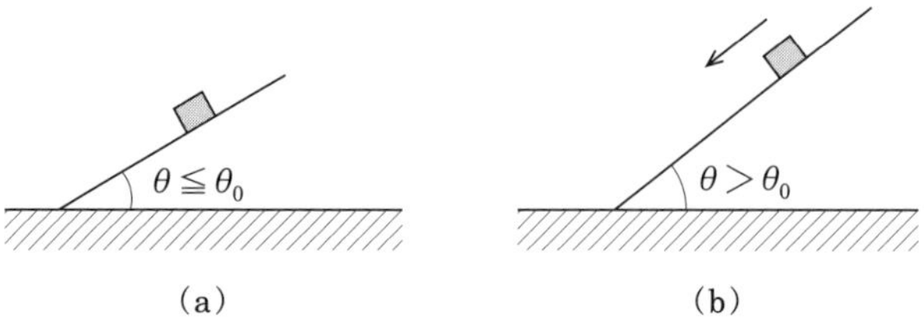

図 4.5 粗い斜面上にある物体.

$$F_{最大} = \mu N, \tag{4.67}$$

$$F_{滑} = \mu' N \tag{4.68}$$

が成り立つ. μ を静止摩擦係数, μ' を滑り摩擦係数と呼ぶ.

ここで考えている摩擦力は, 落下運動の際に導入した速度に比例する抵抗力とは性質が異なることに注目してほしい (運動を止めるように働く点は同じであるが). 速度に比例する抵抗力は空気などの流体中を比較的低速で運動する物体に対して支配的に働き, 粘性抵抗と呼ばれている. 固体間の表面で生じる摩擦力では, 一般にクーロン–アモントンの法則が良く成り立つことが知られている.

さて, 粗い斜面上に置かれた物体の運動を考えよう (図 4.5). 簡単のために, 斜面の最大勾配線に対し垂直な方向 (x 軸方向) の運動は無視する. 初めに, 物体が静止している状況を考えよう (図 4.5 (a)). 静止摩擦力の大きさを f とすると,

$$m\frac{d^2y}{dt^2} = -mg\sin\theta + f = 0, \tag{4.69}$$

$$m\frac{d^2z}{dt^2} = -mg\cos\theta + N = 0 \tag{4.70}$$

となる. よって, 静止摩擦力と垂直抗力はそれぞれ

$$f = mg\sin\theta, \tag{4.71}$$

$$N = mg\cos\theta \tag{4.72}$$

のように求まる. ここで, この静止状態は静止摩擦力が最大静止摩擦力を超えない限り成り立つことに注意してほしい. このことから,

$$f \leqq F_{最大} = \mu N, \tag{4.73}$$

したがって

$$\tan\theta \leqq \mu \equiv \tan\theta_0.$$

すなわち，静止状態を保つためには $\theta \leqq \theta_0$ という条件が斜面の角度に対して課されることがわかる．

次に，斜面の角度を θ_0 よりも大きくして，物体が斜面を滑り出した場合を考えよう (図 4.5 (b))．このときの運動方程式は，

$$\frac{d^2y}{dt^2} = -mg\sin\theta + \mu' N, \tag{4.74}$$

$$\frac{d^2z}{dt^2} = -mg\cos\theta + N = 0 \tag{4.75}$$

となるので，N を消去すると

$$\frac{d^2y}{dt^2} = -mg(\sin\theta - \mu'\cos\theta) \tag{4.76}$$

となる．すなわち，実効的な重力加速度が $g(\sin\theta - \mu'\cos\theta)$ であるような自由落下運動を行う．先ほど紹介した滑らかな斜面の場合と比べ，実効的な重力がさらに弱まっていることがわかる．

例題 4.7 図 4.5 の粗い斜面上にある物体を，斜面の上向き (y 軸の正の向き) へ初速度 v_0 を与えてはじき出したとする．物体は斜面上を離れることはないものとして，物体がはじき出された位置と比べ，どれくらいの高さまで滑り上がるかを求めなさい．

解 物体が斜面を滑り上がっている最中の運動方程式は

$$m\frac{d^2y}{dt^2} = -mg\sin\theta - \mu' N, \tag{4.77}$$

$$m\frac{d^2z}{dt^2} = -mg\cos\theta + N = 0. \tag{4.78}$$

よって，物体がはじき出された点の y 座標を $y = 0$ とすると，

$$\begin{aligned} y &= -\frac{g(\sin\theta + \mu'\cos\theta)}{2}t^2 + v_0 t \\ &= -\frac{g(\sin\theta + \mu'\cos\theta)}{2}\left\{t - \frac{v_0}{g(\sin\theta + \mu'\cos\theta)}\right\}^2 + \frac{v_0^2}{2g(\sin\theta + \mu'\cos\theta)}. \end{aligned} \tag{4.79}$$

よって，斜面に沿って

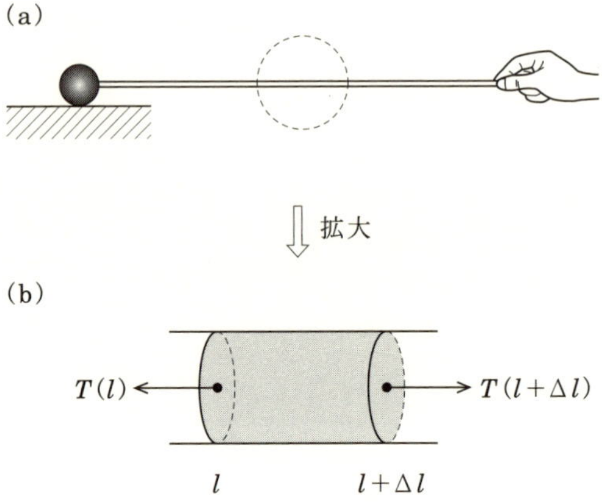

図 4.6 (a) 弦で引かれる質点. (b) 弦の微小領域に働く力.

$$\frac{v_0^2}{2g(\sin\theta + \mu' \cos\theta)}$$

だけ滑り上がることがわかるから，高さに換算すると

$$\Delta h = \frac{v_0^2 \sin\theta}{2g(\sin\theta + \mu' \cos\theta)} = \frac{v_0^2 \tan\theta}{2g(\mu' + \tan\theta)}. \tag{4.80}$$

最高点に到達した瞬間，物体は静止する．$\theta \leqq \theta_0$ ならば物体はそこで静止し続け，$\theta > \theta_0$ ならば滑り降り始める． □

4.2.2 弦でつながれた物体の運動

弦の張力

弦を引くと，張力が生じる．張力も束縛力である．図 4.6 (a) のように，左端に質点 m がつなげられている弦を滑らかな水平面の上に置く．そして右端を引くことにより弦と質点全体が右向きに加速度 a で加速し始めたとする．このとき弦は水平面と平行で，引かれている間に弦は伸び縮みしないものと仮定する．また，弦の太さも無視する．

弦の左端からの距離が l から $l + \Delta l$ $(\Delta l > 0)$ の間の微小領域に働く力を考える．弦の各点に働く張力の大きさを $T(l)$ と表すと，微小領域の右端では右向きに $T(l + \Delta l)$, 左端では左向きに $T(l)$ の張力が働くことになる．するとこの微小部分

の運動方程式は，弦の質量線密度 (単位長さあたりの質量) を ρ として

$$\rho a \Delta l = T(l + \Delta l) - T(l) \tag{4.81}$$

となる．一方，弦の端にくくりつけられた質点の運動方程式は

$$ma = T(0) \tag{4.82}$$

となる．(4.81) 式で両辺を Δl で割り $\Delta l \to 0$ の極限を考えると，これは微分の定義より

$$\rho a = \lim_{\Delta l \to 0} \frac{T(l + \Delta l) - T(l)}{\Delta l} \equiv \frac{dT(l)}{dl} \tag{4.83}$$

となるので，これを両辺積分して

$$\begin{aligned} T(l) &= T(0) + \int_0^l \rho a \, dl \\ &= (m + \rho l)a \end{aligned} \tag{4.84}$$

を得る．よって，弦の長さを L とすると，右端における張力の大きさは $T(L) = (m + \rho L)a$ となり，これが弦を引くのに必要な力の大きさとなる．ここで，弦の質量を無視する．すなわち $\rho = 0$ であるとすると，張力の大きさは l に依らなくなり弦内のどの位置でも一定の値をとることがわかる．

滑車の問題

次に，図 4.7 のように滑車にかけられた弦の両端に質点 m_1 と m_2 がつなげられているとする．滑車の位置を原点として鉛直上向きに z 軸をとり，時刻 t における m_1, m_2 の z 座標をそれぞれ $z_1(t), z_2(t)$ とする．弦の質量や伸び縮みは無視できるものとする．よって，m_1, m_2 に働く張力の大きさは同じになり，これを T とすると，運動方程式は

$$m_1 \frac{d^2 z_1(t)}{dt^2} = T - m_1 g, \tag{4.85}$$

$$m_2 \frac{d^2 z_2(t)}{dt^2} = T - m_2 g \tag{4.86}$$

となる．ところで，弦の伸び縮みがないため

$$z_1(t) + z_2(t) = 定数 \tag{4.87}$$

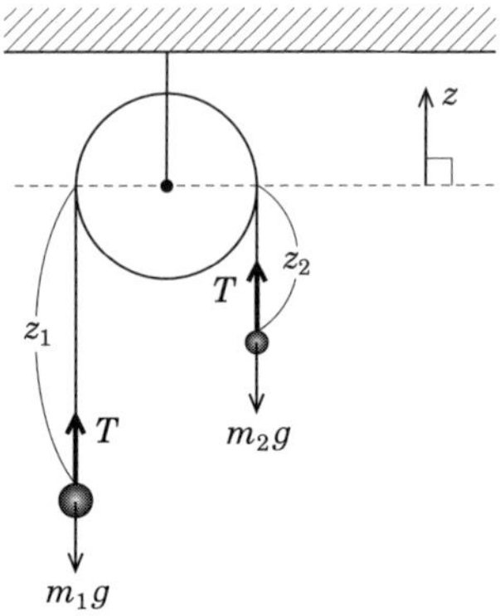

図 4.7 滑車の問題.

となり,

$$\frac{d^2 z_1(t)}{dt^2} = -\frac{d^2 z_2(t)}{dt^2} \tag{4.88}$$

が成り立つ. (4.88) 式を (4.86) 式に代入した後, (4.85) 式から (4.86) 式を辺々引くと

$$\frac{d^2 z_1(t)}{dt^2} = -\frac{(m_1 - m_2)}{m_1 + m_2} g \tag{4.89}$$

のようにまとめられ, $m_1 > m_2$ ($m_1 < m_2$) ならば m_1 は下向き (上向き) に等加速度運動し, $m_1 = m_2$ ならば静止, あるいは一定速度で運動し続けることがわかる. また, (4.89) 式を (4.85) 式に代入することで張力が求まり

$$T = \frac{2m_1 m_2}{m_1 + m_2} g \tag{4.90}$$

となる.

例題 4.8 図 4.8 のように天井に吊るされた滑車 A に弦をかけ, 弦の一端に質量 $6m$ のおもりをくくりつけ, もう一端には質量 $3m$ の滑車 B を吊るす. 滑車 B にも弦をかけ, その弦の一端に質量 $2m$ のおもりと, もう一端には質量 m のおもりをくくりつける. このとき, それぞれのおもりの加速度, および弦の張力を求めなさい. ただし, 弦の質量および滑車 B の慣性モーメント[3]は無視できるもの

3] 慣性モーメントとは滑車の回転の生じにくさを表す量である. この問題では無視する. 詳しくは第 11 章「剛体」を参照のこと.

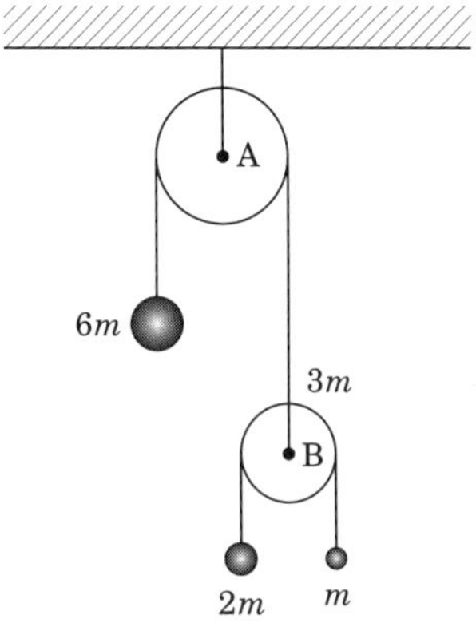

図 4.8 二つの滑車の問題.

とする.

解 一見すると釣り合いそうに思えるが，そうはならない．質量 m のおもりの加速度を a, 滑車 B の加速度を a_{B} とする．また，滑車 A, B にかけられた弦の張力をそれぞれ T, T' とする．すると，それぞれのおもり，および滑車 B の運動方程式は

$$ma = -mg + T', \tag{4.91}$$

$$-2ma = -2mg + T', \tag{4.92}$$

$$3ma_{\mathrm{B}} = -3mg - 2T' + T, \tag{4.93}$$

$$-6ma_{\mathrm{B}} = -6mg + T \tag{4.94}$$

となる．(4.91) 式から (4.92) 式を辺々引くことで，

$$a = \frac{g}{3} \tag{4.95}$$

が得られ，これを (4.91) 式に代入して

$$T' = \frac{4mg}{3} \tag{4.96}$$

のように求まる．また，(4.96) 式を (4.93) 式と (4.94) 式に代入したうえで辺々引くと，

$$a_{\mathrm{B}} = \frac{g}{27} \tag{4.97}$$

となり，これを (4.94) 式に代入することで

$$T = \frac{52mg}{9} \tag{4.98}$$

となる． □

演習問題

問 4.1 物体の速度が大きい場合には，空気抵抗は速度の 2 乗に比例することが知られている．この空気抵抗を受けながら落下する物体の終端速度を求めなさい．

問 4.2 洗面台でたまに見かける光景の問題．半径 R の円周を虫が這い上がろうとしている．虫と円周の間の静止摩擦係数が μ であるとすると，虫は円周の最下点からどれだけの高さ這い上がることができるだろうか．

問 4.3 図 4.9 のような複雑な構造を持つ滑車がある．つり下げられている物体の質量を M とする．物体を加速度 A で上向きに引き上げるためには，人はどれだけの力で弦を引く必要があるだろうか？ ただし，滑車や弦の質量，および弦の伸び縮みは無視できるものとする．

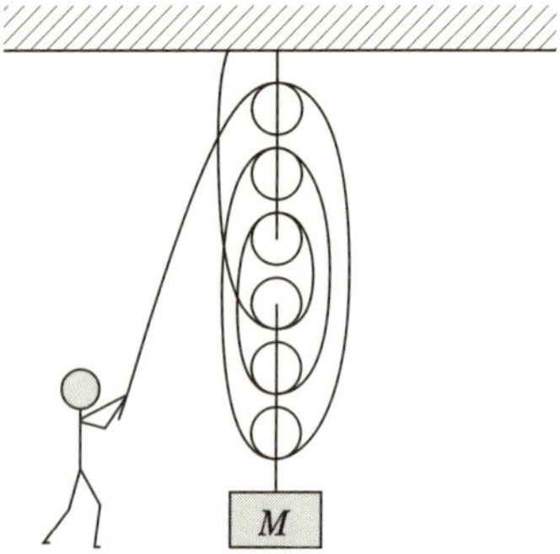

図 4.9 複雑な構造を持つ滑車の問題．

第5章
振動現象

この章では振動現象を扱う．振動は力学系以外でもさまざまなかたちで広範に現れる現象であるため，重要な基本的問題である．

5.1　調和振動子

図 5.1 のように，ばねにつながれている質点 m を考える．質点は x 軸上を運動するものとし，ばねの伸び縮みがないときの質点の位置を原点とする．ばねにより質点に与えられる力の大きさはばねの伸び縮みの距離に比例し，向きは常に原点を向く．よって，$-kx$ $(k>0)$ と表される．このような力を復元力と呼ぶ．運動方程式は

$$m\frac{d^2x(t)}{dt^2} = -kx(t) \tag{5.1}$$

となる．両辺を m で割ると

$$\frac{d^2x(t)}{dt^2} = -\omega_0^2 x(t) \tag{5.2}$$

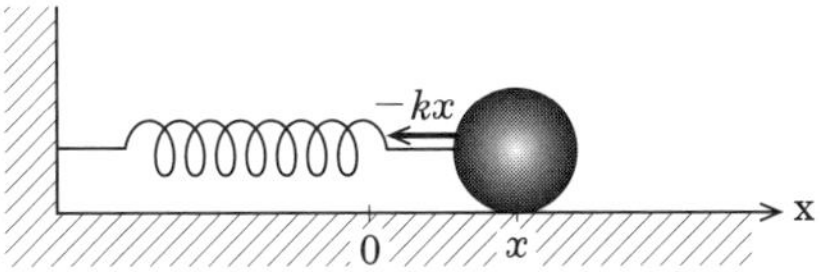

図 5.1　ばねにつながれた質点．ばねの伸びがゼロのときの質点の位置を原点としている．

$$\omega_0 = \sqrt{\frac{k}{m}} \tag{5.3}$$

と書ける．この微分方程式を解く．よく見ると，これは $x(t)$ を 2 回微分したら負の係数がかかったかたちでまた $x(t)$ に戻るタイプである．このことから，三角関数が解であることがわかる．よって，最も一般的な解のかたちは

$$x(t) = A\cos(\omega_0 t + \delta) \tag{5.4}$$

のように書ける．A と δ は未定係数であり，初期条件 ($t = 0$ における位置と速度) を与えることで決定される．

例題 5.1 (5.4) 式を微分方程式 (5.2) に代入し，解であることを確認しなさい．

解 (5.4) 式を 1 回微分すると，

$$\frac{dx}{dt} = -A\omega_0 \sin(\omega_0 t + \delta). \tag{5.5}$$

もう 1 回微分すると，

$$\frac{d^2x}{dt^2} = -A\omega_0^2 \cos(\omega_0 t + \delta) = -\omega_0^2 x \tag{5.6}$$

となるので，確かに微分方程式の解となっていることがわかる． □

解 (5.4) の時間依存性を見てみると，時間が $T = 2\pi/\omega_0$ だけたつと，また同じ振動運動を繰り返すことがわかる．これを単振動，あるいは調和振動子と呼ぶ．そして T のことを**周期**，$\omega_0 = \sqrt{k/m}$ のことをばねの**固有振動数**と呼ぶ．また，A を**振幅**，$\omega_0 t + \delta$ および δ をそれぞれ**位相**，**初期位相** ($t = 0$ のときの位相) と呼ぶ．先述のとおり，A と δ は初期条件を与えることにより決定される．たとえば，初期条件を $x(0) = 0, \dot{x}(0) = v$ としよう．すると，

$$A\cos\delta = 0, \tag{5.7}$$

$$-A\omega_0 \sin\delta = v \tag{5.8}$$

となる．(5.7) 式より $\delta = \pi/2$. これを (5.8) 式に代入すると，$A = -v/\omega_0$. よって，

$$x(t) = -\frac{v}{\omega_0}\cos\left(\omega_0 t + \frac{\pi}{2}\right) = \frac{v}{\omega_0}\sin\omega_0 t \tag{5.9}$$

となる．$v > 0$ の場合，$x(t)$ と $\dot{x}(t)$ をグラフに描いて見ると図 5.2 のようになる．

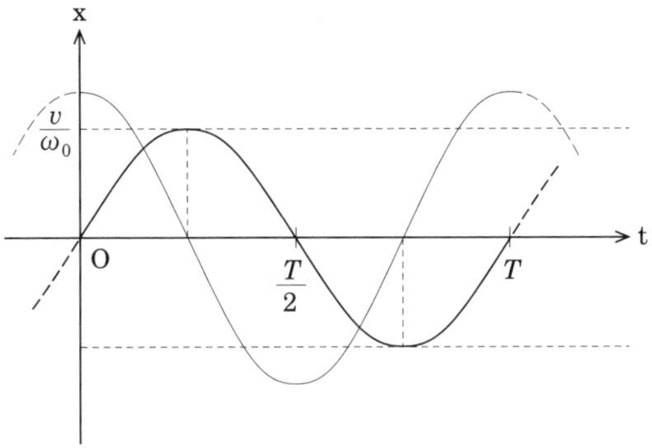

図 5.2 単振動のグラフ. ただし, $x(t) = \dfrac{v}{\omega_0}\sin\omega_0 t$ (太線), $\dot{x}(t) = v\cos\omega_0 t$ $(v > 0)$ (細線) の場合.

例題 5.2 本文中とは異なる初期条件 $x(0) = x_0$, $\dot{x}(0) = 0$ を課した場合の解を求めなさい.

解 初期条件より,

$$A\cos\delta = x_0, \tag{5.10}$$

$$-A\omega_0\sin\delta = 0 \tag{5.11}$$

となる. (5.11) 式より, $\delta = 0$. これを (5.10) 式に代入することで, $A = x_0$. すなわち,

$$x(t) = x_0\cos\omega_0 t \tag{5.12}$$

となる. □

指数関数を用いて解くやり方

先ほど微分方程式 (5.2) を解く際, 答えが三角関数となることを見越して議論した. ここでは, もっと一般のタイプの微分方程式を解く際にも通用するやり方を紹介しよう. 三角関数を用いたときと同様に, $x(t)$ を 2 回微分すると $x(t)$ 自身に比例するという微分方程式 (5.2) の性質をヒントにして考える. 指数関数は何回微分しても自分自身に比例したかたちになる. そこで,

$$x(t) = e^{\lambda t} \tag{5.13}$$

と置いてみる．すると，

$$\frac{dx(t)}{dt} = \lambda e^{\lambda t}, \tag{5.14}$$

$$\frac{d^2x(t)}{dt^2} = \lambda^2 e^{\lambda t} \tag{5.15}$$

となるので，

$$(\lambda^2 + \omega_0^2)e^{\lambda t} = 0. \tag{5.16}$$

これが任意の時刻 t に対して成り立つには，

$$\lambda = \pm i\omega_0 \tag{5.17}$$

であれば良い．すなわち，

$$x(t) = e^{i\omega_0 t},\ e^{-i\omega_0 t} \tag{5.18}$$

の二つが解となっていることがわかる．これら二つのように，互いに相手の定数倍では表せない解同士のことを互いに**独立な解**と呼ぶ．一般に 2 階微分方程式が二つの独立な解を持つとき，これらを重ね合わせたもの

$$x(t) = c_1 e^{i\omega_0 t} + c_2 e^{-i\omega_0 t} \tag{5.19}$$

も解となることがわかる (例題 5.3)．これを**解の線形性**と呼び，微分方程式が線形であるため，すなわち $x(t)$ やその微分の 1 次の項しか含まないために成り立つ性質である．(5.19) 式は未定係数を二つ含んでおり，微分方程式 (5.2) の一般解となる．

例題 5.3 (5.19) 式が微分方程式 (5.2) を満たすことを確かめなさい．

解 (5.19) 式を 1 回微分すると

$$\frac{dx(t)}{dt} = i\omega_0(c_1 e^{i\omega_0 t} - c_2 e^{-i\omega_0 t}). \tag{5.20}$$

もう 1 回微分すると，

$$\frac{d^2x(t)}{dt^2} = -\omega_0^2(c_1 e^{i\omega_0 t} + c_2 e^{-i\omega_0 t}) = -\omega_0^2 x(t) \tag{5.21}$$

となるので，確かに解となっていることがわかる． □

例題 5.4 三角関数を用いて表した一般解 (5.4) と (5.19) 式は等価であることを確かめなさい.

解 (5.19) 式から (5.4) 式を導くことを考える. (5.19) 式において, まず, $x(t)$ が実数であることから,

$$x(t) = c_1 e^{i\omega_0 t} + c_2 e^{-i\omega t} \tag{5.22}$$

と, その複素共役

$$x^*(t) = c_1^* e^{-i\omega_0 t} + c_2^* e^{i\omega t} \tag{5.23}$$

は等しい. よって,

$$c_1^* = c_2 \tag{5.24}$$

となるので,

$$x(t) = c_1 e^{i\omega_0 t} + c_1^* e^{-i\omega t}. \tag{5.25}$$

複素数である c_1 は二つの実数 α, β を用いて

$$c_1 = \frac{1}{2}(\alpha + i\beta) \tag{5.26}$$

と書けるので (因子 1/2 は後の式を簡単にするためにかけておいた),

$$x(t) = \frac{\alpha}{2}(e^{i\omega t} + e^{-i\omega t}) + i\frac{\beta}{2}(e^{i\omega t} - e^{-i\omega t}). \tag{5.27}$$

ここで, 第 1 章で証明したオイラーの公式 (1.15) を用いると,

$$e^{\pm i\omega_0 t} = \cos\omega_0 t \pm i \sin\omega_0 t \tag{5.28}$$

となるので,

$$\cos\omega_0 t = \frac{e^{i\omega_0 t} + e^{-i\omega_0 t}}{2}, \tag{5.29}$$

$$\sin\omega_0 t = \frac{e^{i\omega_0 t} - e^{-i\omega_0 t}}{2i}. \tag{5.30}$$

よって,

$$x(t) = \alpha\cos\omega_0 t - \beta\sin\omega_0 t. \tag{5.31}$$

これを少し変形すると,

$$x(t) = \sqrt{\alpha^2+\beta^2}\left(\frac{\alpha}{\sqrt{\alpha^2+\beta^2}}\cos\omega_0 t - \frac{\beta}{\sqrt{\alpha^2+\beta^2}}\sin\omega_0 t\right). \tag{5.32}$$

ここで，

$$\left(\frac{\alpha}{\sqrt{\alpha^2+\beta^2}}\right)^2 + \left(\frac{\beta}{\sqrt{\alpha^2+\beta^2}}\right)^2 = 1 \tag{5.33}$$

であるから，

$$\frac{\alpha}{\sqrt{\alpha^2+\beta^2}} = \cos\delta, \tag{5.34}$$

$$\frac{\beta}{\sqrt{\alpha^2+\beta^2}} = \sin\delta \tag{5.35}$$

とおくことができる．また，$\sqrt{\alpha^2+\beta^2} = A$ とすると，

$$\begin{aligned} x(t) &= A\left(\cos\delta\cos\omega_0 t - \sin\delta\sin\omega_0 t\right) \\ &= A\cos(\omega_0 t + \delta) \end{aligned} \tag{5.36}$$

となり，(5.4) 式が導かれる．□

5.2　単振り子

調和振動子の応用例として，図 5.3 のような単振り子を考える．単振り子とは，弦でつながれた質点が一つの鉛直平面内で円弧を描きながら運動するものを指している．

単振り子の運動を解析しよう．振り子の支点を原点とする 2 次元極座標 (r, ϕ) を考える．そして，振り子の弦の長さ l は伸び縮みすることなく，つねに一定であるとする．すなわち，

$$r = l = \text{定数} \tag{5.37}$$

また，弦の質量は無視できるものとする．

弦の先端にくくりつけられた質点 m に対する運動方程式を考えよう．弦の張力を T として，r 方向と ϕ 方向の運動方程式を書き下すと (第 3 章で紹介した 2 次元極座標系の運動方程式 (例題 3.1) を参照のこと)，

$$-ml\dot{\phi}^2 = +mg\cos\phi - T, \tag{5.38}$$

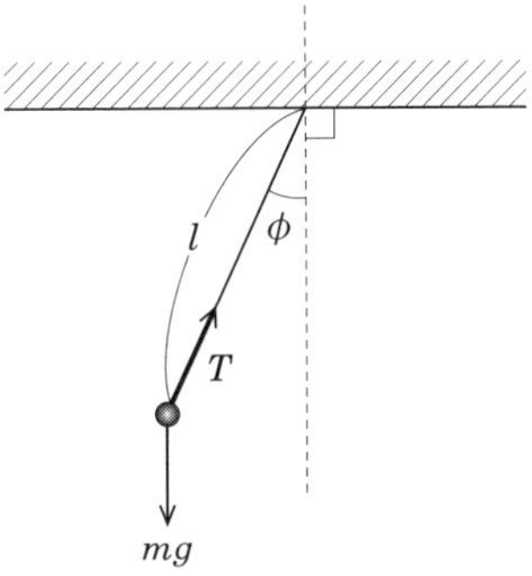

図 5.3 単振り子.

$$ml\ddot{\phi} = -mg\sin\phi \tag{5.39}$$

となる. (5.39) 式から ϕ が求まり, (5.38) 式に代入することで束縛力である張力 T が求まる, という構造になっている. 実は, 微分方程式 (5.39) には厳密解が存在することが知られている. しかし, ここでは振り子の振幅が十分小さい, すなわち $\phi \ll 1$ であるとして, 近似的な解を求めることにする.

第 1 章で求めた sin 関数のマクローリン展開 (1.12) より

$$\sin\phi = \phi - \frac{1}{3!}\phi^3 + \cdots . \tag{5.40}$$

ゆえに, 高次の項を無視すると, (5.39) 式は

$$\ddot{\phi} \simeq -\frac{g}{l}\phi \tag{5.41}$$

となる. この方程式は調和振動子の方程式と同じである. よって, 一般解は

$$\phi \simeq A\cos(\omega_0 t + \delta), \tag{5.42}$$

$$\omega_0 = \sqrt{\frac{g}{l}} \tag{5.43}$$

のように求められる. これを (5.38) に代入することで, 張力は

$$\begin{aligned} T &= mg\cos\phi + ml\dot{\phi}^2 \\ &\simeq mg + mlA^2\omega_0^2\sin^2(\omega_0 t + \delta) \end{aligned} \tag{5.44}$$

となることがわかる.

例題 5.5　振幅が十分小さい場合の単振り子の周期を求めなさい．

解

$$T = \frac{2\pi}{\omega_0} = 2\pi\sqrt{\frac{l}{g}}. \tag{5.45}$$

ただし，この公式は振幅が十分小さいときに成り立つ近似式であり，振幅が大きくなった場合には補正が必要である．

単振り子の長さ l と周期 T を測定することによって，重力加速度 g を求めることができる．これはボルダーの実験と呼ばれている．□

5.3 リサージュ図形

2 次元に拡張された調和振動子を考えよう．まずは簡単な場合で，x 方向も y 方向も固有振動数が等しい場合の例題を解いてみてほしい．

例題 5.6　x 方向，y 方向ともに固有振動数が ω_0 である調和振動子がある．質点が描く軌道はどのようになるか．

解　x 方向，y 方向の微分方程式はそれぞれ，

$$\ddot{x} = -\omega_0^2 x, \tag{5.46}$$

$$\ddot{y} = -\omega_0^2 y. \tag{5.47}$$

よって，一般解は

$$x(t) = A\cos(\omega_0 t + \alpha) = A\cos\alpha\cos\omega_0 t - A\sin\alpha\sin\omega_0 t, \tag{5.48}$$

$$y(t) = B\cos(\omega_0 t + \beta) = B\cos\beta\cos\omega_0 t - B\sin\beta\sin\omega_0 t. \tag{5.49}$$

これは，

$$\begin{pmatrix} x(t) \\ y(t) \end{pmatrix} = \begin{pmatrix} A\cos\alpha & -A\sin\alpha \\ B\cos\beta & -B\sin\beta \end{pmatrix} \begin{pmatrix} \cos\omega_0 t \\ \sin\omega_0 t \end{pmatrix} \tag{5.50}$$

と書ける．右辺の係数行列

$$\begin{pmatrix} A\cos\alpha & -A\sin\alpha \\ B\cos\beta & -B\sin\beta \end{pmatrix} \tag{5.51}$$

の逆行列

$$\frac{1}{AB\sin(\alpha-\beta)}\begin{pmatrix}-B\sin\beta & A\sin\alpha\\ -B\cos\beta & A\cos\alpha\end{pmatrix} \tag{5.52}$$

を (5.50) 式の両辺に左からかけると,

$$\begin{pmatrix}\cos\omega_0 t\\ \sin\omega_0 t\end{pmatrix} = \frac{1}{AB\sin(\alpha-\beta)}\begin{pmatrix}-B\sin\beta & A\sin\alpha\\ -B\cos\beta & A\cos\alpha\end{pmatrix}\begin{pmatrix}x(t)\\ y(t)\end{pmatrix} \tag{5.53}$$

となるので,

$$\cos\omega_0 t = -\frac{\sin\beta}{A\sin(\alpha-\beta)}x + \frac{\sin\alpha}{B\sin(\alpha-\beta)}y, \tag{5.54}$$

$$\sin\omega_0 t = -\frac{\cos\beta}{A\sin(\alpha-\beta)}x + \frac{\cos\alpha}{B\sin(\alpha-\beta)}y. \tag{5.55}$$

$\cos\omega_0 t^2 + \sin\omega_0 t^2 = 1$ の関係を用いて少し式を整理すると,

$$\frac{x^2}{A^2} + \frac{y^2}{B^2} - \frac{2\cos(\alpha-\beta)xy}{AB} = \sin^2(\alpha-\beta). \tag{5.56}$$

これは楕円の方程式である. A や B, あるいは x 方向と y 方向の初期位相の差 $\alpha-\beta$ を変えることで, 楕円のかたちが変化する. その様子を図 5.4 に示す. □

例題 5.6 の状況をさらに一般化して, x 方向の固有振動数 ω_0 に対し y 方向の固有振動数が $\nu\omega_0$ となっている場合を考えよう. x 方向, y 方向の微分方程式はそれぞれ,

$$\ddot{x} = -\omega_0^2 x, \tag{5.57}$$

$$\ddot{y} = -\nu^2\omega_0^2 y \tag{5.58}$$

と書くことができる. 簡単のため x 方向の振動の初期位相をゼロとすると, 解は

$$x(t) = A\cos\omega_0 t, \tag{5.59}$$

$$y(t) = B\cos(\nu\omega_0 t + \delta) \tag{5.60}$$

と表すことができる. この 2 次元振動子の軌跡を調べてみよう. x 方向の振動と, y 方向の振動それぞれの周期は

$$T_x = \frac{2\pi}{\omega_0}, \tag{5.61}$$

$$T_y = \frac{2\pi}{\omega_0}\frac{1}{\nu} \tag{5.62}$$

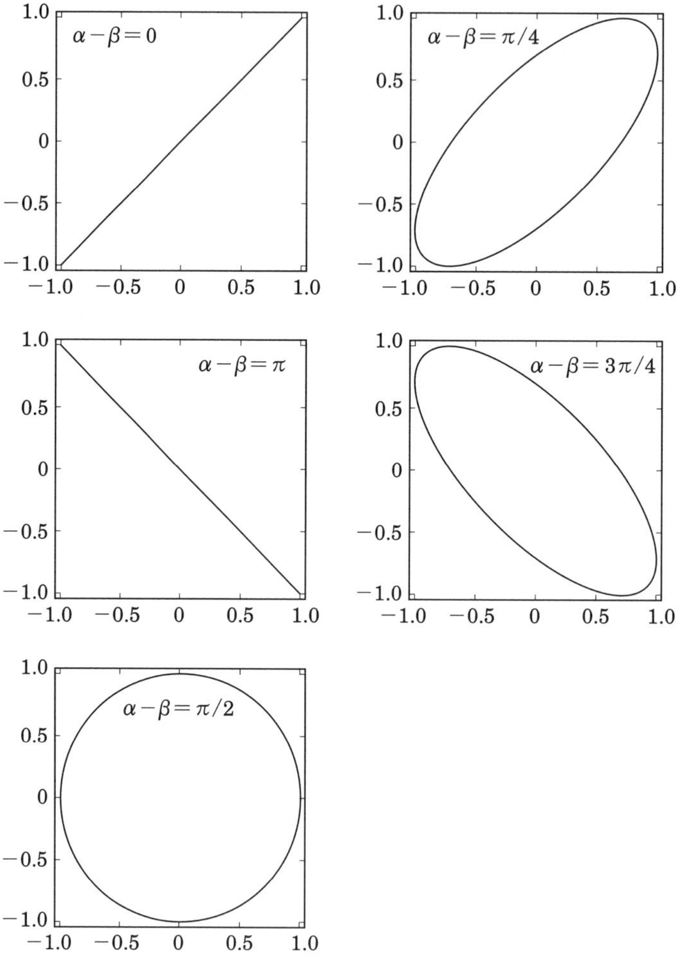

図 5.4 初期位相差 $\alpha-\beta$ を変えたときの楕円 (5.56) の変化の様子．ただし，$A=B=1$ とした．

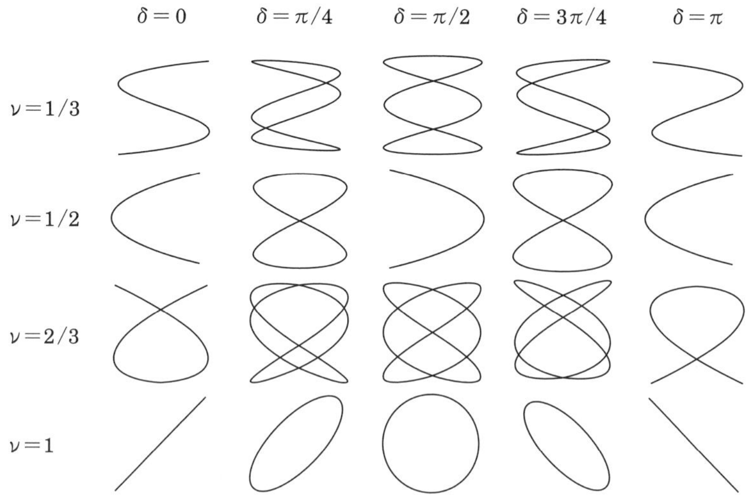

図 5.5 リサージュ図形.

となる．ν が有理数，すなわち $\nu = p/q$ (p, q は互いに素の自然数) で表されるときは，2 次元的な運動も周期的となり振動子の軌跡は閉じた曲線を描く．その周期は T_x と T_y の最小公倍数

$$T_{2d} = \frac{2\pi}{\omega_0}q \tag{5.63}$$

で与えられる．すなわち x 方向には q 回，y 方向には p 回振動した後に出発点の位置に戻る．一方，ν が無理数の場合 2 次元的な運動は周期的にならず，軌跡は永久に閉じない (永久に出発点に戻ってこない).

ν や δ の値を変化させることで非常にバラエティに富んだ軌跡が現れる．それらを計算機を使って図示することは容易である．その結果を図 5.5 に示す．これらのような図形をリサージュ図形と呼ぶ.

図 5.6 のように，振り子の支点が Y 字型になっている **Y 型振り子**では，x 方向と y 方向の振動に対して実効的な弦の長さが異なり固有振動数が等しくなくなるため，先端の軌跡を水平面に投影するとリサージュ図形が現れることが知られている.

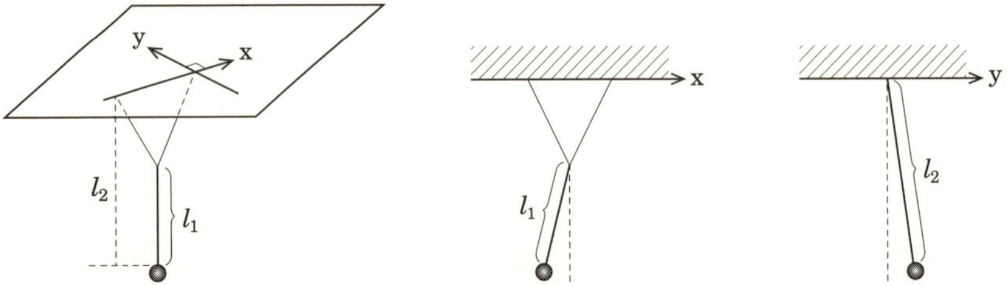

図 5.6 Y 型振り子.

5.4 調和振動子に抵抗力が加わった場合

図 5.7 のように，調和振動子に速度に比例する抵抗力が加わった場合を考えよう．速度に比例するタイプなので，抵抗力のもとになっているのは床との摩擦力とするよりも，空気抵抗と考える方が妥当であろう．あるいは，装置全体が粘性液体中に沈めてあると考えることもできる．運動方程式は

$$m\ddot{x} = -kx - 2m\gamma\dot{x} \tag{5.64}$$

と表すことができる．抵抗力の項に因子 2 をかけたのは，単に以下の計算で現れる式のかたちを簡単にするためである．ただし，ばね定数や抵抗力の比例係数は正，すなわち $k, \gamma > 0$ である．γ は時間の逆数の次元，すなわち振動数と同じ次元を持つ．

この微分方程式の一般解を求めてみよう．調和振動子のときと同様に指数関数型の解を仮定してみる．すなわち，

$$x(t) = e^{\lambda t} \tag{5.65}$$

とおいて微分方程式に代入すると，

$$(\lambda^2 + 2\gamma\lambda + \omega_0^2)e^{\lambda t} = 0 \tag{5.66}$$

となる．これが任意の時刻 t に対して成り立つためには，

$$\lambda^2 + 2\gamma\lambda + \omega_0^2 = 0 \tag{5.67}$$

であれば良い．ここで，ばねの固有振動数 ω_0 と抵抗力の係数 γ の大小関係によって場合分けをする．

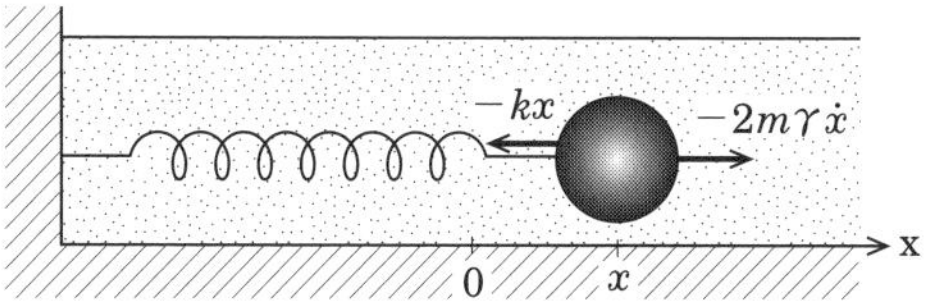

図 5.7 抵抗力が加わった調和振動子.

- $\gamma < \omega_0$ のとき,

2 次方程式 (5.67) は二つの虚数根

$$\lambda = -\gamma \pm i\sqrt{\omega_0^2 - \gamma^2} \equiv -\gamma \pm i\omega \tag{5.68}$$

を持つ. よって, 一般解は

$$x(t) = c_1 e^{-\gamma t + i\omega t} + c_2 e^{-\gamma t - i\omega t} = Ae^{-\gamma t}\cos(\omega t + \delta) \tag{5.69}$$

となる. ここで, 2 行目のかたちに変形する際には例題 5.4 と同じ計算を用いた. $e^{-\gamma t}$ は時間とともに減衰する関数である. よって, この解は振動しつつも振幅が徐々に減衰していく振る舞いを見せる. これを**減衰振動**と呼ぶ. 実際に初期条件を課して具体的な解を求め, そのような振る舞いが現れることを下記の例題で確認しよう.

例題 5.7 $\gamma < \omega_0$ の場合で, 初期条件を $x(0) = x_0$, $\dot{x}(0) = 0$ としたときの解を求めなさい.

解 初期条件 $x(0) = x_0$, $\dot{x}(0) = 0$ を課すと,

$$A\cos\delta = x_0, \tag{5.70}$$

$$-\gamma A\cos\delta - A\omega\sin\delta = 0. \tag{5.71}$$

よって, (5.71) 式より, 初期位相 δ は

$$\tan\delta = -\frac{\gamma}{\omega} \tag{5.72}$$

を満たす. また,

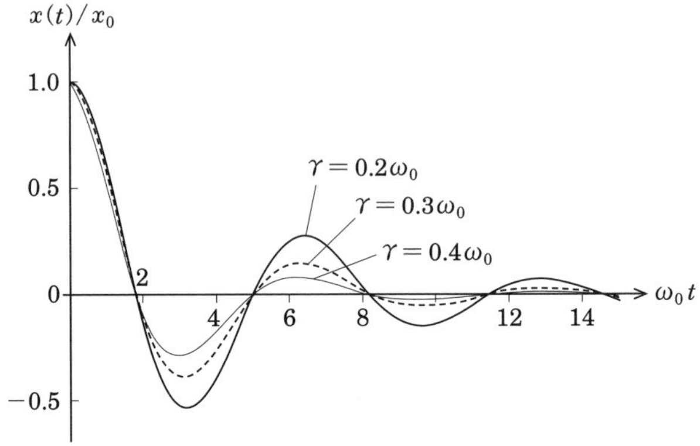

図 5.8　例題 5.7 で得た減衰振動の解．ただし，$\omega_0 = 1, x_0 = 1$ としている．

$$
\begin{aligned}
A^2 &= A^2 \cos^2 \delta + A^2 \sin^2 \delta \\
&= x_0^2 + A^2 \frac{\gamma^2}{\omega^2} \cos^2 \delta \\
&= x_0^2 + A^2 \frac{\gamma^2}{\omega^2} \frac{1}{1 + \tan^2 \delta} \\
&= x_0^2 + A^2 \frac{\gamma^2}{\omega^2 + \gamma^2} \\
&= x_0^2 + A^2 \frac{\gamma^2}{\omega_0^2}
\end{aligned}
\tag{5.73}
$$

である．これを A について解くと，$A > 0$ であるため

$$A = \frac{x_0 \omega_0}{\omega}. \tag{5.74}$$

ゆえに

$$x(t) = \frac{x_0 \omega_0}{\omega} e^{-\gamma t} \cos(\omega t + \delta) \tag{5.75}$$

が得られる．(5.75) 式の振る舞いを図 5.8 に示す．振幅が抵抗力のためしだいに減衰しつつ振動していることがわかる．□

• $\gamma > \omega_0$ のとき，

2 次方程式 (5.67) は二つの実数根

$$\lambda = -\gamma \pm \sqrt{\gamma^2 - \omega_0^2} \tag{5.76}$$

$$\equiv -\gamma \pm \alpha \tag{5.77}$$

を持つ．よって，一般解は

$$x(t) = c_1 e^{-(\gamma-\alpha)t} + c_2 e^{-(\gamma+\alpha)t}. \tag{5.78}$$

一般解 (5.78) に含まれる二つの指数関数の肩にある量は，$\gamma > \alpha \ (= \sqrt{\gamma^2 - \omega_0^2})$ であるため $t > 0$ でいずれも必ず負の実数になる．よって，この場合の解は振動せず，時間とともにただ減衰していく．これを**過減衰**と呼ぶ．

例題 5.8 $\gamma > \omega_0$ の場合で，初期条件を $x(0) = x_0$, $\dot{x}(0) = 0$ としたときの解を求めなさい．

解 一般解 (5.78) に対して，初期条件 $x(0) = x_0$, $\dot{x}(0) = 0$ を課すと，

$$c_1 + c_2 = x_0, \tag{5.79}$$

$$(-\gamma + \alpha)\, c_1 + (-\gamma - \alpha)\, c_2 = 0. \tag{5.80}$$

よって，

$$c_1 = \frac{x_0}{2}\left(1 + \frac{\gamma}{\alpha}\right), \tag{5.81}$$

$$c_2 = \frac{x_0}{2}\left(1 - \frac{\gamma}{\alpha}\right). \tag{5.82}$$

ゆえに

$$\begin{aligned} x(t) &= \frac{x_0}{2}\left(1 + \frac{\gamma}{\alpha}\right) e^{-\gamma t + \alpha t} + \frac{x_0}{2}\left(1 - \frac{\gamma}{\alpha}\right) e^{-\gamma t - \alpha t} \\ &= x_0 e^{-\gamma t}\left(\cosh \alpha t + \frac{\gamma}{\alpha} \sinh \alpha t\right) \end{aligned} \tag{5.83}$$

が得られる．これは確かに振動せず，また，$\alpha < \gamma$ であるために減衰していく解であることがわかる (図 5.9 参照)． □

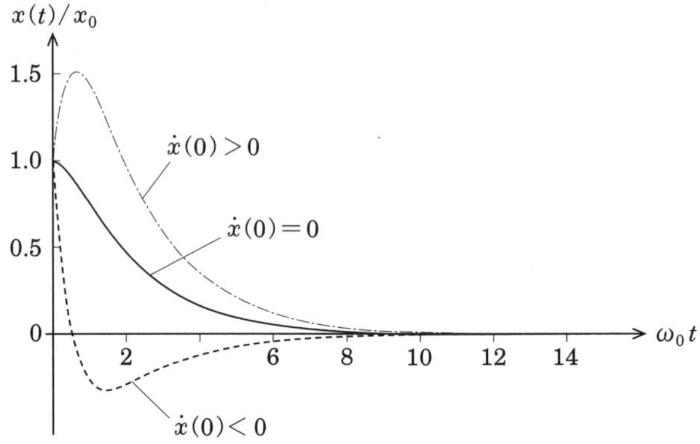

図 5.9　過減衰の解．$\gamma = 1.2\omega_0$, $x(0) = x_0$ として，$\dot{x}(0)$ を変えてプロットしたもの．$\dot{x}(0) = 0$ の曲線が (5.83) 式に相当する．

- $\gamma = \omega_0$ のとき，

このとき，2 次方程式 (5.67) は

$$\lambda^2 + 2\gamma\lambda + \gamma^2 = 0 \tag{5.84}$$

となるので，重根

$$\lambda = -\gamma \tag{5.85}$$

を持つ．このことから，

$$x(t) = e^{-\gamma t} \tag{5.86}$$

が微分方程式の解であることがすぐわかる．ところで 2 階の微分方程式を解いているので，独立な解が二つ存在するはずである．よって，もう一つ別の解を見つける必要がある．そこで

$$x(t) = te^{-\gamma t} \tag{5.87}$$

とおいてみると，

$$\frac{dx}{dt} = e^{-\gamma t} - \gamma te^{-\gamma t} = (1 - \gamma t)e^{-\gamma t}, \tag{5.88}$$

$$\frac{d^2x}{dt^2} = -\gamma e^{-\gamma t} - (1 - \gamma t)\gamma e^{-\gamma t} = (\gamma^2 t - 2\gamma)e^{-\gamma t}. \tag{5.89}$$

これらを微分方程式 (5.64) に代入すると，

$$
\begin{aligned}
&(\gamma^2 t - 2\gamma)e^{-\gamma t} + 2\gamma(1-\gamma t)e^{-\gamma t} + \gamma^2 t e^{-\gamma t} \\
&= \left\{(\gamma^2 t - 2\gamma) + 2\gamma(1-\gamma t) + \gamma^2 t\right\} e^{-\gamma t} \\
&= 0
\end{aligned}
\tag{5.90}
$$

となり，(5.87) 式も解となっていることがわかる．よって，一般解は (5.86) 式と (5.87) 式を重ね合わせたもの，すなわち

$$
x(t) = (c_1 + c_2 t)e^{-\gamma t} \tag{5.91}
$$

となる．(5.91) 式も，過減衰のときと同様どのような初期条件に対しても (任意の c_1, c_2 に対して) 振動せずに減衰することがわかる．

(5.91) 式は減衰振動と過減衰のちょうど境界における振る舞いとなっており，**臨界減衰**と呼ばれている．過減衰と同様に臨界減衰でも振動は一切見られない．一般に，過減衰よりも臨界減衰の方が速く $x = 0$ へ向かって減衰していく．過減衰 (5.78) のときでも $c_1 \ll c_2$ となるような特殊な初期条件が与えられた場合，解は関数 $e^{-(\gamma+\alpha)t}$ に支配されるため臨界減衰よりも速く減衰するが，それ以外の場合には減衰の程度はゆっくり減衰する部分 $e^{-(\gamma-\alpha)t}$ で決まるからである．

ちなみに，過減衰領域における $\gamma/\omega_0 \to \infty$ の極限では $e^{-(\gamma-\alpha)t} \to 1$ となり，$x \neq 0$ であったとしても物体は止まったままとなる．すなわちばねの復元力が粘性抵抗に打ち勝つことができず，物体が動けなくなってしまう状況を表している．

以上より，抵抗力が働いている場合の調和振動子 (5.64) の一般解は，

$$
x_r(t) = \begin{cases}
Ae^{-\gamma t}\cos(\omega t + \delta), & \gamma < \omega_0, \quad \text{減衰振動} \quad (\text{振動あり}) \\
(c_1 + c_2 t)e^{-\gamma t}, & \gamma = \omega_0, \quad \text{臨界減衰} \quad (\text{振動なし}) \\
c_1 e^{-\gamma t + \alpha t} + c_2 e^{-\gamma t - \alpha t}, & \gamma > \omega_0, \quad \text{過減衰} \quad (\text{振動なし})
\end{cases}
\tag{5.92}
$$

のようにまとめられる．ただし，

$$
\begin{aligned}
\omega &= \sqrt{\omega_0^2 - \gamma^2}, \\
\alpha &= \sqrt{\gamma^2 - \omega_0^2}
\end{aligned}
\tag{5.93}
$$

であり，A, δ, c_1, c_2 は初期条件により決まる定数である．いずれの場合においても**必ず減衰する**ことに注目してほしい．

例題 5.9 本章で議論した単振り子の問題で，質点に対し速度に比例する空気

抵抗が働いている場合を調べなさい.

解 運動方程式は

$$ml\ddot{\phi} = -mg\sin\phi - 2m\gamma l\dot{\phi}$$

したがって

$$\begin{aligned}\ddot{\phi} &= -\,\omega_0^2\sin\phi - 2\gamma\dot{\phi} \\ &\simeq -\omega_0^2\phi - 2\gamma\dot{\phi}.\end{aligned} \tag{5.94}$$

ここで,先ほどと同様に単振り子の振幅が十分小さいという近似を用いた.

この方程式は,本節で議論した抵抗力を受けている調和振動子の方程式と同じである.それゆえ一般解は

$$\phi \simeq \begin{cases} Ae^{-\gamma t}\cos(\omega t + \delta), & \gamma < \omega_0 \\ (c_1 + c_2 t)e^{-\gamma t}, & \gamma = \omega_0 \\ c_1 e^{-\gamma t + \alpha t} + c_2 e^{-\gamma t - \alpha t}, & \gamma > \omega_0 \end{cases} \tag{5.95}$$

のように求まる.

振り子のように,復元力が重力で与えられ抵抗が空気によって与えられる場合には,$\gamma < \omega_0$ となっている.したがって振動は起きるが,γ^{-1} より十分に長い時間が経過した後には振り子はほとんど止まってしまう. □

5.5 さらに強制力が加わった場合

5.5.1 微分方程式の解

前節で述べた系を,さらに周期 Ω の外力によって揺さぶった場合にどうなるか(図 5.10).運動方程式は,

$$m\ddot{x} = -kx - 2m\gamma\dot{x} + F_0\cos\Omega t \tag{5.96}$$

のようにかける.最後の項が強制力を表している.$\cos\Omega t$ のかわりに $\sin\Omega t$ でも良いし,sin と cos の重ね合わせを考えてもよい.この微分方程式の特徴は,強制力の項のように未知関数である x やその微分を含まない項が存在する点である.

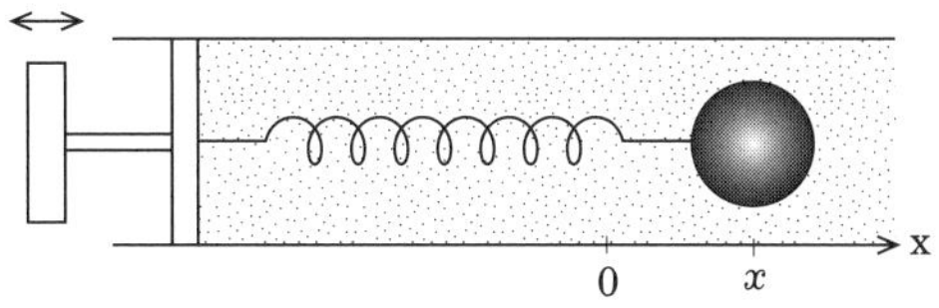

図 5.10　抵抗力と強制力が加わった調和振動子.

このような方程式を**非同次方程式**という．ところで，

$$\cos \Omega t = \mathrm{Re}(e^{i\Omega t}) \tag{5.97}$$

となっていることに注目してほしい．Re は複素数の実数部分をとる，という意味の記号である．よって複素数 $z(t) = x(t) + iy(t)$ ($x(t)$, $y(t)$ は実数の関数) を導入し，微分方程式

$$m\ddot{z} = -kz - 2m\gamma\dot{z} + F_0 e^{i\Omega t} \tag{5.98}$$

を解き，最後に答えの実数部分をとればもともとの微分方程式 (5.96) の解となることがわかる．なぜならば，微分方程式 (5.98) の実数部分と虚数部分は独立であり，かつ，実数部分は (5.96) 式と一致するからである．

それでは複素数の微分方程式 (5.98) を解くことを考えよう．ここで，解は強制力と同じ振動数で振動する複素関数と仮定してみる．すなわち，

$$z_{sp}(t) = Ae^{i\Omega t}. \tag{5.99}$$

これを運動方程式に代入すると ($\omega_0^2 = k/m$ に注意して)

$$\left\{ \left(\omega_0^2 - \Omega^2 + 2i\gamma\Omega \right) A - \frac{F_0}{m} \right\} e^{i\Omega t} = 0 \tag{5.100}$$

となる．これが任意の時刻 t に対して成り立つという条件から

$$A = \frac{F_0}{m\left(\omega_0^2 - \Omega^2 + 2i\gamma\Omega\right)} \tag{5.101}$$

となるので，

$$z_{sp}(t) = \frac{F_0}{m\left(\omega_0^2 - \Omega^2 + 2i\gamma\Omega\right)} e^{i\Omega t} \tag{5.102}$$

が解となる．(5.102) 式の実数部分が本来求めたい微分方程式 (5.96) の解 $x_{sp}(t)$

である．そこで，実数部分を取り出しやすいように (5.102) 式を変形すると，

$$\begin{aligned} z_{sp}(t) &= \frac{F_0}{m\left(\omega_0^2 - \mathit{\Omega}^2 + 2i\gamma\mathit{\Omega}\right)} e^{i\mathit{\Omega} t} \\ &= \frac{F_0}{m} \frac{1}{\omega_0^2 - \mathit{\Omega}^2 + 2i\gamma\mathit{\Omega}} \frac{\omega_0^2 - \mathit{\Omega}^2 - 2i\gamma\mathit{\Omega}}{\omega_0^2 - \mathit{\Omega}^2 - 2i\gamma\mathit{\Omega}} e^{i\mathit{\Omega} t} \\ &= \frac{F_0}{m} \frac{\omega_0^2 - \mathit{\Omega}^2 - 2i\gamma\mathit{\Omega}}{(\omega_0^2 - \mathit{\Omega}^2)^2 + 4\gamma^2\mathit{\Omega}^2} (\cos\mathit{\Omega} t + i\sin\mathit{\Omega} t). \end{aligned} \tag{5.103}$$

よって，

$$\begin{aligned} x_{sp}(t) &= \mathrm{Re}(z_{sp}(t)) \\ &= \frac{F_0}{m}\left\{\frac{(\omega_0^2 - \mathit{\Omega}^2)\cos\mathit{\Omega} t + 2\gamma\mathit{\Omega}\sin\mathit{\Omega} t}{(\omega_0^2 - \mathit{\Omega}^2)^2 + 4\gamma^2\mathit{\Omega}^2}\right\} \\ &= \frac{F_0}{m\sqrt{(\omega_0^2 - \mathit{\Omega}^2)^2 + 4\gamma^2\mathit{\Omega}^2}} \\ &\quad \times \left\{\frac{\omega_0^2 - \mathit{\Omega}^2}{\sqrt{(\omega_0^2 - \mathit{\Omega}^2)^2 + 4\gamma^2\mathit{\Omega}^2}}\cos\mathit{\Omega} t + \frac{2\gamma\mathit{\Omega}}{\sqrt{(\omega_0^2 - \mathit{\Omega}^2)^2 + 4\gamma^2\mathit{\Omega}^2}}\sin\mathit{\Omega} t\right\} \\ &= \frac{F_0}{m\sqrt{(\omega_0^2 - \mathit{\Omega}^2)^2 + 4\gamma^2\mathit{\Omega}^2}} \cos(\mathit{\Omega} t - \delta'). \end{aligned} \tag{5.104}$$

ただし，

$$\tan\delta' = \frac{2\gamma\mathit{\Omega}}{(\omega_0^2 - \mathit{\Omega}^2)}. \tag{5.105}$$

(5.104) 式と，前節まで求めてきた調和振動子や抵抗力が働いている調和振動子の一般解を見比べて気付くべきことは，(5.104) 式には未定係数がまったく含まれていないという点である．このような解を **特解**という．非同次方程式には一般に特解が存在する．未定係数が存在しないため特解だけでは初期条件を課すことができない．そこで，前節で求めた $F_0 = 0$ の場合の一般解 (5.92)，すなわち抵抗力のみが作用する調和振動子の一般解 $x_r(t)$ を特解に加え，

$$x(t) = x_r(t) + x_{sp}(t) \tag{5.106}$$

としてみる．するとこれも微分方程式 (5.96) を満たし，未定係数を二つ含むことから一般解となることがわかる (例題 5.10 参照)．

例題 5.10 (5.106) 式が微分方程式 (5.96) の解となっていることを確認しなさい．

解 定義より $x_r(t)$ は，

$$m\ddot{x}_r + kx_r + 2m\gamma\dot{x}_r = 0 \tag{5.107}$$

を満たす．そして $x_{sp}(t)$ は，

$$m\ddot{x}_{sp} + kx_{sp} + 2m\gamma\dot{x}_{sp} = F_0\cos\Omega t \tag{5.108}$$

を満たしている．このとき (5.106) 式，すなわち $x(t) = x_r(t) + x_{sp}(t)$ は

$$\begin{aligned} m\ddot{x} + kx + 2m\gamma\dot{x} &= m(\ddot{x}_r + \ddot{x}_{sp}) + k(x_r + x_{sp}) + 2m\gamma(\dot{x}_r + \dot{x}_{sp}) \\ &= m\ddot{x}_r + kx_r + 2m\gamma\dot{x}_r \\ &\quad + m\ddot{x}_{sp} + kx_{sp} + 2m\gamma\dot{x}_{sp} \\ &= F_0\cos\Omega t \end{aligned} \tag{5.109}$$

を満たす．よって，(5.106) 式は確かに微分方程式 (5.96) の解となっている． □

ところで前節で議論したように，$x_r(t)$ は時間とともにゼロへ向かって減衰していく．よって，十分長い時間が経過した後の物体の運動は，初期条件によらず特解だけで表される．したがって，物体はばねの固有振動数 ω_0 とは無関係に外力と同じ振動数 Ω で振動するようになる．これを**強制振動**と呼ぶ．

5.5.2 共鳴と位相のずれ

さらに詳しく強制振動 (5.104) の性質について調べてみよう．ただし，

$$\gamma \ll \omega_0$$

の場合のみ考える．まず，振幅部分を取り出してみると，

$$\frac{F_0}{m\sqrt{(\omega_0^2 - \Omega^2)^2 + 4\gamma^2\Omega^2}} \tag{5.110}$$

というかたちをしている．分母の平方根の中身を平方完成すると

$$(\omega_0^2 - \Omega^2)^2 + 4\gamma^2\Omega^2 = \left\{\Omega^2 - (\omega_0^2 - 2\gamma^2)\right\}^2 + 4\gamma^2(\omega_0^2 - \gamma^2). \tag{5.111}$$

よって，

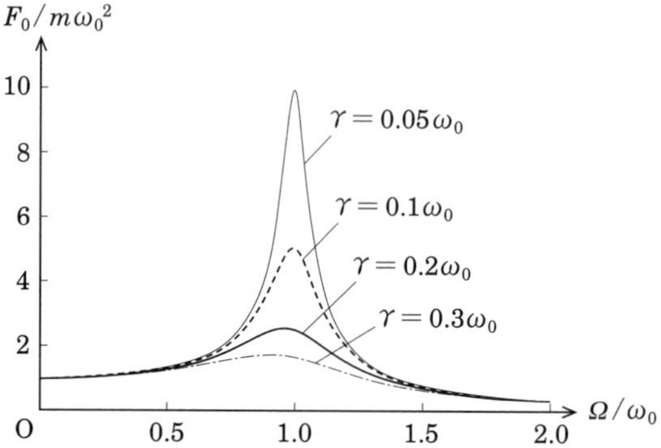

図 5.11　強制振動の振幅 (5.110) の図．$\Omega = \Omega_0$ で共鳴が起こっている．γ が小さいほどピークは高く，鋭くなることがわかる．

$$\Omega = \sqrt{\omega_0^2 - 2\gamma^2} \equiv \Omega_0 \tag{5.112}$$

のときに振幅は最大値

$$\frac{F_0}{2m\gamma\sqrt{(\omega_0^2 - \gamma^2)}} \tag{5.113}$$

をとる．この現象を共鳴と呼び，共鳴を起こす振動数 Ω_0 を**共鳴振動数**という．すなわち，図 5.11 のように振幅を Ω の関数として描くと山形になっており，$\Omega = \Omega_0$ でピークを迎える．ピークの高さは γ が小さいほど高くなり，Ω_0 は増加してばねの固有振動数 ω_0 に近づいて行くことが見て取れる．

また，ピークの鋭さを表す量として振幅が最大値の半分の値をとるときの山の幅を用いることができる．これを半値幅という．すなわち，ピークが鋭ければ鋭いほど半値幅は小さくなる．実際に半値幅を求めてみよう．振幅が最大値の半分となるときの $\Omega = \Omega_{半}$ を求める方程式は，

$$\frac{F_0}{m\sqrt{(\omega_0^2 - \Omega_{半}^2)^2 + 4\gamma^2\Omega^2}} = \frac{1}{2} \times \frac{F_0}{2m\gamma\sqrt{(\omega_0^2 - \gamma^2)}} \tag{5.114}$$

となるので，$\Omega_{半}^2$ に関する 2 次方程式となっている．$\Omega_{半} > 0$ であるから，$\Omega_{半}$ に関して解くと適当な解は二つ存在する．$\omega_0 \gg \gamma$ であることを用いると，これらの解は，

$$
\begin{aligned}
\Omega_{半\pm} &= \sqrt{(\omega_0^2 - 2\gamma^2) \pm 2\gamma\sqrt{3(\omega_0^2 - \gamma^2)}} \\
&\simeq \sqrt{\omega_0^2 \pm 2\sqrt{3}\gamma\omega_0} \\
&\simeq \omega_0 \pm \sqrt{3}\gamma.
\end{aligned} \tag{5.115}
$$

よって，半値幅は

$$
\Omega_{半+} - \Omega_{半-} \simeq 2\sqrt{3}\gamma. \tag{5.116}
$$

ピークの高さを表す (5.113) 式と半値幅を表す (5.116) 式から，γ が小さければ小さいほどピークは高く鋭くなることがわかる．具体的に図示して確認してみると，図 5.11 のようになる．

次に，振動を表す部分 $\cos(\Omega t - \delta')$ について述べよう．この式は，外力の振動に比べて，物体の振動の位相が (5.105) 式で与えられる δ' だけ遅れることを表している．すなわち，外力に対して物体の応答に遅れが生じる．これを，位相のずれという．たとえば，外力の向きがすでに右から左に変わっているのに物体の速度はまだ右を向いている，といった状況が生じる．(5.105) 式より，位相のずれは抵抗力 γ によって生じていることがわかる．ただし，共鳴点 $\Omega = \Omega_0$ における位相のずれ δ'_0 は

$$
\tan\delta'_0 = \frac{\Omega_0}{\gamma} = \frac{\sqrt{\omega_0^2 - 2\gamma^2}}{\gamma} \tag{5.117}
$$

となり，抵抗力ゼロの極限 $\gamma \to 0$ においても $\delta'_0 \to \pi/2$ となる．

共鳴や位相のずれは，力学系以外のさまざまな物理現象でも現れる．

例題 5.11 抵抗力 γ を大きくした場合，あるいはばねの固有振動数 ω_0 を小さくした場合，強制振動の振る舞いはどのように変わるか？

解 (5.110), (5.111) 式より，

$$
\gamma > \frac{\omega_0}{\sqrt{2}} \tag{5.118}
$$

となったときに共鳴は消失し，振幅は Ω の増大に対し単調に減少してゼロに漸近していくことがわかる．抵抗力が大きくなればなるほど振幅の減少の割合は速くなる．すなわち外力が非常にゆっくりとした振動のときのみ振動子の変位が起こ

る．粘度の高い媒質が速い振動に対しては固体のように振る舞う性質が表されている． □

演習問題

問 5.1 5.2 節の単振り子の例題では，振り子のおもりの部分に働く空気抵抗を考えた．ここではさらに振り子の支点に働く抵抗も考慮しよう．図 5.12 のような単振り子がある．振り子の弦の支点側は半径 a の球にくくりつけられていて，振り子の運動とともに球も動くとする．支点球と受け皿の間に潤滑油をたっぷりと塗って滑りやすくしてはあるが，粘性抵抗はゼロではないとする．粘性抵抗は球と受け皿の相対速度に比例するとして，振り子の運動方程式を求めなさい．また，支点球と受け皿の抵抗力の影響を小さくするにはどのような工夫をすれば良いか考えなさい．

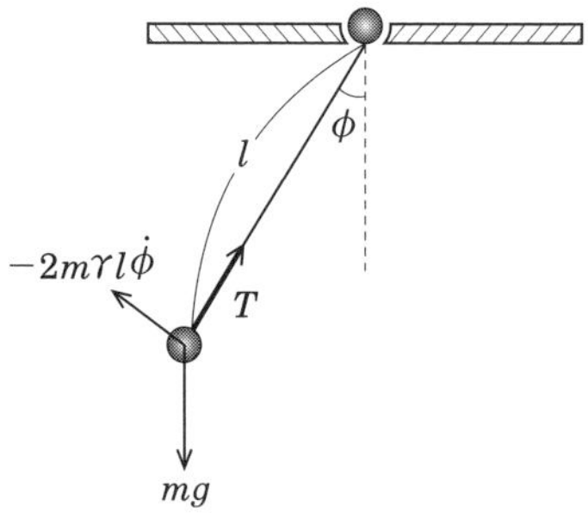

図 5.12 支点に対する抵抗力の影響も取り入れた単振り子の問題．

第6章

保存法則

物理量が時間によらず一定の値を保ち続けることを，その物理量が「保存する」と言う．この章では，力学的エネルギー, 運動量，および角運動量の保存法則について述べる．これらの保存法則は，2 階の微分方程式として与えられる運動方程式を 1 回だけ積分することにより得られる点が特徴である．保存法則を用いることでニュートンの運動方程式を直接解かずに問題が解けてしまうことがある．この章では粒子数が 1 の場合のみ扱う．多粒子系への拡張は第 10 章で述べる．

6.1　偏微分とナブラ演算子

保存法則について議論する前に，少し数学的な準備を行う．まずは偏微分について学ぼう．関数の中には，$f(t)$ のように一つの変数 t にのみ依存する関数もあれば，$g(x,y,z)$ のように二つ以上の変数に依存する関数も存在する．後者を多変数関数と呼ぶ．多変数の関数に対しては，特定の一つの変数に関する微分を考えることができる．これを偏微分と呼ぶ．$g(x,y,z)$ を例として考えよう．g の x に関する偏微分とは，y と z を一定値に固定しておき x だけ無限小量変化させたときの変化の割合，すなわち，

$$\frac{\partial g(x,y,z)}{\partial x} \equiv \lim_{\Delta x \to 0} \frac{g(x+\Delta x,y,z)}{\Delta x} \tag{6.1}$$

のように定義される．すなわち，y や z を定数とみなして x で微分すればよい．同様に，

$$\frac{\partial g(x,y,z)}{\partial y} \equiv \lim_{\Delta y \to 0} \frac{g(x,y+\Delta y,z)}{\Delta y}, \tag{6.2}$$

$$\frac{\partial g(x,y,z)}{\partial z} \equiv \lim_{\Delta z \to 0} \frac{g(x,y,z+\Delta z)}{\Delta z} \tag{6.3}$$

である.

例題 6.1 以下の関数の x, y, z に関する偏微分を求めなさい.

(1) $g(x,y,z) = xyz$

(2) $g(x,y,z) = x^2 + xy + yz^2$

(3) $g(x,y,z) = \sin x \cos y \tan z$

解 (1) x に関する偏微分は, y や z を定数とみなして x で微分すればよいので,

$$\frac{\partial g(x,y,z)}{\partial x} = yz. \tag{6.4}$$

同様に,

$$\frac{\partial g(x,y,z)}{\partial y} = xz, \tag{6.5}$$

$$\frac{\partial g(x,y,z)}{\partial z} = xy. \tag{6.6}$$

(2)

$$\frac{\partial g(x,y,z)}{\partial x} = 2x + y, \tag{6.7}$$

$$\frac{\partial g(x,y,z)}{\partial y} = x + z^2, \tag{6.8}$$

$$\frac{\partial g(x,y,z)}{\partial z} = 2yz. \tag{6.9}$$

(3)

$$\frac{\partial g(x,y,z)}{\partial x} = \cos x \cos y \tan z, \tag{6.10}$$

$$\frac{\partial g(x,y,z)}{\partial y} = -\sin x \sin y \tan z, \tag{6.11}$$

$$\frac{\partial g(x,y,z)}{\partial z} = \frac{\sin x \cos y}{\cos^2 z}. \tag{6.12}$$

□

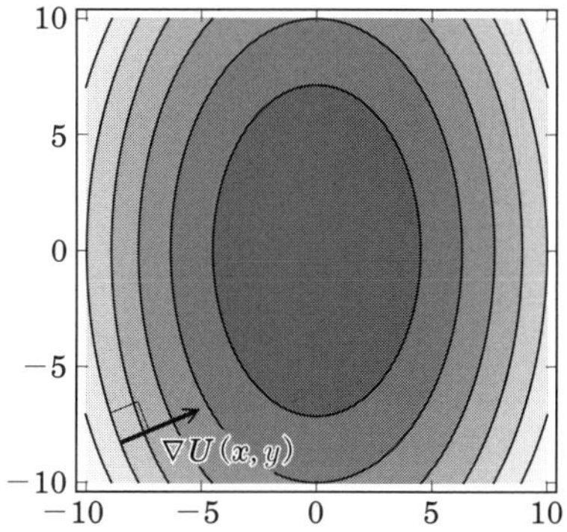

図 6.1　関数 $V(x,y)=x^2+0.4y^2$ の等高線と勾配．灰色が薄いほど高いところを表している．

そして，次節以降の議論ではベクトル型の偏微分演算子を導入すると便利である．

これをナブラ演算子と呼び，

$$\boldsymbol{\nabla}=\boldsymbol{e}_x\frac{\partial}{\partial x}+\boldsymbol{e}_y\frac{\partial}{\partial y}+\boldsymbol{e}_z\frac{\partial}{\partial z} \tag{6.13}$$

のように定義される．

すなわち，x 成分が x, y 成分が y, z 成分が z に関する偏微分となっている．別の記法として

$$\boldsymbol{\nabla}=\frac{\partial}{\partial\boldsymbol{r}} \tag{6.14}$$

という表し方もある．ナブラ演算子を位置ベクトルの関数 $V(\boldsymbol{r})$ に作用させたもの，すなわち

$$\boldsymbol{\nabla}V(\boldsymbol{r})=\boldsymbol{e}_x\frac{\partial V(\boldsymbol{r})}{\partial x}+\boldsymbol{e}_y\frac{\partial V(\boldsymbol{r})}{\partial y}+\boldsymbol{e}_z\frac{\partial V(\boldsymbol{r})}{\partial z} \tag{6.15}$$

を $V(\boldsymbol{r})$ の**勾配** (gradient) と呼ぶ．勾配の意味について少し詳しく紹介しておこう (図 6.1)．イメージをつかみやすくするため，2 次元の空間 $\boldsymbol{r}=(x,y)$ を考える．$V(\boldsymbol{r})=V(x,y)$ は地点 (x,y) における標高，すなわち山の高さを表しているとする．$\boldsymbol{r}$ から微小な距離だけ離れた地点 $\boldsymbol{r}+d\boldsymbol{r}$ における山の高さは，多変数に拡張

した 1 次までのテイラー展開を用いて

$$\begin{aligned}
V(\boldsymbol{r}+d\boldsymbol{r}) &= V(x+dx, y+dy)\\
&= V(x,y) + \frac{\partial V(x,y)}{\partial x}dx + \frac{\partial V(x,y)}{\partial y}dy\\
&= \left(\boldsymbol{e}_x\frac{\partial V(x,y)}{\partial x} + \boldsymbol{e}_y\frac{\partial V(x,y)}{\partial y}\right)\cdot(\boldsymbol{e}_x dx + \boldsymbol{e}_y dy)\\
&= V(\boldsymbol{r}) + \boldsymbol{\nabla} V(\boldsymbol{r})\cdot d\boldsymbol{r}.
\end{aligned} \tag{6.16}$$

少し書き換えると,

$$V(\boldsymbol{r}+d\boldsymbol{r}) - V(\boldsymbol{r}) = \boldsymbol{\nabla} V(\boldsymbol{r})\cdot d\boldsymbol{r} \tag{6.17}$$

となる. (6.17) 式で $d\boldsymbol{r}$ を等高線 $V(\boldsymbol{r})=$「一定」の接線方向に向けると (このときの $d\boldsymbol{r}$ を $d\boldsymbol{r} = d\boldsymbol{r}_t$ とおく),

$$0 = \boldsymbol{\nabla} V(\boldsymbol{r})\cdot d\boldsymbol{r}_t. \tag{6.18}$$

(6.17) 式および (6.18) 式より, $\boldsymbol{\nabla} V(\boldsymbol{r})$ は等高線の接線と垂直な方向, すなわち斜面の傾斜が最大の方向で, かつ山を登る向きであることがわかる. $-\boldsymbol{\nabla} V(\boldsymbol{r})$ は逆に, 斜面の最大傾斜方向を下る向きとなる.

例題 6.2 下記の $V(\boldsymbol{r})$ に対する勾配を求めなさい.

(1) $V(\boldsymbol{r}) = xyz$

(2) $V(\boldsymbol{r}) = \dfrac{r^2}{2}$ ただし, $r = \sqrt{x^2+y^2+z^2}$

(3) $V(\boldsymbol{r}) = \dfrac{1}{r}$ $(r \neq 0)$

解 (1)

$$\begin{aligned}
\boldsymbol{\nabla} V(\boldsymbol{r}) &= \boldsymbol{e}_x\frac{\partial(xyz)}{\partial x} + \boldsymbol{e}_y\frac{\partial(xyz)}{\partial y} + \boldsymbol{e}_z\frac{\partial(xyz)}{\partial z}\\
&= \boldsymbol{e}_x yz + \boldsymbol{e}_y zx + \boldsymbol{e}_z xy.
\end{aligned}$$

(2) $V(\boldsymbol{r})$ の x に関する偏微分は,

$$\begin{aligned}
\frac{\partial}{\partial x}\frac{r^2}{2} &= \frac{1}{2}\frac{\partial}{\partial x}\left(x^2+y^2+z^2\right)\\
&= x.
\end{aligned}$$

y, z に関する偏微分も同様に求められる. よって,

$$\nabla V(\boldsymbol{r}) = \boldsymbol{e}_x x + \boldsymbol{e}_y y + \boldsymbol{e}_z z = \boldsymbol{r}. \tag{6.19}$$

(3) $V(\boldsymbol{r})$ の x に関する偏微分は，

$$\begin{aligned}\frac{\partial}{\partial x}\frac{1}{r} &= \frac{\partial r}{\partial x}\frac{\partial}{\partial r}\left(\frac{1}{r}\right) \\ &= \frac{x}{r}\left(-\frac{1}{r^2}\right) = -\frac{x}{r^3}.\end{aligned} \tag{6.20}$$

y, z に関する偏微分も同様に求められる．よって，

$$\nabla V(\boldsymbol{r}) = -\boldsymbol{e}_x \frac{x}{r^3} - \boldsymbol{e}_y \frac{y}{r^3} - \boldsymbol{e}_z \frac{z}{r^3} = -\frac{\hat{\boldsymbol{r}}}{r^2}. \tag{6.21}$$

ここで，$\hat{\boldsymbol{r}} = \boldsymbol{r}/r$ は位置ベクトル $\boldsymbol{r}$ 方向を向く単位ベクトルである． □

6.2 力学的エネルギーの保存則

6.2.1 仕事

初めに，無限小の変位に対する仕事から説明する (図 6.2 (a))．すぐ後で見るように，有限の変位に対する仕事はこの足し合わせとなる．位置 $\boldsymbol{r}$ に存在する質点に対して力 $\boldsymbol{F}(\boldsymbol{r})$ が加わっているとする．

> 質点の微小変位を $d\boldsymbol{r}$ とすると，力が質点に与える仕事は
>
> $$dW = \boldsymbol{F}(\boldsymbol{r}) \cdot d\boldsymbol{r} = F(\boldsymbol{r}) dr \cos\theta \tag{6.22}$$
>
> と定義される．

ここで，θ $(0 \leqq \theta \leqq \pi)$ は $\boldsymbol{F}(\boldsymbol{r})$ と $d\boldsymbol{r}$ のなす角である．すなわち，力の大きさと，力の向きにそった変位の積となる．ここで注目してほしいのは，力と変位は一般に異なる方向を向き得るということである．$\pi/2 < \theta \leqq \pi$ のとき，力が物体に与える仕事は負になる．特に $\theta = \pi/2$ の場合，力は物体に対して仕事をしない．仕事は「力」×「長さ」の次元を持ち，これを**エネルギー**の次元と呼ぶ．

例題 6.3 エネルギーの次元を三つの基本的な次元 (質量次元 [M], 長さの次元 [L], 時間次元 [T]) を用いて表しなさい．

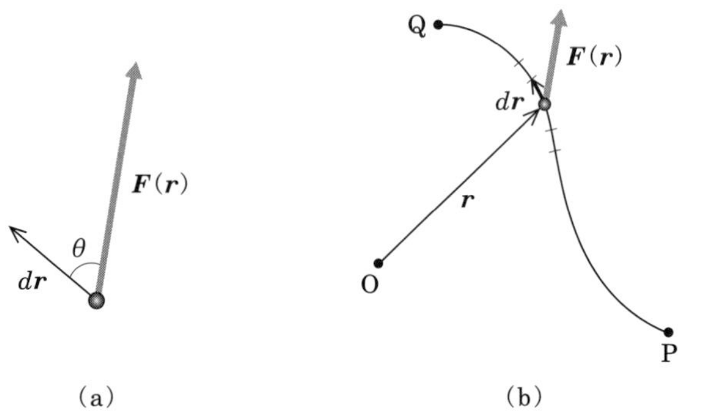

図 **6.2** 仕事. (a) 微小変位に対する仕事. (b) 有限の変位に対する仕事.

解 力の次元は $[\mathrm{MLT}^{-2}]$ であるから，エネルギーの次元は

$$[\mathrm{MLT}^{-2}][\mathrm{L}] = [\mathrm{ML}^2\mathrm{T}^{-2}]. \tag{6.23}$$

□

次に，有限の大きさをもつ変位に対する仕事を求める (図 6.2 (b)). 質点が力 $\boldsymbol{F}(\boldsymbol{r})$ を受けながら点 P から Q まで経路 C に沿って移動したとしよう. このときの仕事 W は，微小仕事 (6.22) を足し合わせれば良い. 無限小量の無限和は積分となるので (第 1 章参照),

$$W = \int_{\mathrm{P}(C)}^{\mathrm{Q}} dW = \int_{\mathrm{P}(C)}^{\mathrm{Q}} \boldsymbol{F}(\boldsymbol{r}) \cdot d\boldsymbol{r} \tag{6.24}$$

で与えられる. この積分は経路 C にそって $\boldsymbol{F}(\boldsymbol{r}) \cdot d\boldsymbol{r}$ を積分したもので，**線積分**と呼ばれる. 線積分は一般に経路の取り方に依存する. すなわち出発点 P と終点 Q を固定しておいても，経路 C が変わると W の値も変化する.

仕事の一般的な計算方法について述べておこう. まず知っておくべき事実として，曲線上の点は必ず一つのパラメタを用いて表される. 曲線は一方向に拡がっている図形だからである (同様の考え方から，曲面はパラメタ二つで表されることがわかる). たとえば，以下のような例が挙げられる (図 6.3 参照)

- **例 1** 放物線 $y = x^2$ 上の区間 $0 \leqq x < 1$ における点 (図 6.3 (a)).

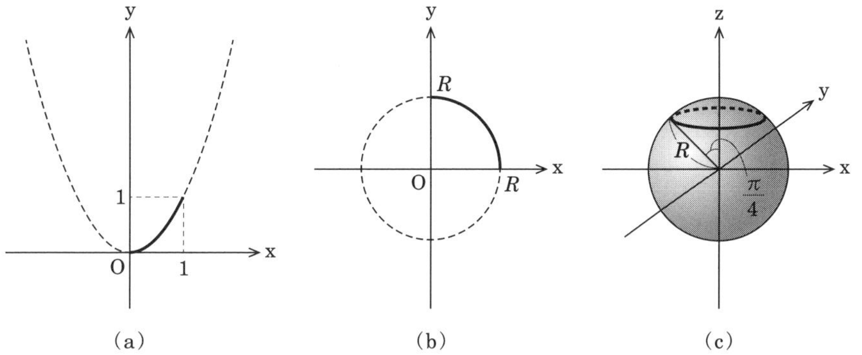

図 6.3　例 1, 例 2, 例 3 の曲線の例.

$$\begin{cases} x = s \\ y = s^2 \end{cases} \tag{6.25}$$

$(0 \leqq s < 1)$ と表される.

• **例 2**　円周 $x^2 + y^2 = R^2$ 上の区間 $0 \leqq x < 1$ かつ $0 \leqq y < 1$ における点 (図 6.3 (b)). $\cos\phi^2 + \sin\phi^2 = 1$ の関係を用いると,

$$\begin{cases} x = R\cos\phi \\ y = R\sin\phi \end{cases} \tag{6.26}$$

$(0 \leqq \phi < \pi/2)$ と表される.

• **例 3**　球面 $x^2 + y^2 + z^2 = R^2$ の, 北緯 45 度に沿った円上の点 (図 6.3 (c)).

$$\begin{cases} x = \dfrac{R}{\sqrt{2}}\cos\phi \\ y = \dfrac{R}{\sqrt{2}}\sin\phi \\ z = \dfrac{R}{\sqrt{2}} \end{cases} \tag{6.27}$$

$(0 \leqq \phi < 2\pi)$ と表される.

よって, 経路 C 上の点は一般に一つのパラメタ s $(s_{\mathrm{P}} \leqq s \leqq s_{\mathrm{Q}})$ を用いて

$$\begin{aligned} \boldsymbol{r}(s) &= (x(s), y(s), z(s)) \\ &= \boldsymbol{e}_x x(s) + \boldsymbol{e}_y y(s) + \boldsymbol{e}_z z(s) \end{aligned} \tag{6.28}$$

のように書ける．ただし，$\boldsymbol{r}(s_\mathrm{P}) = \boldsymbol{r}_\mathrm{P}, \boldsymbol{r}(s_\mathrm{Q}) = \boldsymbol{r}_\mathrm{Q}$ とする．パラメタの値を s から $s + ds$ へ微小に変化させたときの $\boldsymbol{r}$ の変化量は

$$d\boldsymbol{r} = \frac{d\boldsymbol{r}(s)}{ds} ds = \left(\boldsymbol{e}_x \frac{dx}{ds} + \boldsymbol{e}_y \frac{dy}{ds} + \boldsymbol{e}_z \frac{dz}{ds} \right) ds \tag{6.29}$$

となる．これを用いると，仕事は結局パラメタ s に関する積分

$$W = \int_{\mathrm{P}(C)}^{\mathrm{Q}} \boldsymbol{F}(\boldsymbol{r}) \cdot d\boldsymbol{r} = \int_{s_\mathrm{P}}^{s_\mathrm{Q}} \left(F_x(\boldsymbol{r}(s)) \frac{dx}{ds} + F_y(\boldsymbol{r}(s)) \frac{dy}{ds} + F_z(\boldsymbol{r}(s)) \frac{dz}{ds} \right) ds \tag{6.30}$$

に帰着される．

例題 6.4 xy 平面上に質点が存在し，力 $\boldsymbol{F}(\boldsymbol{r}) = (fy, -fx)$ が働いているとする．質点が点 P(0,1) から点 Q(1,0) まで移動したとする．このとき経路として，

(1) C_1: P から Q までを結ぶ線分に沿った経路

(2) C_2: P から Q まで円周 $x^2 + y^2 = 1$ に沿って時計回りにまわる経路

の 2 通りを考え (図 6.4 参照)，それぞれの仕事を求めなさい．

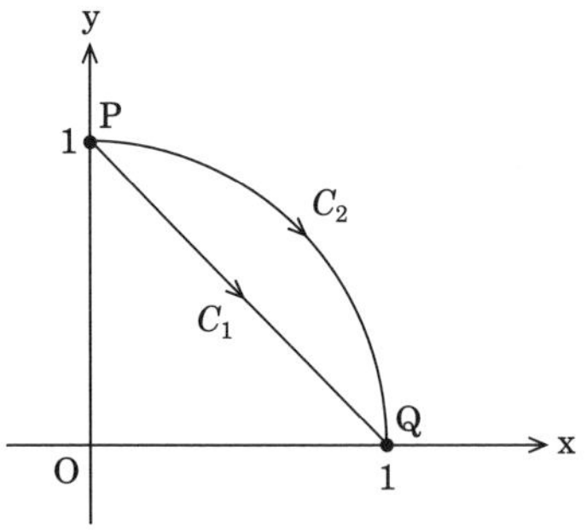

図 6.4 積分経路 C_1 と C_2.

解 (1) 経路 C_1 上の点は

$$\begin{cases} x = s \\ y = 1 - s \end{cases} \tag{6.31}$$

$(0 \leqq s < 1)$ と表される．よって，

$$d\boldsymbol{r} = (\boldsymbol{e}_x - \boldsymbol{e}_y)\, ds \tag{6.32}$$

となるので，

$$W_{C_1} = \int_0^1 f((1-s)+s)\,ds = f. \tag{6.33}$$

(2) 経路 C_2 上の点は

$$\begin{cases} x = \cos\phi \\ y = \sin\phi \end{cases} \tag{6.34}$$

$(\pi/2 \geqq \phi > 0)$ と表される．よって，

$$d\boldsymbol{r} = (-\boldsymbol{e}_x \sin\phi + \boldsymbol{e}_y \cos\phi)\,d\phi \tag{6.35}$$

となるので，

$$W_{C_2} = \int_{\pi/2}^{0} f(-\sin\phi^2 - \cos\phi^2)\,d\phi = \frac{\pi}{2} f. \tag{6.36}$$

□

例題 6.5 力が $\boldsymbol{r}$ によらず常に一定のとき $(\boldsymbol{F}(\boldsymbol{r}) = \boldsymbol{F}_0)$ の仕事を求めなさい．

解 (6.24) 式より，

$$W = \int_{\mathrm{P}(C)}^{\mathrm{Q}} dW = \boldsymbol{F}_0 \cdot \int_{\mathrm{P}(C)}^{\mathrm{Q}} d\boldsymbol{r} = \boldsymbol{F}_0 \cdot \boldsymbol{R}_{PQ}. \tag{6.37}$$

ここで $\boldsymbol{R}_{\mathrm{PQ}} = \overrightarrow{\mathrm{PQ}}$ は質点の変位ベクトルである (図 6.2 (b))． □

6.2.2 仕事と運動エネルギー

エネルギーの次元 (仕事と同じ次元) を持つ量で，物体の運動の激しさを表す量を考えてみよう．物体の質量が大きく，かつ速度が大きいほど物体の運動は激しいと言える．そこで，質量と速度のベキでエネルギーの次元を持つ量をつくることを考える．質量の m 乗と速度の n 乗を掛け合わせたものの次元がエネルギーの次元 (6.23) と等しいという条件から

$$[\mathrm{M}^m][(\mathrm{LT}^{-1})^n] = [\mathrm{M}^m \mathrm{L}^n \mathrm{T}^{-n}] = [\mathrm{ML}^2\mathrm{T}^{-2}]. \tag{6.38}$$

よって $m = 1$, $n = 2$. すなわち質量 $\times$ (速度)^2 が運動の激しさを表すエネルギーに比例する量である，ということがわかる．

これを運動エネルギーと呼び，比例係数 1/2 をかけて

$$T(t) = \frac{m}{2}\left(\frac{d\boldsymbol{r}}{dt}\right)^2 \tag{6.39}$$

のように定義される．

運動方程式の積分により，仕事と質点の運動エネルギーの関係が与えられることを以下に見てみよう．ニュートンの運動方程式 (3.12) の両辺に速度 $\dot{\boldsymbol{r}}$ を内積としてかけたものは

$$m\frac{d^2\boldsymbol{r}}{dt^2}\cdot\frac{d\boldsymbol{r}}{dt} = \boldsymbol{F}(\boldsymbol{r})\cdot\frac{d\boldsymbol{r}}{dt} \tag{6.40}$$

となる．すると，(6.40) 式の左辺は

$$m\frac{d^2\boldsymbol{r}}{dt^2}\cdot\frac{d\boldsymbol{r}}{dt} = \frac{d}{dt}\left\{\frac{m}{2}\left(\frac{d\boldsymbol{r}}{dt}\right)^2\right\} = \frac{dT(t)}{dt} \tag{6.41}$$

のように，運動エネルギーの時間微分の形にかけるというのがポイントである．ここで (6.40) 式の両辺を時間で積分する．ただし，時刻 t_i で点 P を出発し，経路 C を辿って時刻 t_f で点 Q に到達するものとする．すると (6.40) 式の左辺の積分は，(6.41) 式より

$$T(t_f) - T(t_i) \tag{6.42}$$

となる．これに対し (6.40) 式の右辺の積分は

$$\int_{t_i}^{t_f} \boldsymbol{F}(\boldsymbol{r})\cdot\frac{d\boldsymbol{r}}{dt}dt = \int_{\mathrm{P}(C)}^{\mathrm{Q}} \boldsymbol{F}(\boldsymbol{r})\cdot d\boldsymbol{r} = W \tag{6.43}$$

となり，仕事と一致する．左辺の積分と右辺の積分はもちろん等しいので

$$T(t_f) - T(t_i) = W \tag{6.44}$$

という結論が得られる．すると以上の結論は，

「質点の運動エネルギーの増分は，質点に加えられた仕事に等しい」

とまとめられる．これを**エネルギーの定理**と呼ぶ．

6.2.3 保存力と位置エネルギー, 力学的エネルギー保存の法則

ここで保存力を導入しよう．

保存力とは

$$\boldsymbol{F}(\boldsymbol{r}) = -\boldsymbol{\nabla} U(\boldsymbol{r}) \tag{6.45}$$

のようにスカラー関数 $U(\boldsymbol{r})$ の勾配として与えられる力のことをいう．そして $U(\boldsymbol{r})$ のことを位置エネルギーと呼ぶ．

位置エネルギーが確かに「力」×「長さ」=「エネルギー」の次元を持つことは (6.45) 式から明らかであろう．そして $\boldsymbol{\nabla}$ の前に負号がついていることから，保存力は位置エネルギーがもっとも急激に低くなる方向を向くことがわかる (6.1 節).

それでは保存力が質点に与える仕事を求めてみよう．この節では保存力を $\boldsymbol{F}_{保}(\boldsymbol{r})$ と書くことにすると，

$$\begin{aligned} W_{保} &= \int_{\mathrm{P}(C)}^{\mathrm{Q}} \boldsymbol{F}_{保}(\boldsymbol{r}) \cdot d\boldsymbol{r} \\ &= -\int_{\mathrm{P}(C)}^{\mathrm{Q}} \boldsymbol{\nabla} U(\boldsymbol{r}) \cdot d\boldsymbol{r}. \end{aligned} \tag{6.46}$$

ここで，$\nabla U(\boldsymbol{r})$ は $U(\boldsymbol{r})$ を $\boldsymbol{r}$ で微分することに相当し，線積分は $\boldsymbol{r}$ で積分することに相当する．よって，(6.46) 式は $U(\boldsymbol{r})$ を微分してから積分することになる．それゆえ結果は

$$W_{保} = U(\boldsymbol{r}_{\mathrm{P}}) - U(\boldsymbol{r}_{\mathrm{Q}}) \tag{6.47}$$

のように求まる．すなわち保存力による仕事は質点が通る経路には依存せず，線積分の始点と終点の位置エネルギーの差で与えられることがわかる．そして適当な基準点 O を選び，そこで位置エネルギーはゼロであるとすると，点 P における位置エネルギーは

$$\begin{aligned} U(\boldsymbol{r}_{\mathrm{P}}) &= \int_{\mathrm{O}}^{\mathrm{P}} \nabla U(\boldsymbol{r}) \cdot d\boldsymbol{r} \\ &= -\int_{\mathrm{O}}^{\mathrm{P}} \boldsymbol{F}_{保}(\boldsymbol{r}) \cdot d\boldsymbol{r} \end{aligned} \tag{6.48}$$

のように求まる．すなわち位置が決まると一意に定まるエネルギーであり，これが位置エネルギーと呼ばれるゆえんである．

(6.48) 式を眺めながら，位置エネルギーの意味するところを考えてみよう．O から P までの変位の間，保存力場がした仕事は $\int_{\mathrm{O}}^{\mathrm{P}} \boldsymbol{F}_{保}(\boldsymbol{r}) \cdot d\boldsymbol{r}$ である．(6.48) 式の 2 行目の式にはこれに負号がついている．すなわち収支が逆転する．よって，位置エネルギーは保存力場に蓄えられたエネルギーといえる．蓄えられた位置エネルギーを保存力場は物体に仕事として与えることができ，物体の運動エネルギーを増加させる．

例題 6.6　位置エネルギーの基準点は自由に選んでよいことを確認しなさい．

解　基準点を O_1 に選んだ場合と O_2 に選んだ場合の，$\boldsymbol{r}$ における位置エネルギーをそれぞれ $U_1(\boldsymbol{r})$ と $U_2(\boldsymbol{r})$ とする．これらは

$$U_1(\boldsymbol{r}) = -\int_{\mathrm{O}_1}^{\mathrm{P}} \boldsymbol{F}_{保}(\boldsymbol{r}') \cdot d\boldsymbol{r}',$$

$$U_2(\boldsymbol{r}) = -\int_{\mathrm{O}_2}^{\mathrm{P}} \boldsymbol{F}_{保}(\boldsymbol{r}') \cdot d\boldsymbol{r}'.$$

差をとると，

$$U_1(\boldsymbol{r}) - U_2(\boldsymbol{r}) = -\int_{\mathrm{O}_2}^{\mathrm{O}_1} \boldsymbol{F}_{保}(\boldsymbol{r}') \cdot d\boldsymbol{r}'. \tag{6.49}$$

(6.49) 式の右辺の積分も保存力の線積分であるから経路に依らず，一定値をとる．この値を C とすれば

$$U_1(\boldsymbol{r}) = U_2(\boldsymbol{r}) + C. \tag{6.50}$$

このように，基準点を変えても位置エネルギーは定数ずれるだけである．そのためどちらの位置エネルギーを用いても，それらの微分によって得られる力は等価になる (図 6.5)．よって基準点をどのように選んでも運動方程式は影響を受けないため，選び方は任意である．　□

例題 6.7　一様な重力は保存力であることを示し，位置エネルギーを求めなさい．

解　鉛直上向きに z 軸を取る．質点 m に作用する重力は

$$\boldsymbol{F} = -mg\boldsymbol{e}_z \tag{6.51}$$

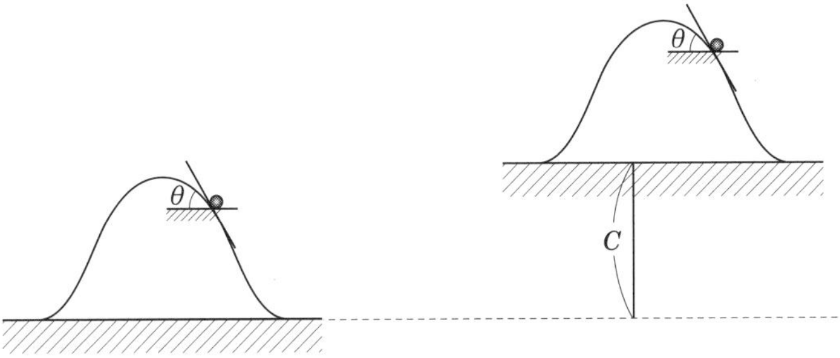

図 6.5 位置エネルギーは山の高さにたとえられる．そして山の斜面の勾配が力に対応する．ところで，山全体の高さを C だけずらしても，斜面の勾配に変化はない．

と書かれる．ここで

$$U(\boldsymbol{r}) = -mgz \tag{6.52}$$

とすると，(6.51) 式は $\boldsymbol{F} = -\boldsymbol{\nabla} U(\boldsymbol{r})$ のように与えられるので，保存力であることがわかる．そして (6.52) 式が $z = 0$ を基準とした位置エネルギーである． □

例題 6.8 x 軸上を運動する調和振動子に働く力 (ばねによる復元力) は保存力であることを示し，位置エネルギーを求めなさい．

解 ばねののびを x とすると，調和振動子に働く力は

$$f = -kx = -\frac{d}{dx}\left(\frac{k}{2}x^2\right) \tag{6.53}$$

のように表される．よって保存力であり，$x = 0$ を基準とすると位置エネルギーは

$$U(x) = \frac{k}{2}x^2 \tag{6.54}$$

となる． □

力学的エネルギー保存の法則

運動エネルギーと位置エネルギーのやり取りに関して，重要な保存法則が存在する．

質点に働いている力が保存力のみの場合，すなわちニュートンの運動方程式が

$$m\frac{d^2\boldsymbol{r}}{dt^2} = \boldsymbol{F}_{保} \tag{6.55}$$

で与えられる場合，運動エネルギーと位置エネルギーの和として定義される力学的エネルギー

$$E = \frac{m}{2}\left(\frac{d\boldsymbol{r}}{dt}\right)^2 + U(\boldsymbol{r}) \tag{6.56}$$

は保存する．

すなわち，位置エネルギーが減ると (増えると)，その分だけ運動エネルギーが増加する (減少する)．

力学的エネルギーの保存を，(i) 運動方程式を積分する方法，(ii) 力学的エネルギーを時間微分する方法の 2 通りで証明する．

(i) について．これは前節で行った計算と基本的に同じである．質点は時刻が t_i から t_f の間に位置 $\boldsymbol{r}(t_i)$ から $\boldsymbol{r}(t_f)$ まで運動したとする．運動方程式 (6.55) の両辺に $\dot{\boldsymbol{r}}$ を内積として掛けてから時間で積分すると，

$$\int_{t_i}^{t_f} m\frac{d^2\boldsymbol{r}}{dt^2}\cdot\frac{d\boldsymbol{r}}{dt}dt = \int_{t_i}^{t_f} \boldsymbol{F}_{保}\cdot\frac{d\boldsymbol{r}}{dt}dt. \tag{6.57}$$

ところで

$$\begin{aligned} 左辺 &= \int_{t_i}^{t_f} \frac{d}{dt}\left\{\frac{m}{2}\left(\frac{d\boldsymbol{r}}{dt}\right)^2\right\}dt \\ &= T(t_f) - T(t_i). \end{aligned} \tag{6.58}$$

また，

$$\begin{aligned} 右辺 &= \int_{\boldsymbol{r}(t_i)}^{\boldsymbol{r}(t_f)} \boldsymbol{F}_{保}\cdot d\boldsymbol{r} \\ &= -\int_{\boldsymbol{r}(t_i)}^{\boldsymbol{r}(t_f)} \boldsymbol{\nabla}U(\boldsymbol{r})\cdot d\boldsymbol{r} \\ &= -U(\boldsymbol{r}(t_f)) + U(\boldsymbol{r}(t_i)) \end{aligned} \tag{6.59}$$

となるので，

$$T(t_i) + U(\boldsymbol{r}(t_i)) = T(t_f) + U(\boldsymbol{r}(t_f)). \tag{6.60}$$

t_i や t_f の選び方は任意なので，力学的エネルギーが保存していることがわかる．

(ii) について．ここでは，力学的エネルギーを直接微分する．

$$
\begin{aligned}
\frac{dE}{dt} &= \frac{d}{dt}\left\{\frac{m}{2}\left(\frac{d\boldsymbol{r}}{dt}\right)^2 + U(\boldsymbol{r})\right\} \\
&= \left\{m\left(\frac{d\boldsymbol{r}}{dt}\right)\cdot\frac{d^2\boldsymbol{r}}{dt^2} + \boldsymbol{\nabla}U(\boldsymbol{r})\cdot\left(\frac{d\boldsymbol{r}}{dt}\right)\right\} \\
&= \left\{m\frac{d^2\boldsymbol{r}}{dt^2} - \boldsymbol{F}_{\text{保}}\right\}\cdot\left(\frac{d\boldsymbol{r}}{dt}\right) \\
&= 0. \qquad (6.61)
\end{aligned}
$$

ここで，1 行目から 2 行目への変形では合成関数の微分，最後の行への変形では運動方程式 (6.55) を用いた．

例題 6.9 一様な重力場中を運動する質点 m を考える．鉛直上向きに z 軸をとる．地表 $(z = 0)$ から速さ v_0 で打ち上げた質点が高さ $z = h$ に達したときの速さ v_h を，エネルギー保存則を用いて求めなさい．また，質点が到達できる最高点の高さ $h_{\text{最高}}$ を求めなさい．

解 エネルギー保存則より

$$
\frac{m}{2}v_0^2 = \frac{m}{2}v_h^2 + mgh.
$$

よって，

$$
v_h = \sqrt{v_0^2 - 2gh}. \qquad (6.62)
$$

最高点では質点の速さはゼロとなるため，

$$
v_0^2 = 2gh_{\text{最高}}.
$$

よって，

$$
h_{\text{最高}} = \frac{v_0^2}{2g}. \qquad (6.63)
$$

第 4 章では運動方程式を解くことで同様の問題を議論したが，このようにエネルギー保存則を用いるとより簡単に問題を解くことができる．□

例題 6.10 図 6.6 のような円周部分の半径が a のジェットコースターがある．

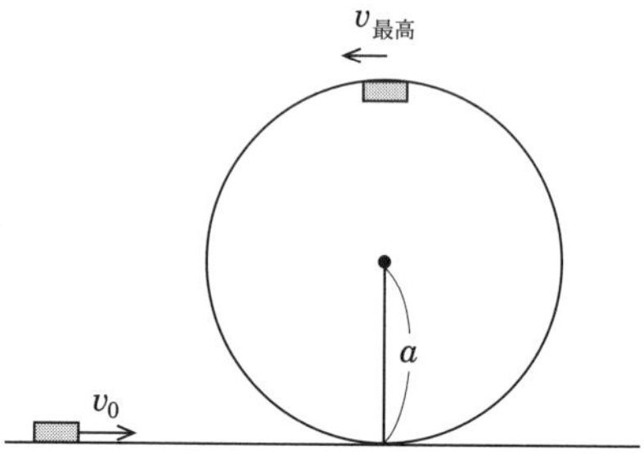

図 6.6 ジェットコースター．

最高点でもジェットコースターが落下しないためには，平地においてどれくらいの速さが必要か？

解 円周部分の中心を原点とした 2 次元極座標 (r, ϕ) を考える．$r = a =$「一定」であることに注意すると，最高点における r 成分の運動方程式は ((3.22) 式参照)，

$$-ma\dot{\phi}_{最高} = -mg - N. \tag{6.64}$$

ただし，m はジェットコースターの質量，$\dot{\phi}_{最高}$ は最高点における角速度，N は垂直抗力である．ところで，最高点における速さ $v_{最高} = a\dot{\phi}_{最高}$. それゆえ，

$$m\frac{v_{最高}^2}{a} = mg + N. \tag{6.65}$$

ジェットコースターが落ちないためには，垂直抗力がゼロではない，すなわち $N > 0$ でなければならない．よって，

$$v_{最高}^2 - ga > 0. \tag{6.66}$$

ところで，平地におけるジェットコースターの速さを v_0 とすると，力学的エネルギー保存の法則から

$$\frac{m}{2}v_0^2 = \frac{m}{2}v_{最高}^2 + 2mga. \tag{6.67}$$

よって，

$$v_{最高}^2 = v_0^2 - 4ga. \tag{6.68}$$

(6.68) 式を (6.66) 式に代入して，

$$v_0 > \sqrt{5ga}. \tag{6.69}$$

□

例題 6.11 図 6.7 のような動滑車がある．吊るされているおもりの質量を m，滑車やロープの質量，およびロープの伸び縮みは無視できるものとする．

(1) おもりを静止させておくために，人はどれくらいの力でロープを押さえておく必要があるか？

(2) ロープを静かに引っ張り，おもりを高さ h だけ引き上げたい．このとき，人はどれくらいの長さロープを引かなければならないか？

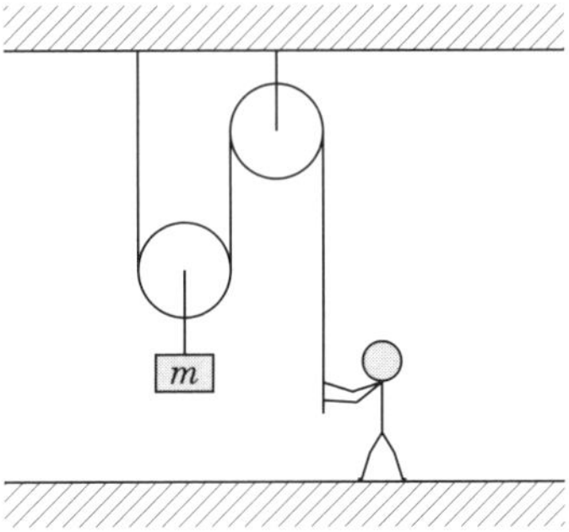

図 6.7 動滑車.

解 (1) ロープに働く張力を T とすると，おもりの力の釣り合いの式は

$$0 = mg - 2T. \tag{6.70}$$

したがって

$$T = \frac{mg}{2}.$$

これが人が加えるべき力に相当する．

(2) 人がロープを引っ張る長さを l とすると，人がロープに加えた仕事が物体の位置エネルギーの増分に一致するので，

$$
\begin{aligned}
Tl &= \frac{mg}{2} l \\
&= mgh.
\end{aligned}
\tag{6.71}
$$

したがって

$$l = 2h. \qquad \square$$

6.2.4 位置エネルギーの最小点近傍の運動

一般に，位置エネルギーが最小となる点の近傍における質点の運動は調和振動となることを示す．

位置エネルギーが $U(x)$ で与えられている 1 次元の系を考える．多次元系への拡張は容易である．この位置エネルギーは $x = x_0$ で最小となっているとする．最小値であるための条件は

$$\left.\frac{dU(x)}{dx}\right|_{x=x_0} = 0, \tag{6.72}$$

$$\left.\frac{d^2U(x)}{dx^2}\right|_{x=x_0} > 0 \tag{6.73}$$

である．よって，位置エネルギーを $x = x_0$ の回りでテイラー展開すると，

$$U(x) = U(x_0) + \frac{1}{2!}\left.\frac{d^2U(x)}{dx^2}\right|_{x=x_0}(x - x_0)^2 + \mathcal{O}((x - x_0)^3) \tag{6.74}$$

となる．これは，最小点からの変位 $(x - x_0)$ の 3 次以上の項を無視すれば，ばね定数が $\left.\dfrac{d^2U(x)}{dx^2}\right|_{x=x_0}$ で与えられる調和振動子の位置エネルギーと等価である．よって，位置エネルギーの最小点からの変位が十分小さい運動は，調和振動子と等価となることがわかる．変位が大きくなってくると高次の項が効いてくるため，非調和振動子となる．

6.2.5 抵抗力と力学的エネルギーの散逸

第 4 章で議論したような，抵抗力を受けながら運動する物体の力学的エネルギーはどのようになるか調べてみよう．保存力 $\boldsymbol{F}_{保} = -\boldsymbol{\nabla} U$ と速度に比例する抵抗力が働いている質点の運動方程式は

$$m\frac{d^2\boldsymbol{r}}{dt^2} = -\boldsymbol{\nabla} U - m\gamma\frac{d\boldsymbol{r}}{dt} \tag{6.75}$$

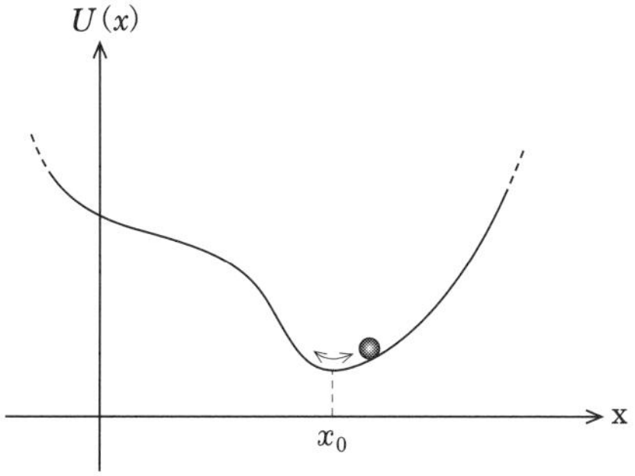

図 6.8 位置エネルギーの最小点近傍における運動.

のように表すことができる．ここで，抵抗力の比例係数は必ず $\gamma > 0$ であることに注意してほしい．このとき，力学的エネルギー (6.56) の時間微分は

$$\begin{aligned}\frac{dE}{dt} &= \left\{ m\left(\frac{d\boldsymbol{r}}{dt}\right)\cdot\frac{d^2\boldsymbol{r}}{dt^2} + \boldsymbol{\nabla}U(\boldsymbol{r})\cdot\left(\frac{d\boldsymbol{r}}{dt}\right) \right\} \\ &= \left\{ m\frac{d^2\boldsymbol{r}}{dt^2} + \boldsymbol{\nabla}U(\boldsymbol{r}) \right\}\cdot\left(\frac{d\boldsymbol{r}}{dt}\right) \\ &= -m\gamma\left(\frac{d\boldsymbol{r}}{dt}\right)^2 < 0. \end{aligned} \tag{6.76}$$

よって，力学的エネルギーは減少し続ける．すなわち逃げて行ってしまう．これを力学的エネルギーの散逸と呼ぶ．(6.76) 式の最後に現れる $m\gamma\dot{\boldsymbol{r}}^2$ は単位時間あたりのエネルギーの散逸量を表している (エネルギーが逃げていく量を正と勘定しているので，負号を外している)．散逸した力学的エネルギーは熱エネルギーへとかたちを変えてゆく．たとえば空気抵抗の場合であれば，散逸した力学的エネルギーは質点の周囲にある空気分子のランダムな運動を引き起こし，それが熱エネルギーとなる．

(6.76) 式から，第 4 章で議論した空気抵抗を受けながら落下する物体の運動を解釈してみよう (4.1.2 節)．物体は落下することで位置エネルギーを失う．失った分は運動エネルギーの増分と，抵抗力によるエネルギー散逸量の和に一致する．単位時間あたりのエネルギー散逸量は $m\gamma\dot{z}^2$ であるため速度の 2 乗で増えていき，そのうち位置エネルギーの単位時間あたりの減少量 $-mg\dot{z}$ と一致する．すると運動エネルギーの増分はゼロとなり，速度一定となる．よって，終端速度が存

在する．実際，$m\gamma\dot{z}^2 = -mg\dot{z}$ の条件から，4.1.2 節で求めた終端速度 $\dot{z} = -\dfrac{g}{\gamma}$ が得られることが確認できる．

自動車や自転車などのブレーキはエネルギー散逸の応用の典型例である．平地を走っている車を考えよう．ブレーキを掛けてエネルギーの散逸を生じさせると運動エネルギーが減少し，最終的にゼロとなって車は止まる．車が坂道を下っている場合は，位置エネルギーの減少が運動エネルギーを増加させるように働くため，車を止めるにはより大きなエネルギーの散逸が必要となる．坂道を上っている場合はその逆である．

例題 6.12 滑り摩擦力を受けながら斜面を滑り降りている物体の運動では終端速度は存在せずに加速し続ける．このことをエネルギーの散逸の観点から説明しなさい．

解 第 4 章の図 4.5 (b) を参照してほしい．斜面に平行上向きに y 軸をとり，滑り摩擦係数を μ' とする．単位時間あたりの運動エネルギーの変化量は，運動方程式 (4.76) を用いて

$$
\begin{aligned}
\Delta T &= \frac{d}{dt}\left\{\frac{m}{2}\left(\frac{dy}{dt}\right)^2\right\} \\
&= m\frac{d^2y}{dt^2}\frac{dy}{dt} \\
&= -(mg\sin\theta - \mu' mg\cos\theta)\frac{dy}{dt}.
\end{aligned} \tag{6.77}
$$

ところで，物体は斜面を滑り降りているため

$$\frac{dy}{dt} < 0. \tag{6.78}$$

また，滑りの条件より

$$mg\sin\theta - \mu' mg\cos\theta > 0. \tag{6.79}$$

よって，

$$\Delta T > 0. \tag{6.80}$$

すなわち，運動エネルギーは常に増加する．つまり，終端速度は存在せずに質点は斜面を滑り降りる向きに加速し続ける．これは，空気抵抗を受けながら落下す

る物体の問題とは異なり，単位時間あたりの位置エネルギーの減少量 $-mg\sin\theta\dot{y}$ (運動エネルギーを増やす働きをしている) と，摩擦力による単位時間あたりのエネルギーの散逸量 $-\mu' mg\cos\theta\dot{y}$ (運動エネルギーを減らす働きをしている) がともに速度に比例しているため，降下速度が増加しても両者が釣り合うことがないからである． □

6.3 力積と運動量保存の法則

質点の運動量を $\boldsymbol{p}$, 外力を $\boldsymbol{F}$ とすると，ニュートンの運動方程式は

$$\frac{d\boldsymbol{p}}{dt} = \boldsymbol{F} \tag{6.81}$$

となる．ここで，(6.81) 式の両辺を時間で積分すると，

$$\boldsymbol{p}(t_f) - \boldsymbol{p}(t_i) = \int_{t_i}^{t_f} \boldsymbol{F}\,dt \tag{6.82}$$

となる．この式の右辺の時間積分を力積と呼ぶ．すなわち，

「質点の運動量の変化は，質点に加えられた力積に等しい．」

これを**運動量の定理**と呼ぶ．

例題 6.13 図 6.9 のように，質点が壁にぶつかって反射し，速度が $\boldsymbol{v}_i$ から $\boldsymbol{v}_f$ に変化した．このとき，壁が質点から受ける力積を求めなさい．

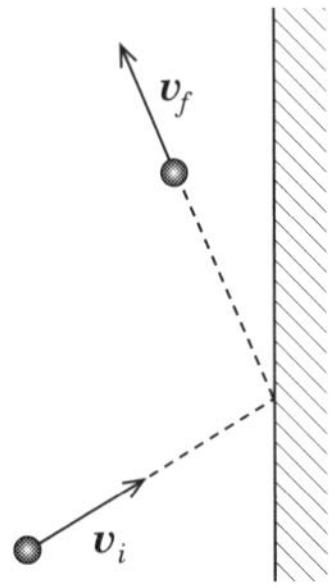

図 6.9 壁による反射．

解 質点の質量を m とすれば，質点が壁から受ける力積は $m\boldsymbol{v}_f - m\boldsymbol{v}_i$. 作用・反作用の法則より，壁が受ける力積は $m\boldsymbol{v}_i - m\boldsymbol{v}_f$. □

運動量保存の法則

運動量の定理より，外力がゼロの場合には力積もゼロとなり，運動量は時間的に一定となることが直ちにわかる．すなわち，

「外力が働いていないとき，質点の運動量は保存する.」

このことを運動量保存の法則という．後に第10章で述べるが，運動量保存則は質点が複数存在するような問題を考えるときに重要な役割を演ずる．

6.4 角運動量と保存法則

角運動量 $\boldsymbol{l}$ は，質点の位置ベクトル $\boldsymbol{r}$ と運動量 $\boldsymbol{p} = m\dfrac{d\boldsymbol{r}}{dt}$ の外積

$$\boldsymbol{l} = \boldsymbol{r} \times \boldsymbol{p} \tag{6.83}$$

で与えられる．これを時間微分してみると

$$\begin{aligned}\frac{d\boldsymbol{l}}{dt} &= \frac{d\boldsymbol{r}}{dt} \times \boldsymbol{p} + \boldsymbol{r} \times \frac{d\boldsymbol{p}}{dt} \\ &= \boldsymbol{r} \times \boldsymbol{F}\end{aligned} \tag{6.84}$$

となる．ここで，1行目右辺の第1項目は速度ベクトル同士の外積に比例するのでゼロ，第2項目はニュートンの運動方程式を用いた．最後に現れた量 $\boldsymbol{r} \times \boldsymbol{F}$ を力のモーメント，あるいはトルクとよぶ．(6.84) 式を両辺時間で積分して，

$$\boldsymbol{l}(t_f) - \boldsymbol{l}(t_i) = \int_{t_i}^{t_f} \boldsymbol{r} \times \boldsymbol{F}\, dt \tag{6.85}$$

を得る．すなわち，

「質点の角運動量の増分は，質点に加えられたトルクの時間積分と一致する.」

これを**角運動量の定理**と呼ぶ．この結果から直ちに，

「トルクが働いていないとき，質点の角運動量は保存する」

ということがわかる．これを角運動量保存の法則と言う．

トルクの定義からわかるように，外力が働いている場合 ($\boldsymbol{F} \neq 0$) でも，$\boldsymbol{F}$ と $\boldsymbol{r}$ の方向が一致しているときにはトルクはゼロとなり，角運動量が保存することに注意してほしい．

例題 6.14 質点が等速円運動している際に，回転中心のまわりで定義された角運動量は保存するか否か，議論しなさい．

解 図 6.10 のように，等速円運動の際には質点に働く向心力は常に円の中心を向いている ((2.47) 式 (p.29) も参照)．よって，外力と質点の位置ベクトルが常に平行となりトルクがゼロとなるので，角運動量は保存する． □

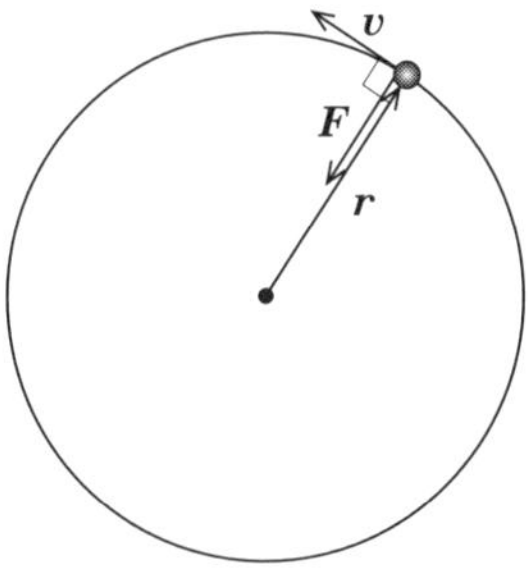

図 6.10 等速円運動をしている物体と角運動量．

例題 6.15 角運動量が保存する場合，質点は必ず一定の平面内を運動していることを示しなさい．

解 この場合，一定の角運動量ベクトル $\boldsymbol{l}$ に対して垂直な平面内に質点の位置ベクトル $\boldsymbol{r}(t)$ と速度ベクトル $\dot{\boldsymbol{r}}(t)$ が常に存在する．よって，一定の平面内を運動する．

もう少し詳しく確認しよう．無限小の時間 dt だけ経過した後の位置ベクトルは

$$\boldsymbol{r}(t+dt) = \boldsymbol{r}(t) + \dot{\boldsymbol{r}}(t)\,dt \tag{6.86}$$

で与えられる．角運動量の定義より，任意の時刻 t において $\boldsymbol{r}(t)$ と $\dot{\boldsymbol{r}}(t)$ は $\boldsymbol{l}$ に垂

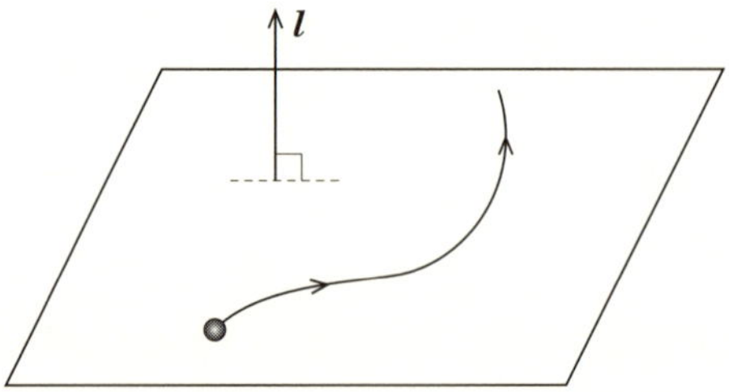

図 6.11　角運動量 $\boldsymbol{l}$ が保存するとき，質点は $\boldsymbol{l}$ に垂直な一定の平面内を運動する．

直な平面内に横たわっている．そのためそれらの重ね合わせで得られる $\boldsymbol{r}(t+dt)$ も必ず $\boldsymbol{l}$ に垂直な平面内に存在する．ところでいま，$\boldsymbol{l}$ は常に一定である．よって，時々刻々と位置ベクトルの時間変化をたどることで，質点の位置ベクトルは常に一定の平面内に存在することがわかる．□

以上，この章で得られた結果を表 6.1 にまとめる．

表 6.1　運動方程式の積分から得られる定理，および保存則．

	エネルギー	運動量	角運動量
積分	両辺に $\dot{\boldsymbol{r}}$ を掛けて時間積分	両辺を時間積分	両辺に $\boldsymbol{r}\times$ を掛けて時間積分
定理	運動エネルギーの増分は仕事に等しい	運動量の増分は力積に等しい	角運動量の増分はトルクの時間積分に等しい
保存則	外力が保存力 ⇓ 力学的エネルギーは保存	外力がゼロ ⇓ 保存	トルクがゼロ ⇓ 保存

演習問題

問 6.1 (1) 抵抗力が働いている調和振動子 (第 5 章，5.4 節参照) の力学的エネルギーの時間変化を調べなさい.

(2) (1) の問題でさらに強制力が加わった場合 (第 5 章，5.5 節参照), 1 周期あたりの力学的エネルギーを求めなさい．ただし，強制力を加えはじめてから十分に長い時間が経った後を議論するのでよい.

問 6.2 第 4 章の演習問題 (問 4.3) で議論した複雑な構造を持つ滑車の問題で，物体を高さ h だけゆっくりと静かに引き上げる．このとき，人はどれくらいの長さの弦を引かなければならないだろうか？

第7章

万有引力による運動

太古より，惑星の運動は人類の強い興味をそそる問題であった．2 世紀に活躍した天文学者プトレマイオスは，地球を中心にして他の惑星が周囲を運行しているという天動説をまとめたが，その議論は自明ではない仮定を多く含むきわめて複雑なものであった．コペルニクスがこういった不自然な議論に意義を唱え，地動説に言及したのは 16 世紀のことである．その後，ティコ・ブラーエにより惑星運動の非常に精密な観測が行われた．ティコ・ブラーエの死後，助手のケプラーはその膨大なデータの解析を引き継ぎ，17 世紀前半にケプラーの 3 法則を見い出した．そしてケプラーの 3 法則と自身が提唱した運動法則をもとに，万有引力の存在を発見したのがニュートンである．ニュートンは惑星の周期的運動のみならず，彗星などに見られる非周期運動や，地球上の物体がなぜ地面に引きつけられるかなど，万有引力によって引き起こされるより一般的な運動についても系統的・統一的に議論することに成功した．

7.1 惑星の運動とケプラーの 3 法則

ケプラーの 3 法則は，下記のようにまとめられる (図 7.1 も参照のこと).

第 1 法則：惑星は太陽を焦点とする楕円軌道を掃く

第 2 法則：惑星と太陽を結ぶ動径は，単位時間内に同一面積を描く (**面積速度一定の法則**)

第 3 法則：惑星の公転周期 T の 2 乗は，楕円軌道の長軸の 3 乗に比例する

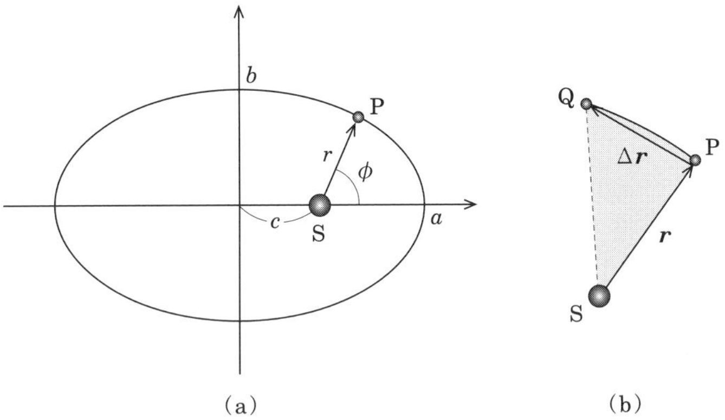

図 7.1 ケプラーの 3 法則, (a) 楕円軌道. (b) 時間 Δt の間に動径が掃く面積.

第 2 法則に関して少し詳しく説明する. 図 7.1 のように点 S を太陽の位置として, 時刻 t で点 P にいた惑星が時間 Δt の間に点 Q に到達したとする. ここで, 点 P と点 Q の位置ベクトル (すなわち $\overrightarrow{\mathrm{SP}}$ と $\overrightarrow{\mathrm{SQ}}$) をそれぞれ $\boldsymbol{r}$ と $\boldsymbol{r}+\Delta\boldsymbol{r}$ とする. 時間 Δt が十分に小さいとき, この間に太陽 S と惑星を結ぶ動径が掃いた扇形 SPQ の面積ベクトル $\Delta\boldsymbol{S}$ は, 三角形 SPQ の面積ベクトルで近似できる. 第 2 章で述べた三角形の面積ベクトルと外積の関係を用いると,

$$\Delta\boldsymbol{S} \simeq \frac{1}{2}\boldsymbol{r}\times(\boldsymbol{r}+\Delta\boldsymbol{r}) = \frac{1}{2}\boldsymbol{r}\times\Delta\boldsymbol{r}. \tag{7.1}$$

両辺を Δt で割り, $\Delta t \to 0$ の極限をとることによって, 面積速度

$$\frac{d\boldsymbol{S}}{dt} = \frac{1}{2}\boldsymbol{r}\times\frac{d\boldsymbol{r}}{dt} \tag{7.2}$$

が得られる. ところで (7.2) 式の両辺に惑星の質量 m をかけると

$$m\frac{d\boldsymbol{S}}{dt} = \frac{1}{2}\boldsymbol{r}\times\boldsymbol{p} = \frac{1}{2}\boldsymbol{l} \tag{7.3}$$

となる. すなわちケプラーの第 2 法則 ($d\boldsymbol{S}/dt =$ 定数) は, 惑星の角運動量が保存することを述べているのに他ならない. 前章の例題 6.15 でも調べたように, 物体は角運動量が保存する場合, 常に一定の平面内を運動する. よって, 惑星の運動は 2 次元の力学系の問題に帰着される.

7.2 惑星に働く力

ケプラーの 3 法則とニュートンの運動方程式から，太陽と惑星の間に働く力 $\boldsymbol{F}$ の性質を調べることができる[1]．惑星が楕円軌道を描く平面内において，太陽を原点とした 2 次元極座標系を考える．楕円の長軸と惑星の位置ベクトル $\boldsymbol{r}$ とのなす角 ϕ を角度変数とする (図 7.1 参照)．第 3 章，例題 3.1 で求めた 2 次元極座標[2]における結果を用いると，動径成分 (r 成分) と角度成分 (ϕ 成分) のニュートンの運動方程式はそれぞれ

$$m\left\{\frac{d^2r}{dt^2} - r\left(\frac{d\phi}{dt}\right)^2\right\} = F_r, \tag{7.4}$$

$$\frac{1}{r}\frac{d}{dt}\left(mr^2\frac{d\phi}{dt}\right) = F_\phi \tag{7.5}$$

となる．ここで，F_r と F_ϕ は $\boldsymbol{F}$ の動径成分，角度成分を表す．ところで，(7.5) 式の左辺の時間微分が作用している量は，角運動量の大きさである．なぜならば，この座標系で角運動量を計算すると

$$\begin{aligned} \boldsymbol{l} &= \boldsymbol{r} \times \boldsymbol{p} \\ &= m\boldsymbol{r} \times \frac{d\boldsymbol{r}}{dt} \\ &= mr\boldsymbol{e}_r \times \left(\frac{dr}{dt}\boldsymbol{e}_r + r\frac{d\phi}{dt}\boldsymbol{e}_\phi\right) \\ &= mr^2\frac{d\phi}{dt}\boldsymbol{e}_z \end{aligned} \tag{7.6}$$

となるからである．ここで，$\boldsymbol{r}$ や $\dot{\boldsymbol{r}}$ に対して第 2 章で導出した (2.37), (2.42) 式を参考にした．また $\boldsymbol{e}_z = \boldsymbol{e}_r \times \boldsymbol{e}_\phi$ は惑星が運動する面の法線方向を向く単位ベクトルである．ところで第 2 法則より惑星の角運動量は保存することがわかっているので，(7.5) 式の左辺はゼロ，よって

$$F_\phi = 0 \tag{7.7}$$

であることがわかる．

1] ここで少し議論を整理しておく．普通はまず力が与えられ，運動方程式を解くことにより物体の運動が定まる．いまここでやろうとしていることはいわばこの逆で，まず惑星の運動がケプラーの 3 法則によって与えられており，そこから運動方程式を用いて惑星に働いている力の性質を調べようとしている．

2] 円柱座標系で，$\rho = r,\ z = 0$ としたもの．

中心力

(7.7) 式が意味することは，惑星に作用している力は，太陽と惑星を結ぶ方向にしか働いていないということである．

一般に，質点に働く力の作用線が常に一点を通るような場合，この力を中心力と呼び，その点のことを力の中心と呼ぶ．

いまの場合，惑星に働く力はまさに中心力となっており，力の中心は太陽となっている．

この議論は逆も成り立つ．すなわち，物体に作用する力が中心力の場合，角運動量は保存する (例題 7.1)．

例題 7.1 質点に働く力が中心力である場合，角運動量が保存することを示しなさい．

解 力の中心を原点 O とし，質点 m の位置ベクトルを $\boldsymbol{r}$ とすると，質点に働く中心力は

$$\boldsymbol{f} = f\hat{\boldsymbol{r}} \tag{7.8}$$

と書ける．質点の運動方程式は，運動量を $\boldsymbol{p} = m\dot{\boldsymbol{r}}$ を用いると

$$\frac{d\boldsymbol{p}}{dt} = \boldsymbol{f}. \tag{7.9}$$

ここで，角運動量 $\boldsymbol{l} = \boldsymbol{r} \times \boldsymbol{p}$ の時間微分を調べると，

$$\begin{aligned} \frac{d\boldsymbol{l}}{dt} &= \frac{d\boldsymbol{r}}{dt} \times \boldsymbol{p} + \boldsymbol{r} \times \frac{d\boldsymbol{p}}{dt} \\ &= \boldsymbol{r} \times \boldsymbol{f} \\ &= f\boldsymbol{r} \times \hat{\boldsymbol{r}} \\ &= 0 \end{aligned} \tag{7.10}$$

となり，確かに保存することがわかる． □

次に，(7.4) 式を用いて動径成分の力 F_r の性質について調べる．保存している角運動量の一定値を L_z とすると，

$$\frac{d\phi}{dt} = \frac{L_z/m}{r^2} \tag{7.11}$$

となる．ここまでは r や ϕ を時刻 t の関数として扱ってきたが，t を消去することにより r を ϕ の関数，すなわち，$r = r(\phi)$ とみなすこともできる．すると，合成関数の微分の性質より

$$\frac{dr}{dt} = \frac{dr}{d\phi}\frac{d\phi}{dt} = \frac{dr}{d\phi}\frac{L_z/m}{r^2} = -\frac{L_z}{m}\frac{d}{d\phi}\left(\frac{1}{r}\right), \tag{7.12}$$

$$\frac{d^2r}{dt^2} = \frac{d}{d\phi}\left(\frac{dr}{dt}\right)\frac{d\phi}{dt} = -\frac{L_z^2/m^2}{r^2}\frac{d^2}{d\phi^2}\left(\frac{1}{r}\right). \tag{7.13}$$

ケプラーの第 1 法則より惑星は太陽を焦点とする楕円軌道を描く (図 7.1 (p.115))．楕円の長半径 (長軸の長さの半分) と短半径 (短軸の長さの半分) をそれぞれ a, b $(a > b)$ とする．楕円の焦点は長軸上に存在し，楕円の中心からの距離は $c = \sqrt{a^2 - b^2}$ で与えられている．c と a の比を離心率 $e = c/a = \sqrt{a^2 - b^2}/a$ と呼ぶ．また，半通径と呼ばれる量があり，$l = b^2/a$ のように定義される．e と l を用いると惑星の楕円軌道は

$$r = \frac{l}{1 + e\cos\phi} \tag{7.14}$$

のように表すことができる (演習問題，問 7.1)．ここで，$\phi = 0$ が惑星の近日点となるように選んである．また，半通径 l は $\phi = \pi/2$ のときの太陽と惑星の距離となっていることがわかる．

(7.14) 式より，

$$\frac{d}{d\phi}\left(\frac{1}{r}\right) = -\frac{e}{l}\sin\phi, \tag{7.15}$$

$$\frac{d^2}{d\phi^2}\left(\frac{1}{r}\right) = -\frac{e}{l}\cos\phi = \frac{1}{l} - \frac{1}{r} \tag{7.16}$$

となるので ((7.16) 式の最後の変形では (7.14) 式を再び用いた), (7.13) 式に代入すると

$$\frac{d^2r}{dt^2} = -\frac{L_z^2/m^2}{lr^2} + \frac{L_z^2/m^2}{r^3}. \tag{7.17}$$

(7.11) 式および (7.17) 式を (7.4) 式に代入すると

$$F_r = -\frac{L_z^2/m}{lr^2}. \tag{7.18}$$

ここで，ケプラーの第 3 法則との関連を探る．(7.3) 式より，面積速度は $\dfrac{L_z}{2m}$ である．これより，公転周期を T とすると，楕円軌道の内部の面積は $\dfrac{L_zT}{2m}$ となる．よって，

$$\frac{L_zT}{2m} = \pi ab = \frac{\pi l^2}{(1-e^2)^{\frac{3}{2}}}. \tag{7.19}$$

(7.19) 式を用いて (7.18) 式の L_z を消去すると，

$$F_r = -\frac{m}{r^2}\frac{4\pi^2 l^3}{(1-e^3)T^2} = -\frac{m}{r^2}\frac{4\pi^2 a^3}{T^2}. \tag{7.20}$$

第 3 法則より

$$\frac{4\pi^2 a^3}{T^2} = \text{一定}. \tag{7.21}$$

以上の結果をまとめると，惑星に働いている力は

「惑星自身の質量 m に比例し，太陽からの距離 r の 2 乗に逆比例する」
「中心力であり，向きは常に力の中心である太陽の方向を向く．
すなわち引力である」

ということがわかる．

7.3 万有引力

ニュートンは，前節で調べた惑星に働く力を一般化することによって，万有引力を見い出した．万有引力は質量を持つ物体間に働く普遍的な力である．これについて詳しく述べる．

ニュートンによる運動の第 3 法則 (作用・反作用の法則) に従えば，惑星に作用する力と同じ大きさで逆向きの力が太陽にも作用することになる．すなわち，太陽と惑星は互いに引力を及ぼし合っている．そのため，引力が惑星の質量に比例するならば，同時に太陽の質量にも比例するべきだと考えるのが自然であろう．そうしないと，太陽と地球の立場を差別する何かがあるということになり，きわめて不自然である．

この考えをさらに一般化すると，惑星と太陽の間のみならず，質量を持つすべ

ての質点同士の間には互いの質量の積に比例し，互いの距離の逆 2 乗に比例する力が働く，という結論に至る．これが万有引力である．式で書いてみよう．

二つの質点 m_1 と m_2 の位置ベクトルをそれぞれ $\boldsymbol{r}_1, \boldsymbol{r}_2$ とすると，質点 m_1 が質点 m_2 から受ける万有引力は

$$\boldsymbol{F}_{12}(\boldsymbol{r}) = -G\frac{m_1 m_2}{r^2}\hat{\boldsymbol{r}} \tag{7.22}$$

となる．

ここで，$\boldsymbol{r} = \boldsymbol{r}_1 - \boldsymbol{r}_2$ は質点間の相対ベクトル，$\hat{\boldsymbol{r}}$ はその単位ベクトルである．G は万有引力定数で，数多くの測定の結果から物質の種類に無関係な値[3]

$$G = 6.67408 \times 10^{-11}\,\mathrm{N\cdot m^2/kg^2} \tag{7.23}$$

をとることが明らかにされている．作用・反作用の法則から，質点 m_2 が質点 m_1 から受ける万有引力 $\boldsymbol{F}_{21}(\boldsymbol{r}) = -\boldsymbol{F}_{12}(\boldsymbol{r})$ となる．また，万有引力は質点間の相対ベクトル $\boldsymbol{r}$ のみの関数となっている点にも注目してほしい．このことから万有引力は座標の原点の取り方に依存せず，並進対称性をもつことがわかる．

例題 7.2　万有引力は保存力であることを示し，位置エネルギーを求めなさい．

解

$$\begin{aligned}\hat{\boldsymbol{r}} &= \frac{\boldsymbol{r}}{r}\\ &= \boldsymbol{e}_x\frac{x}{r} + \boldsymbol{e}_y\frac{y}{r} + \boldsymbol{e}_z\frac{z}{r}\end{aligned} \tag{7.24}$$

であるから，

$$\boldsymbol{F}_{12}(\boldsymbol{r}) = -GMm\left\{\boldsymbol{e}_x\frac{x}{r^3} + \boldsymbol{e}_y\frac{y}{r^3} + \boldsymbol{e}_z\frac{z}{r^3}\right\}. \tag{7.25}$$

ところで，

$$\frac{\partial}{\partial x}\left(\frac{1}{r}\right) = -\frac{x}{r^3}, \tag{7.26}$$

$$\frac{\partial}{\partial y}\left(\frac{1}{r}\right) = -\frac{y}{r^3}, \tag{7.27}$$

$$\frac{\partial}{\partial z}\left(\frac{1}{r}\right) = -\frac{z}{r^3} \tag{7.28}$$

3] 2014 年版 CODATA 推奨値による．

となるので，

$$\begin{aligned}\boldsymbol{F}_{12}(\boldsymbol{r}) &= GMm\left\{\boldsymbol{e}_x\frac{\partial}{\partial x}\left(\frac{1}{r}\right)+\boldsymbol{e}_y\frac{\partial}{\partial y}\left(\frac{1}{r}\right)+\boldsymbol{e}_z\frac{\partial}{\partial z}\left(\frac{1}{r}\right)\right\}\\ &= -\boldsymbol{\nabla}\left(-\frac{GMm}{r}\right).\end{aligned} \tag{7.29}$$

よって保存力であることがわかり，それと同時に位置エネルギーが

$$U(r) = -\frac{GMm}{r} \tag{7.30}$$

と書けることもわかる (ただし，$r=\infty$ を基準としている)．□

7.4 万有引力による運動

本節では，万有引力によってどのような運動が引き起こされるか，運動方程式を解くことによって議論する．話を具体的にするために，太陽と星の問題を再び考えることにしよう．もちろん，ケプラーの 3 法則を満たす惑星の運動 (楕円軌道) が解として含まれるが，異なる条件下では別の解が得られ (放物線・双曲線軌道)，非周期的な星の運動も記述することができる．すなわち，経験則として得られたケプラーの 3 法則を超えた，より一般的・統一的な議論が展開される．

太陽と星の質量をそれぞれ質量 M, m をもつ質点として扱う．太陽の質量は星に比べ十分に大きく不動であるとして，再び図 7.1 (p.115) の 2 次元極座標を用いると，星の運動方程式は

$$m\left\{\frac{d^2r}{dt^2}-r\left(\frac{d\phi}{dt}\right)^2\right\} = -G\frac{Mm}{r^2}, \tag{7.31}$$

$$\frac{1}{r}\frac{d}{dt}\left(mr^2\frac{d\phi}{dt}\right) = 0. \tag{7.32}$$

となる．これらの方程式を解くことにより，星の運動の解 $(r(t), \phi(t))$ を求めることができる．ただし，ここでは星が描く軌道を求めることに問題を特化しよう．すなわち，曲線 $r=r(\phi)$ を求めることを目標とする．

(7.32) 式の両辺を時間で 1 回積分すると，直ちに角運動量保存則

$$mr^2\frac{d\phi}{dt} = L_z \tag{7.33}$$

が得られる．また，万有引力は保存力なので力学的エネルギーが保存する．実際，

(7.31) 式の両辺に $\dot{r}$ をかけて時間で積分してみる．このときに角運動量の保存 (7.33) 式が成り立つことを考慮すると，

$$\frac{m}{2}\left\{\left(\frac{dr}{dt}\right)^2 + r^2\left(\frac{d\phi}{dt}\right)^2\right\} - G\frac{Mm}{r} = E = \text{定数} \tag{7.34}$$

となることが示せる．

例題 7.3 (7.34) 式を示しなさい．

解 (7.33) 式を用いると (7.31) 式は

$$m\left\{\frac{d^2r}{dt^2} - \frac{L_z^2}{m^2r^3}\right\} = -\frac{GMm}{r^2}.$$

この式の両辺に $\dot{r}$ をかけると，

$$m\left\{\frac{d^2r}{dt^2}\frac{dr}{dt} - \frac{L_z^2}{m^2r^3}\frac{dr}{dt}\right\} = -\frac{GMm}{r^2}\frac{dr}{dt}.$$

ところで

$$\frac{d^2r}{dt^2}\frac{dr}{dt} = \frac{1}{2}\frac{d}{dt}\left(\frac{dr}{dt}\right)^2.$$

また，n を整数として

$$r^n\frac{dr}{dt} = \frac{1}{n+1}\frac{d}{dt}r^{n+1}$$

が成り立つので，

$$\frac{d}{dt}\left\{\frac{m}{2}\left(\frac{dr}{dt}\right)^2 + \frac{L_z^2}{2mr^2} - \frac{GMm}{r}\right\} = 0.$$

ここで，再び (7.33) 式を用いて L_z を消去し時間積分を実行することにより，(7.34) 式

$$\frac{m}{2}\left\{\left(\frac{dr}{dt}\right)^2 + r^2\left(\frac{d\phi}{dt}\right)^2\right\} - \frac{GMm}{r} = E = \text{定数}$$

が得られる．左辺第 1 項は，2 次元極座標における速度の 2 乗に $m/2$ がかかった量になっており，運動エネルギーを表していることがわかる．左辺第 2 項は，以前求めた万有引力による位置エネルギーである．すなわち，(7.34) 式は力学的エネルギーが保存することを表している． □

(7.33) 式を用いて (7.34) 式から $\dot{\phi}$ を消去すると,

$$\frac{m}{2}\left\{\left(\frac{dr}{dt}\right)^2+\frac{L_z^2}{m^2r^2}\right\}-G\frac{Mm}{r}=E. \tag{7.35}$$

ところで, 以前導出した (7.12) 式はここでも成り立つので,

$$\frac{L_z^2}{2m}\left[\left\{\frac{d}{d\phi}\left(\frac{1}{r}\right)\right\}^2+\frac{1}{r^2}\right]-G\frac{Mm}{r}=E. \tag{7.36}$$

$u=1/r$ とおくと,

$$\left(\frac{du}{d\phi}\right)^2=\frac{2mE}{L_z^2}+\frac{2GMm^2}{L_z^2}u-u^2 \tag{7.37}$$

となるので, 右辺を u に関して平方完成した後で両辺の平方根をとると

$$\frac{du}{d\phi}=\pm\sqrt{\frac{2mE}{L_z^2}+\frac{G^2M^2m^4}{L_z^4}-\left(u-\frac{GMm^2}{L_z^2}\right)^2} \tag{7.38}$$

となる. これは

$$d\phi=\pm\frac{du}{\sqrt{\frac{2mE}{L_z^2}+\frac{G^2M^2m^4}{L_z^4}-\left(u-\frac{GMm^2}{L_z^2}\right)^2}} \tag{7.39}$$

のように変形でき, 両辺ともに初等関数の積分となる. 表 1.2 (p.9) を参照して実際に積分を実行すると, $-\phi_0$ を積分定数として,

$$\phi-\phi_0=\mp\cos^{-1}\frac{u-\frac{GMm^2}{L_z^2}}{\sqrt{\frac{2mE}{L_z^2}+\frac{G^2M^2m^4}{L_z^4}}} \tag{7.40}$$

となり,

$$u=\frac{1}{r}=\frac{GMm^2}{L_z^2}+\sqrt{\frac{2mE}{L_z^2}+\frac{G^2M^2m^4}{L_z^4}}\cos(\phi-\phi_0) \tag{7.41}$$

が得られる. 図 7.1 (p.115) のように, r が最小となる点 (近日点) を ϕ の原点とし,

$$l=\frac{L_z^2}{GMm^2}, \tag{7.42}$$

$$e = \sqrt{1 + \frac{2EL_z^2}{G^2M^2m^3}} \tag{7.43}$$

とおけば,

$$r = \frac{l}{1 + e\cos\phi} \tag{7.44}$$

が得られる．これは，以前楕円軌道を議論したときの (7.14) 式と一致している．e の値によって描かれる軌道は異なり，いずれも太陽を焦点として，$e < 1$ では楕円，$e = 1$ では放物線，$e > 1$ では双曲線となる (演習問題，問 7.1)．これらの曲線を 2 次曲線と呼ぶ．(7.43) 式から，力学的エネルギー E の符号によって惑星がどのような軌道をたどるか決まることがわかる．すなわち，

$$\begin{cases} E < 0 & \text{楕円} \\ E = 0 & \text{放物線} \\ E > 1 & \text{双曲線} \end{cases} \tag{7.45}$$

とまとめられる．$E < 0$ の星は，楕円軌道が閉じているため周期的な運動を行い (惑星や周期彗星)，ケプラーの 3 法則に従う．それに対し $E \geqq 0$ の星は，放物線や双曲線の軌道が閉じていないために非周期的な運動となる (非周期彗星)．すなわち，いったん太陽に近づくことがあっても，その後は戻って来ずに無限遠方へ飛び去って行ってしまう．

太陽からの距離が r_0 の点において星の速さが v_0 だとすると，力学的エネルギーは

$$E = \frac{m}{2}v_0^2 - G\frac{Mm}{r_0} \tag{7.46}$$

となる．よって r_0 と v_0 を測り，$v_0^2 < 2GM/r_0$ であればその星は周期的，$v_0^2 \geqq 2GM/r_0$ であれば非周期的運動をしていると判定できる．

7.5 地球のまわりを運動する物体

太陽とそのまわりの惑星の運動について考えて来たが，これまでの議論は地球のまわりを運動する物体に対しても成り立つ．次の例題で地球から探査機を打ち上げる問題を考える．太陽を地球に，星を探査機に置き換えればこれまでの議論をそのまま適用できる．

例題 7.4 地球表面から探査機を打ち上げるとき，探査機が地球のまわりにトラップされずはるか彼方まで飛んで行けるようにするためには，打ち上げの速さ v_0 をどのように調節すればよいか議論しなさい．

解 地球の半径および質量をそれぞれ R, m_1, 探査機の質量を m_2 とすると，探査機の力学的エネルギーは

$$E = \frac{m_2}{2}v_0^2 - G\frac{m_1 m_2}{R} \tag{7.47}$$

となる．$E \geqq 0$ であれば探査機は非周期的運動をするので，求める条件は

$$v_0 \geqq \sqrt{\frac{2Gm_1}{R}}. \tag{7.48}$$

これが具体的にどの程度の値となるか調べてみよう．地表における重力加速度は $g = 9.8\,\mathrm{m/s^2}$ であるので，

$$g = \frac{Gm_1}{R^2}. \tag{7.49}$$

よって，

$$v_0 \geqq \sqrt{2gR}. \tag{7.50}$$

地球の半径を $R = 6400\,\mathrm{km}$ とすると，$v_0 \geqq 11.2\,\mathrm{km/s}$ と見積もることができる．

□

COLUMN 万有引力漫談

技術の著しい発展によって従来は困難とされていた実験がどんどん可能になり，物理の各分野で重要な実験的成果が次々と挙げられている．本書の執筆中にも重力波の発見のニュースがあった．筆者の専門は凝縮系理論物理で宇宙論は門外漢であるが，大変興味深く感じている．この章では万有引力定数 G を紹介した．**(7.23)** 式にあるように，有効数字は上 **6** 桁である．これは物理で現れる基本定数の中で最も精度が低い測定値となっている．主な原因は力の弱さにある．世の中には重力，電磁気力，弱い力，強い力と四つの基本的な力が存在するが，重力はそのなかで最

も微弱である．しかし，こういった問題も将来の技術の発展や創意工夫により次第に解決されていくのであろう．

この章では惑星の運動を論じるために微積分を駆使したが，**R. P.** ファインマンはかつて微積分を一切使わずに平面幾何の知識だけで惑星の運行を導出する方法を講義している．定期試験の前の週に余興として行われたものらしい．その模様は "***Feynmann's Lost Lecture: The motion of planets around the sun***" **(D. L. Goodstein, and J. R. Goodstein** 著，**W.W. NORTON & Co., New York · London, 2000)** に録音 **CD** 付きで収録されている．

演習問題

問 7.1 (7.44) 式が $e<1$ では楕円，$e=1$ では放物線，$e>1$ では双曲線を描くことを確認しなさい．

第8章

電場中の荷電粒子の運動

電荷を担う粒子 (荷電粒子) は，電場や磁場と相互作用しながら運動する．この章では電場中を運動する荷電粒子の様子を議論する．

8.1　一様電場中の問題

8.1.1　等加速度運動，位置エネルギー

質点 m が電荷 q を担っているとする．一様な電場 $\boldsymbol{E}$ が存在する領域で，この質点は

$$\boldsymbol{F}_q = q\boldsymbol{E} \tag{8.1}$$

のような力を受ける．よって，ニュートンの運動方程式は

$$m\frac{d^2\boldsymbol{r}}{dt^2} = q\boldsymbol{E} \tag{8.2}$$

となり，質点は等加速度運動を行う．これを積分することにより，この解は

$$\begin{cases} \boldsymbol{r}(t) = \dfrac{q}{2m}\boldsymbol{E}t^2 + \boldsymbol{v}_0 t + \boldsymbol{r}_0 \\[2ex] \boldsymbol{v}(t) = \dfrac{q}{m}\boldsymbol{E}t + \boldsymbol{v}_0 \end{cases} \tag{8.3}$$

のように具体的に書き下せる．ただし，$\boldsymbol{r}_0, \boldsymbol{v}_0$ は $t = 0$ における質点の位置，および速度である．よってこの場合，電子はどんどん加速され続け，古典力学の枠内で考える限り電子の速度は最終的に無限大になる．実際は相対論的効果により光速 c 以下にとどまるが，詳しい解説は相対性理論の教科書に譲る．

質点の等加速度運動を引き起こすという意味で一様重力と一様電場は似た効果を質点に及ぼすが，決定的に異なる点がある．質点に働く重力の大きさは質点の質量に比例するため，運動方程式の左辺にある質量とキャンセルすることで解は質量に依存しなくなる．一方で電場により生じる力は質量に依存しないため，運動方程式の解は質量に依存するようになる．

一様な電場により生じる力は保存力であり，位置エネルギーを定義できる (下記例題 8.1 参照).

例題 8.1 一様な電場により生じる力は保存力であることを示しなさい．また，位置エネルギーを求めなさい．

解 電場の向きに x 軸を選ぶと，電荷 q をもつ質点に働く力は

$$\boldsymbol{F}_q = qE\boldsymbol{e}_x = -\boldsymbol{\nabla}(-qEx) \tag{8.4}$$

と書かれる．よって，この力は保存力であり，

$$U(x) = -qEx \tag{8.5}$$

は $x = 0$ を基準とした位置エネルギーとなる．ところで，電磁気学では $U(x)$ を q で割ったものを取り扱う．これを**電位**，あるいは**静電ポテンシャル**と呼ぶ． □

8.1.2 ドルーデ模型とオームの法則

金属中には多数の電子が存在している．金属に電場を作用させると電子が加速され電流が発生するが，**電気抵抗**があるために電流の値は電場に比例した一定値に落ち着く．すなわちオームの法則である．この振る舞いを記述する古典力学的模型がドルーデ模型である (図 8.1 参照).

電気抵抗は，電子が金属中を加速していく際に生じる散乱が原因である．散乱の原因として，固体結晶中に含まれる不純物による散乱，電子間同士の相互作用による散乱，結晶格子の振動による散乱が挙げられる．これらの散乱の効果を，ドルーデ模型では速度に比例する抵抗力として導入する．第 4 章で議論した空気抵抗と同じかたちである．抵抗力の比例係数を m/τ とする．τ は**緩和時間**と呼ばれる量で，電子が散乱される頻度が多いほど τ は短くなる．緩和時間は金属の種類によって決まる．電子の質量を m, 電荷を $-e$ とすると，運動方程式は

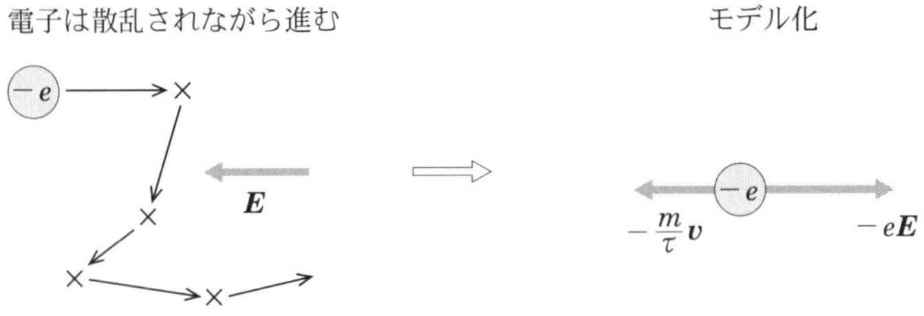

図 8.1 ドルーデ模型.

$$m\dot{\boldsymbol{v}} = -e\boldsymbol{E} - \frac{m}{\tau}\boldsymbol{v} \tag{8.6}$$

となる．4.1.2 節と同様の方法でこの微分方程式を解くと，$\boldsymbol{C}$ を定数ベクトルとして，

$$\boldsymbol{v} = -\frac{e\tau}{m}\boldsymbol{E} + \boldsymbol{C}e^{-t/\tau} \tag{8.7}$$

が得られる．よって，電場をかけ始めてから τ と比べて十分に時間が経過した後の電子の速度 (終端速度) は

$$\boldsymbol{v}_f = -\frac{e\tau}{m}\boldsymbol{E} \tag{8.8}$$

となる．このとき電子が運ぶ電流密度は，金属中の電子密度を n とすると，

$$\begin{aligned}\boldsymbol{j} &= -ne\boldsymbol{v}_f \\ &= \frac{ne^2\tau}{m}\boldsymbol{E}\end{aligned} \tag{8.9}$$

となり，オームの法則が導かれる．(8.9) 式 2 行目の比例係数 $\sigma = ne^2\tau/m$ のことを**電気伝導率**と呼ぶ．**電気抵抗率** ρ とは互いに逆数の関係，すなわち $\rho = \sigma^{-1}$ となっている．これを用いると，

$$\boldsymbol{E} = \rho\boldsymbol{j} \tag{8.10}$$

となる．すなわち，電流を流すと電流と同じ向きに電場が発生する．これが通常の金属の振る舞いである．

例題 8.2 ミリカンによる**電気素量**の測定に関連する例題を考えよう (図 8.2 参照)．ただし以下のアプローチは，実際にミリカンがデータの解析に用いた流体力学的計算とは少し異なる．

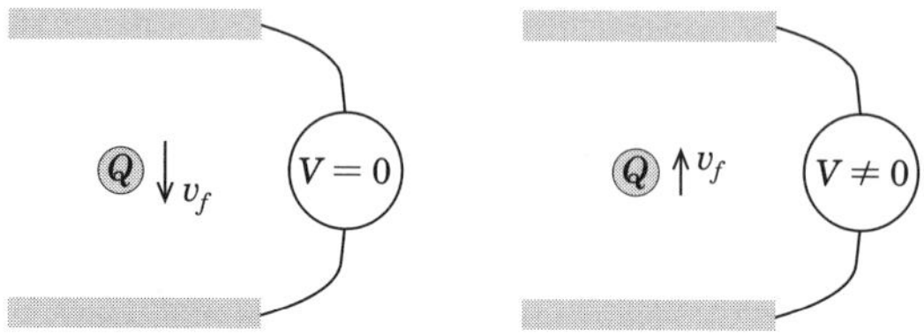

図 8.2　ミリカンによる電気素量の測定.

X 線の照射により帯電した油滴を考える．ここでは単純化して油滴を質点と見なす．油滴の質量 M はわかっているものとする (実際の実験では油滴の半径を測定し，油の密度と油滴の体積から質量を計算する).

(1) 油滴は重力により落下するが，その際に速度に比例する抵抗力を受けるとする．油滴の終端速度 v_f を求めなさい.

(2) 鉛直方向に電場 E をかけたときの油滴の終端速度 v_{fE} を求めなさい.

(3) E, M, v_f, および v_{fE} を用いて，油滴の電荷を求める式を導きなさい.

(4) いろいろな油滴に対して実験を行い，上の問いで求めた式を使ってそれぞれの油滴の電荷を求めてみたら，10^{-19} C を単位として，4.80, 14.4, 8.01, 11.2 という数値を得た．これらの値から電気素量を求めなさい.

解　(1) 鉛直上向きに z 軸をとる．油滴の運動は z 軸に平行であると仮定する．抵抗力の比例係数を M/τ とすると，油滴の運動方程式は

$$M\dot{v}_z = -Mg - \frac{M}{\tau}v_z \tag{8.11}$$

となる．この解として

$$v_z = -g\tau + Ce^{-t/\tau} \tag{8.12}$$

が得られる．C は積分定数である．よって，τ よりも十分長い時間が経過すると v_z は終端速度

$$v_f = -g\tau \tag{8.13}$$

に近づいていく.

(2) 油滴が帯びている電荷を Q とする．電場を E とすると，このときの運動方程式は

$$M\dot{v}_z = QE - Mg - \frac{M}{\tau}v_z$$
$$= -M\left(g - \frac{Q}{M}E\right) - \frac{M}{\tau}v_z. \tag{8.14}$$

電場がゼロのときの運動方程式 (8.11) と比較すると，ちょうど重力加速度 g を $g - QE/M$ に置き換えたかたちになっている．よって，このときの終端速度は

$$v_{fE} = -\left(g - \frac{Q}{M}E\right)\tau. \tag{8.15}$$

(3)

$$\frac{v_{fE}}{v_f} = 1 - \frac{QE}{Mg} \tag{8.16}$$

となるので，

$$Q = \frac{Mg}{E}\left(1 - \frac{v_{fE}}{v_f}\right). \tag{8.17}$$

(4) 約 1.60×10^{-19} C. □

8.2 クーロン力

クーロン力は電荷の間に働く力である．電荷 Q がある点に存在し，そこからの相対ベクトルが $\boldsymbol{r}$ の位置に電荷 q を持つ質点 m が存在しているとする．

このとき，質点に働くクーロン力は

$$\boldsymbol{F}_{ク} = \frac{1}{4\pi\varepsilon_0}\frac{qQ}{r^2}\hat{\boldsymbol{r}} \tag{8.18}$$

で与えられる (図 8.3 参照).

ここで，ε_0 は真空の誘電率である．力の大きさが r^2 に逆比例する点，そして力の働く方向が 2 電荷間の相対ベクトルに比例している点は，万有引力とよく似ている．異なる点は，質量とは無関係な点である．万有引力と同様クーロン力も保存力であり，かつ中心力である．

例題 8.3 (1) クーロン力が保存力であることを示し，位置エネルギーを求めなさい．

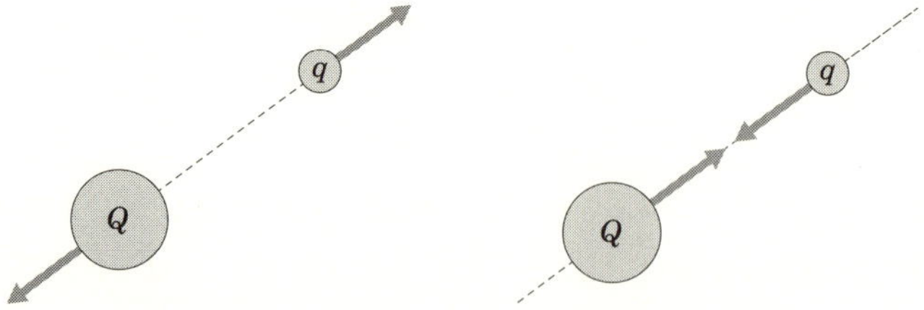

(a) $Qq > 0$　　(b) $Qq < 0$

図 8.3 クーロン力.

(2) 中心力であることを確認しなさい.

解

(1)
$$\begin{aligned} \boldsymbol{F}_{ク} &= \frac{qQ}{4\pi\varepsilon_0}\left\{\boldsymbol{e}_x\frac{x}{r^3}+\boldsymbol{e}_y\frac{y}{r^3}+\boldsymbol{e}_z\frac{z}{r^3}\right\} \\ &= -\frac{qQ}{4\pi\varepsilon_0}\left\{\boldsymbol{e}_x\frac{\partial}{\partial x}\left(\frac{1}{r}\right)+\boldsymbol{e}_y\frac{\partial}{\partial y}\left(\frac{1}{r}\right)+\boldsymbol{e}_z\frac{\partial}{\partial z}\left(\frac{1}{r}\right)\right\} \\ &= -\frac{qQ}{4\pi\varepsilon_0}\boldsymbol{\nabla}\left(\frac{1}{r}\right) \end{aligned} \tag{8.19}$$

となるため，保存力である．また，位置エネルギーは

$$U(r) = \frac{qQ}{4\pi\varepsilon_0}\frac{1}{r} \tag{8.20}$$

となる．ただし，$r = \infty$ を基準とした．

(2) クーロン力は相対ベクトル $\boldsymbol{r}$ に比例するため，質点がどのような場所を運動していても力の作用線は必ず電荷 Q を通る．よって，中心力である．□

8.3 ラザフォード散乱

ラザフォードは金属原子に α 線[1]を当てる実験を行い，α 粒子が散乱される様子を解析した結果，原子の内部には正の電荷を持つ原子核が存在することを突き止めた．この散乱現象のことをラザフォード散乱と呼ぶ．

1] He^4 原子の原子核からなる粒子線のことで，陽子二つ，中性子二つからなる．よって，$e_0 = 1.6 \times 10^{-19}$ C を電気素量とすると，$+2e_0$ の電荷を持つ．ところで，通常は電気素量を e と表すが，ここでは離心率との混同を避けるために e_0 とした．

ラザフォード散乱に関する計算を実際に確かめてみよう．金属原子は α 粒子よりも質量が十分大きいため，散乱の前後で動かないものとする．金属の原子核の電荷を $Q>0$ とする．α 粒子の電荷は $2e_0>0$ であるため，原子核が α 粒子に及ぼすクーロン力は，

$$\boldsymbol{F}=\frac{e_0 Q}{2\pi\varepsilon_0}\frac{\boldsymbol{r}}{r^3} \tag{8.21}$$

である．ここで，$\boldsymbol{r}$ は原子核を原点とした α 粒子の位置ベクトルである．この場合，正電荷同士の相互作用のため，斥力となっていることに注意してほしい．クーロン力は中心力であるため，α 粒子の角運動量は保存する．よって，α 粒子は角運動量ベクトルに垂直な一定平面内を運動する．そこで，座標系は金属原子核を中心とした 2 次元極座標 (r,ϕ) を用いる．α 粒子の質量は m とする．ここで，クーロン力の係数を

$$\frac{e_0 Q}{2\pi\varepsilon_0}=mkQ \tag{8.22}$$

と置いてしまおう．すると α 粒子の運動方程式は

$$m\left\{\frac{d^2r}{dt^2}-r\left(\frac{d\phi}{dt}\right)^2\right\}=\frac{mkQ}{r^2}, \tag{8.23}$$

$$\frac{1}{r}\frac{d}{dt}\left(mr^2\frac{d\phi}{dt}\right)=0 \tag{8.24}$$

となり，これは第 7 章で議論した万有引力による運動方程式 (7.31), (7.32) と同じかたちで，ただ $GM\to -kQ$ という置き換えをすればよいことがわかる．よって，(7.34) 式に対応して，エネルギー保存の式は

$$\frac{m}{2}\left\{\left(\frac{dr}{dt}\right)^2+r^2\left(\frac{d\phi}{dt}\right)^2\right\}+\frac{mkQ}{r}=E=\text{定数} \tag{8.25}$$

となり，力学的エネルギー E は常に正となることがわかる．これは相互作用が斥力になっているためである．また，(7.41) 式に対応して

$$u=\frac{1}{r}=\frac{-km^2Q}{L_z^2}+\sqrt{\frac{2mE}{L_z^2}+\frac{k^2m^4Q^2}{L_z^4}}\cos\phi \tag{8.26}$$

が得られる．ただし，L_z は保存している角運動量の値を表している．また，図 8.4 のように r が最小となる点で $\phi=0$ となるように選んである．そして，

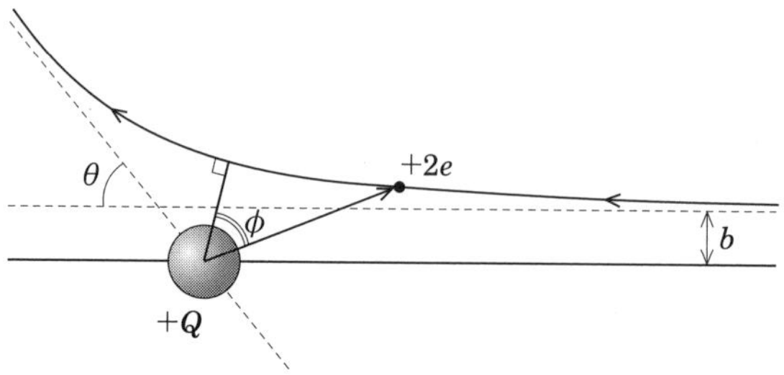

図 8.4　ラザフォード散乱.

$$l = \frac{L_z^2}{km^2Q}, \tag{8.27}$$

$$e = \sqrt{1 + \frac{2L_z^2E}{k^2m^3Q^2}} \tag{8.28}$$

とおけば,

$$r = \frac{l}{e\cos\phi - 1} \tag{8.29}$$

が得られる. $E > 0$ であるため $e > 1$ となり, α 粒子の軌道は双曲線となる. 双曲線には二つ焦点があるが, 今の問題では相互作用が斥力であるため, 原子核は軌道が描くカーブの外側にある焦点に位置する. α 粒子は原子核から無限遠方 ($r \to \infty$) にいるとき図 8.4 の破線に漸近し (漸近線), (8.29) 式からわかるように角度変数は

$$\phi = \pm\cos^{-1}\frac{1}{e} \equiv \pm\phi_0 \tag{8.30}$$

に近づく. 図 8.4 では入射時に $\phi = -\phi_0$, 散乱後に $\phi = \phi_0$ に近づくようになっている. 保存量である力学的エネルギー E と角運動量 L_z の値が定まれば, α 粒子の軌道は一意に定まる. 後は E や L_z を実験でコントロールできるパラメタと関係づけ, 観測量である散乱角 θ (図 8.4 参照) との関係を求めればよい.

入射時の漸近線 (図 8.4 で水平な破線) と, この漸近線に対し平行で原子核を通る直線との距離を b とおく (図 8.4). これを衝突パラメタと呼ぶ. 入射時の力学的エネルギーは, このときの α 粒子の速さを v_0 とすると, 無限遠方で位置エネルギーはゼロなので,

$$E = \frac{m}{2} v_0^2 \tag{8.31}$$

となり，力学的エネルギー保存則より常にこの値をとり続ける．角運動量についても同様に入射時の状況を考えると，α 粒子の位置ベクトルと入射時の漸近線とのなす角を β とすれば

$$\begin{aligned} L_z &= mrv_0 \sin(\pi - \beta) \\ &= mrv_0 \sin\beta \\ &= mbv_0 \end{aligned} \tag{8.32}$$

となり，角運動量保存則より常にこの値をとり続ける．(8.28), (8.30) 式より，$1 + \tan^2\phi_0 = 1/\cos^2\phi_0$ の関係を使うと，

$$\tan\phi_0 = \sqrt{e^2 - 1} = \sqrt{\frac{2L_z^2 E}{k^2 m^3 Q^2}} = \frac{bv_0^2}{kQ}. \tag{8.33}$$

ところで，

$$\theta = \pi - 2\phi_0 \tag{8.34}$$

という関係がある．このとき，

$$\tan\phi_0 = \frac{\tan\frac{\pi}{2} - \tan\frac{\theta}{2}}{1 + \tan\frac{\pi}{2}\tan\frac{\theta}{2}} = \frac{1}{\tan\frac{\theta}{2}} \tag{8.35}$$

が成り立つので，

$$\tan\frac{\theta}{2} = \frac{kQ}{bv_0^2} \tag{8.36}$$

となる．これが，求めていた散乱角を与える式である．この結果は，Q が大きくクーロン斥力が強く働く場合は散乱角が大きくなること，衝突パラメタを大きくする (「的 (原子核) はずれ」なところを狙って α 粒子を打ち込む)，あるいは入射エネルギーを大きくすれば散乱角が小さくなることを示しており，物理的直感とも一致している．

散乱断面積[2]

先ほど観測量として散乱角を挙げその表式 (8.36) を与えたが，実験では粒子線 (多数の粒子が束になって進んでいる状態．ビーム) を用いるため，直接実験データに対応する量は統計的な物理量である散乱断面積である．現代の素粒子物理学の加速器実験で取り扱われているのも，散乱断面積である．最も，素粒子や α 粒子などの原子核を扱う際には量子力学的効果を考慮にいれる必要があるが，とりあえずここでは古典力学の範囲内で議論する．

一様な α 線 (α 粒子のビーム) を考える．実際の実験では固体金属に α 線を照射するので，散乱体となる原子核は多数存在する．その足し合わせは後で行うことにして，まずは散乱体として 1 個の原子核を考える．α 線の流れ，すなわち，単位時間・単位面積あたりを通過する α 粒子の数を j_α とする．そして単位時間内に散乱される α 粒子の数を n_α とする．

このとき散乱断面積は

$$\sigma_s = \frac{n_\alpha}{j_\alpha} \tag{8.37}$$

で定義される．

実験ではさらに詳細に，図 8.5 の薄い灰色の帯で示したような，散乱角が θ から $\theta + d\theta$ の間にある立体角 $d\Omega = 2\pi \sin\theta d\theta$ の領域に散乱されていく粒子数 dn_α を調べることができる．これに対応して

$$d\sigma_s = \frac{dn_\alpha}{j_\alpha} \tag{8.38}$$

を**微分断面積**と呼ぶ．図 8.5 からわかるように，薄灰色の帯状領域内に散乱される粒子は，散乱前に衝突パラメタが b から $b + db$ の間の領域 (図 8.5 の右側にかかれた濃い灰色の帯状領域) を通っていたことになる．よって，

$$dn_\alpha = -2\pi j_\alpha b db \tag{8.39}$$

となる．負号がついているのは $d\theta > 0$ に対して $db < 0$ となるからである．ところで，散乱角 θ と衝突パラメタの関係は (8.36) 式の通りである．(8.36) 式を

2] やや発展的な内容であるため，初学の際には読み飛ばしても差し支えない．

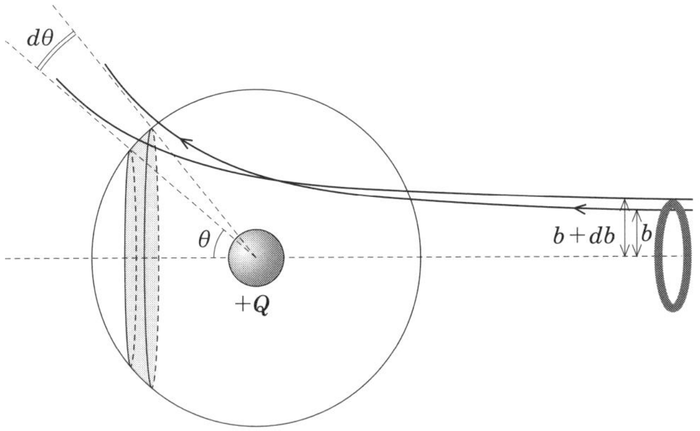

図 8.5 微分断面積．立体角の図．

$$b = \frac{kQ}{v_0^2}\frac{1}{\tan\theta/2} \tag{8.40}$$

と変形し，両辺を 2 乗したものの微分を考えると，

$$\begin{aligned} 2bdb &= -\left(\frac{kQ}{v_0^2}\right)^2 \frac{\cos\theta/2}{\sin^3\theta/2}d\theta \\ &= -\left(\frac{kQ}{2v_0^2}\right)^2 \frac{d\Omega}{\pi\sin^4\theta/2} \end{aligned} \tag{8.41}$$

という関係が成り立つ．これを用いると，

$$dn_\alpha = j_\alpha\left(\frac{kQ}{2v_0^2}\right)^2 \frac{d\Omega}{\sin^4\theta/2}. \tag{8.42}$$

よって，原子核 1 個あたりの微分断面積は

$$d\sigma_s = \left(\frac{kQ}{2v_0^2}\right)^2 \frac{d\Omega}{\sin^4\theta/2}. \tag{8.43}$$

先述の通り，実際の実験では固体金属に α 線を照射する．金属中の原子核の密度を ρ_n, 金属の厚みを l, α 線ビームの断面積を S とすると，固体金属全体としての微分断面積 $d\tilde{\sigma}_s$ は，原子核 1 個あたりの微分断面積 $d\sigma_s$ に対して「標的の数」=「ビームが通り抜ける領域に存在する原子核の数」をかけたものになる．すなわち，

$$d\tilde{\sigma}_s = \rho_n Sld\sigma_s$$
$$= \rho_n Sl \left(\frac{kQ}{2v_0^2}\right)^2 \frac{d\Omega}{\sin^4\theta/2}. \tag{8.44}$$

この式はラザフォードの実験結果と非常に良く一致した.

演 習 問 題

問 8.1 J.J. トムソンが電子を発見した実験 (陰極線の実験) に関連する問題を考えよう. 無限遠方 ($x = -\infty$) から電子銃によって電荷 $-e_0$ を持つ電子が打ち出され, x 軸にそって速さ v_0 で飛来してくるとする. 図 8.6 に示されているように, この実験装置では $0 \leqq x < L$ の領域において, y 軸方向を向く一様電場 E_y を与えることができる. そして $x = L$ にはスクリーンが設けられている. このとき, スクリーン上に電子が到達した場所の y 座標の値 y_f を求めなさい. ただし, v_0 は十分に大きく, 重力が電子軌道に与える影響は無視できるものとする.

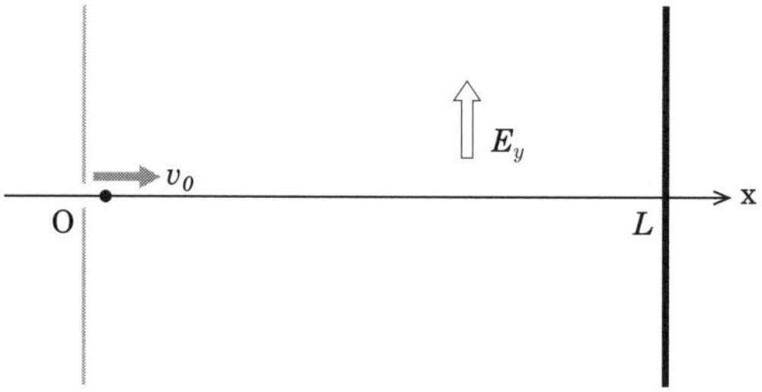

図 8.6 J.J. トムソンによる陰極線の実験.

第9章
慣性系と非慣性系

同じ物体の運動を観測していても観測している人によって運動の様子が違って見える，ということは日常的に経験している事実である．たとえば，道に立ち止まっている人が眺める桜の木は静止して見えるが，歩いている人から見れば自分に近づいたり遠ざかっていったりするように見えるだろう．自転車や車に乗っていれば，近づき遠ざかる速さがさらに速く見える．このように，物体の運動は他の物体に対してどのように運動するかを考えることで始めて意味を持つ．すなわち，運動は相対的 (相手との関係があって初めて意味を持つこと) であると言える．よって，観測者 (座標系) の運動状態と，観測される物体の運動との関連を慎重に調べる必要がある．

ここまでの議論では，ニュートンの運動法則が成り立つ系を考えてきた．しかし冒頭の例にもあるように，座標系の運動状態によって物体の運動の見え方が変わるとすると，ニュートンの運動法則が自明ではなくなる．ニュートンの運動法則はどのような座標系で成り立ち，どのような座標系では成り立たなくなるのか，もう少し掘り下げて考えてみよう．

9.1 慣性系

図 9.1 のように，O を原点とする直交座標系 $\mathrm{O_{xyz}}$ を考える．別に直交座標系である必要はないが，話を簡単にするために直交座標系を選ぶ．質点 m の位置を点 P とし，O からの位置ベクトルを $\boldsymbol{r}_{\mathrm{P}}(t)$ とする．この座標系では，いままで議論してきた系と同じように，ニュートンの運動法則がそのまま成り立つものとする．

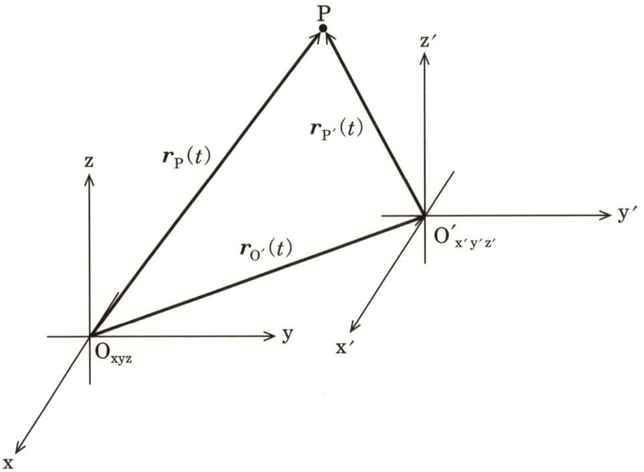

図 **9.1** 慣性系 O_{xyz} と，それに対して並進運動している座標系 $O'_{x'y'z'}$.

このような系を慣性系という．すなわちこの座標系では，力が働かない限り質点は静止あるいは等速直線運動を行い，力 $\boldsymbol{f}$ が働く場合は運動方程式

$$m\frac{d^2\boldsymbol{r}_P(t)}{dt^2} = \boldsymbol{f} \tag{9.1}$$

に従って加速度運動を行う.

これに対し，図 9.1 のように O′ を原点とする別の座標系 $O'_{x'y'z'}$ を考える．$O'_{x'y'z'}$ は O_{xyz} に対し特定の方向に沿って並進運動していて，三つの座標軸 x′, y′, z′ はそれぞれ x, y, z 軸に常に平行とする．このとき，

$$\boldsymbol{r}_{P'}(t) = \boldsymbol{r}_P(t) - \boldsymbol{r}_{O'}(t) \tag{9.2}$$

という関係がある．初めに $\dot{\boldsymbol{r}}_{O'}(t) = \boldsymbol{v} =$ 一定, すなわち $O'_{x'y'z'}$ 系が O_{xyz} 系に対して静止 ($\boldsymbol{v} = 0$), あるいは等速直線運動 ($\boldsymbol{v} \neq 0$) をしている場合を考えよう．すると

$$\frac{d\boldsymbol{r}_{P'}(t)}{dt} = \frac{d\boldsymbol{r}_P(t)}{dt} - \boldsymbol{v} \tag{9.3}$$

となる．よって，力が働いておらず O_{xyz} 系で静止あるいは等速直線運動し続けている物体は (すなわち，$\dot{\boldsymbol{r}}_P(t) =$ 一定), 速度は $-\boldsymbol{v}$ だけずれるにせよ，$O'_{x'y'z'}$

系から観測しても静止あるいは等速直線運動をし続けることになる．それゆえ $\mathrm{O}'_{\mathrm{x'y'z'}}$ 系でも運動の第 1 法則が成り立つ．また

$$\frac{d^2\boldsymbol{r}_{\mathrm{P'}}(t)}{dt^2} = \frac{d^2\boldsymbol{r}_{\mathrm{P}}(t)}{dt^2} \tag{9.4}$$

となり，これを (9.1) 式に代入することで $\mathrm{O}'_{\mathrm{x'y'z'}}$ の運動方程式

$$m\frac{d^2\boldsymbol{r}_{\mathrm{P'}}(t)}{dt^2} = \boldsymbol{f} \tag{9.5}$$

が得られる．よって，運動の第 2 法則は $\mathrm{O}'_{\mathrm{x'y'z'}}$ 系でもそのまま成り立つ．第 3 法則が成り立つのは自明であろう．すなわち慣性系を平行移動した系，あるいは慣性系に対して等速度並進運動している系はやはり慣性系となり，ニュートンの運動法則はそのまま成り立つ (不変である) ことがわかる．これをガリレイ不変性と呼ぶ．

9.2 非慣性系と見かけの力

ところが $\ddot{\boldsymbol{r}}_{\mathrm{O'}}(t) \neq 0$, すなわち $\mathrm{O}'_{\mathrm{x'y'z'}}$ 系が $\mathrm{O}_{\mathrm{xyz}}$ 系に対して加速度運動をしている場合は事情が異なる．最も簡単な場合で $\ddot{\boldsymbol{r}}_{\mathrm{O'}}(t) = \boldsymbol{a} =$「一定」とすると，$\dot{\boldsymbol{r}}_{\mathrm{O'}}(t) = \boldsymbol{a}t + \boldsymbol{c}$ ($\boldsymbol{c}$ は積分定数) となるので，

$$\frac{d\boldsymbol{r}_{\mathrm{P'}}(t)}{dt} = \frac{d\boldsymbol{r}_{\mathrm{P}}(t)}{dt} - \boldsymbol{a}t - \boldsymbol{c}. \tag{9.6}$$

そのため，力が働いておらず $\mathrm{O}_{\mathrm{xyz}}$ 系では静止あるいは等速直線運動をしている物体でも，$\mathrm{O}'_{\mathrm{x'y'z'}}$ 系から観測すると等加速度運動をすることになる．それゆえ，運動の第 1 法則が成り立たなくなる．また，

$$\frac{d^2\boldsymbol{r}_{\mathrm{P}}(t)}{dt^2} = \frac{d^2\boldsymbol{r}_{\mathrm{P'}}(t)}{dt^2} + \boldsymbol{a} \tag{9.7}$$

となり，これを (9.1) 式に代入して得られる $\mathrm{O}'_{\mathrm{x'y'z'}}$ の運動方程式は

$$m\frac{d^2\boldsymbol{r}_{\mathrm{P'}}(t)}{dt^2} + m\boldsymbol{a} = \boldsymbol{f} \tag{9.8}$$

となるため，運動の第 2 法則も成り立たなくなる．(9.8) 式で左辺第 2 項を右辺に移項してやると，慣性系に比べて余分に

$$-m\boldsymbol{a} \tag{9.9}$$

という “力”が質点に働いているように見える．このように，慣性系に対して加速度運動している系に現れてしまう “力”を総称して見かけの力，あるいは慣性力と呼ぶ (特に，(9.9) 式のタイプの見かけの力を**並進慣性力**と呼ぶ).

そして見かけの力が働く系を，すなわちニュートンの第 1, 2 法則が成り立たなくなる系のことを，非慣性系と呼ぶ.

日常経験する例として，電車が駅から出発して加速しているとき，不届き者が置いていった空き缶が電車の進行方向と逆向きに加速しながら転がるのを見たことがあるだろう．空き缶には重力と床からの垂直抗力しか作用しておらず，これらは互いに相殺するので，慣性系であれば第 1 法則に従い空き缶は静止あるいは等速直線運動をするはずである．これはまさに見かけの力の仕業であり，駅を出発している最中の電車の内部は非慣性系であることがわかる.

例題 9.1　電車が駅から加速度 a で出発している最中であるとする．線路は水平であるとする.

(1) 天井から吊るしてある振り子の釣り合いの位置を求めなさい.

(2) 釣り合いの位置から少しずらして振り子を振動させたときの，振り子の周期を求めなさい.

(3) 同じ電車に乗っている子供が風船を持っている．風船の釣り合いの位置を求めなさい.

解　(1) 図 9.2 のように，電車は x 軸の正の向きに加速しているものとする．振り子の弦が鉛直線となす角を ϕ_0 とする．慣習に従い，この角度は反時計回りを正として測る．鉛直上向きに z 軸をとり，弦の張力を T とすると，振り子の釣り合いの方程式は,

$$\text{z 軸方向：}\ 0 = T\cos\phi_0 - mg, \tag{9.10}$$

$$\text{x 軸方向：}\ 0 = -T\sin\phi_0 - ma. \tag{9.11}$$

よって,

$$\phi_0 = -\tan^{-1}\left(\frac{a}{g}\right). \tag{9.12}$$

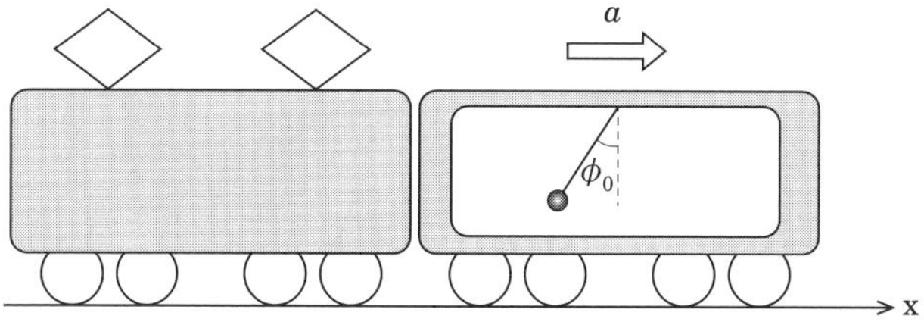

図 9.2　電車の中の振り子.

張力は

$$T = m\sqrt{g^2 + a^2}. \tag{9.13}$$

それゆえ電車の中では，重力の向きが慣性系の場合と比べ角度 ϕ_0 だけ傾き (すなわち，電車の加速度とは逆向きに傾く), 大きさが $m\sqrt{g^2+a^2}$ となっているとみなせる．これを**見かけの重力**と呼ぶ.

(2) 見かけの重力の方向を新たに鉛直線と見なせば，前問の結果から，この振動は 5.2 節における単振り子の議論で重力加速度を $\sqrt{g^2+a^2}$ と置き換えたものと等価である．よって周期は

$$T = 2\pi\sqrt{\frac{l}{\sqrt{g^2+a^2}}}. \tag{9.14}$$

(3) 風船は浮いている．すなわち，常に重力あるいは見かけの重力とは逆向きの浮力を受けている．よって振り子とは逆に，慣性系の場合と比べ角度 $-\phi_0$ だけ傾いた状態が釣り合いの位置となる．すなわち，電車の加速する向きに傾く．□

9.3 遠心力とコリオリの力

別のタイプの加速度運動として，座標系 $\mathrm{O}'_{\mathrm{x'y'z'}}$ が慣性系 $\mathrm{O_{xyz}}$ に対して回転している場合を考える．ここで，図 9.3 のようにそれぞれの座標原点は一致しており，z′ 軸のまわりで一定の角速度 Ω で回転しているとする．この場合，z 軸と z′ 軸は常に一致する．$z = z' > 0$ から眺めて反時計回りの回転に対しては $\Omega > 0$, 時計回りに対しては $\Omega < 0$ となる．また，角速度をベクトルとして表すと便利である．角速度ベクトルの大きさは $|\boldsymbol{\Omega}|$ で，向きは回転と同じ向きに回した右ネジが

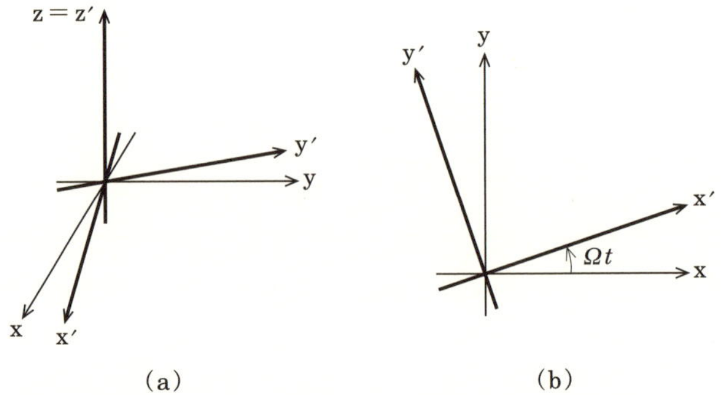

図 9.3 慣性系 $\mathrm{O_{xyz}}$ と，それに対して回転している座標系 $\mathrm{O'_{x'y'z'}}$.
(a) は 3 次元的に観た図，(b) は $z = z' > 0$ から眺めた図.

進む方向にとる．今の場合，$\boldsymbol{\Omega} = \Omega \boldsymbol{e}_z$ となる．

簡単のために，物体は xy 平面上のみ運動しているとする．時刻 t における質点の位置ベクトルと x 軸とのなす角を $\phi(t)$ とする．時刻の原点は回転開始の時刻とすると，x′ 軸とのなす角は $\phi(t) - \Omega t$ となる．よって，質点と原点との距離を $r(t)$ とすると，慣性系から見た質点の位置ベクトルは

$$\boldsymbol{r}_{\mathrm{P}}(t) = \begin{pmatrix} x(t) \\ y(t) \end{pmatrix} = \begin{pmatrix} r(t)\cos\phi(t) \\ r(t)\sin\phi(t) \end{pmatrix}. \tag{9.15}$$

回転座標系から見た位置ベクトルは

$$\begin{aligned} \boldsymbol{r}_{\mathrm{P}'}(t) &= \begin{pmatrix} x'(t) \\ y'(t) \end{pmatrix} = \begin{pmatrix} r(t)\cos(\phi(t) - \Omega t) \\ r(t)\sin(\phi(t) - \Omega t) \end{pmatrix} \\ &= \begin{pmatrix} x(t)\cos\Omega t + y(t)\sin\Omega t \\ y(t)\cos\Omega t - x(t)\sin\Omega t \end{pmatrix} \\ &= R^{-1}(\Omega t)\boldsymbol{r}_{\mathrm{P}}(t). \end{aligned} \tag{9.16}$$

ここで，

$$R^{-1}(\Omega t) = \begin{pmatrix} \cos\Omega t & \sin\Omega t \\ -\sin\Omega t & \cos\Omega t \end{pmatrix} \tag{9.17}$$

はベクトルを $-\Omega t$ だけ回転させる行列である．ベクトルを Ωt 回転させる行列，すなわち逆行列は

$$R(\Omega t) = R^{-1}(-\Omega t) = \begin{pmatrix} \cos\Omega t & -\sin\Omega t \\ \sin\Omega t & \cos\Omega t \end{pmatrix}. \tag{9.18}$$

これを用いて

$$\boldsymbol{r}_{\mathrm{P}}(t) = R(\Omega t)\boldsymbol{r}_{\mathrm{P'}}(t). \tag{9.19}$$

微分していくと,

$$\frac{d\boldsymbol{r}_{\mathrm{P}}(t)}{dt} = \left\{\frac{d}{dt}R(\Omega t)\right\}\boldsymbol{r}_{\mathrm{P'}}(t) + R(\Omega t)\frac{d\boldsymbol{r}_{\mathrm{P'}}(t)}{dt}, \tag{9.20}$$

$$\frac{d^2\boldsymbol{r}_{\mathrm{P}}(t)}{dt^2} = \left\{\frac{d^2}{dt^2}R(\Omega t)\right\}\boldsymbol{r}_{\mathrm{P'}}(t) + 2\left\{\frac{d}{dt}R(\Omega t)\right\}\frac{d\boldsymbol{r}_{\mathrm{P'}}(t)}{dt} + R(\Omega t)\frac{d^2\boldsymbol{r}_{\mathrm{P'}}(t)}{dt^2}. \tag{9.21}$$

ここで, $\dot{\boldsymbol{r}}_{\mathrm{P'}}(t), \ddot{\boldsymbol{r}}_{\mathrm{P'}}(t)$ はそれぞれ回転座標系から見た質点の速度, 加速度を表す. また,

$$\begin{aligned} \left\{\frac{d}{dt}R(\Omega t)\right\} &= \Omega\begin{pmatrix} -\sin\Omega t & -\cos\Omega t \\ \cos\Omega t & -\sin\Omega t \end{pmatrix} \\ &= \Omega R(\Omega t)\begin{pmatrix} 0 & -1 \\ 1 & 0 \end{pmatrix} \\ &= \Omega R(\Omega t)R(\pi/2), \end{aligned} \tag{9.22}$$

$$\begin{aligned} \left\{\frac{d^2}{dt^2}R(\Omega t)\right\} &= \Omega^2\begin{pmatrix} -\cos\Omega t & \sin\Omega t \\ -\sin\Omega t & -\cos\Omega t \end{pmatrix} \\ &= -\Omega^2 R(\Omega t). \end{aligned} \tag{9.23}$$

ところで, (9.22) 式の最後の行にベクトルの $\pi/2$ 回転が現れている. 任意の 2 次元ベクトル $\boldsymbol{a} = (a_x, a_y)$ の $\pi/2$ 回転と外積 $\boldsymbol{e}_z \times \boldsymbol{a}$ は等価である. よって, (9.21) 式の第 2 項目は

$$R(\pi/2)\frac{d\boldsymbol{r}_{\mathrm{P'}}(t)}{dt} = \boldsymbol{e}_z \times \frac{d\boldsymbol{r}_{\mathrm{P'}}(t)}{dt} \tag{9.24}$$

に比例する. (9.21), (9.22), (9.23) および (9.24) 式をニュートンの運動方程式 (9.1) に代入し, 両辺左から $R^{-1}(\Omega t)$ を作用させると, 回転系における運動方程式

$$m\frac{d^2\boldsymbol{r}_{\mathrm{P'}}(t)}{dt^2} = \boldsymbol{f}' - 2m\boldsymbol{\Omega} \times \frac{d\boldsymbol{r}_{\mathrm{P'}}(t)}{dt} + m\Omega^2\boldsymbol{r}_{\mathrm{P'}}(t) \tag{9.25}$$

が得られる. ただし, $\boldsymbol{f}' = R^{-1}(\Omega t)\boldsymbol{f}$ は力を回転座標系で表したものである. 慣

性系の方程式と比べ，右辺第 2, 3 項が見かけの力として新たに現れているのがわかる．第 2 項が表す見かけの力は，コリオリの力と呼ばれる．これは，質点が回転系に対して速度を持つ場合にのみ働く点，速度と角速度の外積で与えられるため常に速度に対して垂直方向に働く点，が大きな特徴として挙げられる．これに対し，第 3 項は動径方向を原点から遠ざかる向きに働き，質量，原点からの距離，および角速度の 2 乗に比例していることが見てとれる．この力は回転系に対して静止している質点に対しても働く．これは遠心力であり，乗っている車がカーブを曲がるときカーブの外側に向けて感じる力のことである．

例題 9.2 遊園地であなたはメリーゴーラウンドに乗っている．お腹が空いたので大福を食べようとポケットから取り出したが，うっかり床に落としてしまった．落とした直後はまだ回転がゆっくりであったので，床との摩擦のため大福は静止していたが，回転速度が増すと大福は滑り出した．大福が滑り始めるときのメリーゴーラウンドの角速度 Ω_0 を求めなさい．

解 メリーゴーラウンドの円盤の中心を原点として，円盤と一緒に回転する xy 座標系を考える．大福を落とした位置を (x_0, y_0) とする．大福が静止しているときの静止摩擦力と遠心力の釣り合いの方程式は，大福の質量を m, 静止摩擦力を $\boldsymbol{f} = (f_x, f_y)$ として

$$0 = f_x + m\Omega^2 x_0, \tag{9.26}$$

$$0 = f_y + m\Omega^2 y_0. \tag{9.27}$$

よって，

$$f = \sqrt{f_x^2 + f_y^2} = m\Omega^2 R. \tag{9.28}$$

ただし，$R = \sqrt{x_0^2 + y_0^2}$ は円盤の中心からの距離を表す．これが最大静止摩擦力 μmg を超えると大福は滑り出すので，

$$\mu mg = m\Omega_0^2 R, \tag{9.29}$$

したがって

$$\Omega_0 = \sqrt{\frac{\mu g}{R}}. \tag{9.30}$$

最大静止摩擦力も遠心力も大福の質量 m に比例するので，結果は m によらないことがわかる．また，大福を落とした場所が円盤の中心から遠ければ遠いほど，小さい角速度で滑り出すことが見て取れる．これは，遠心力が回転の中心からの距離に比例しているためである．

ちなみに，滑り出した後の大福の運動方程式を考える．滑り摩擦係数を μ' とすると，滑り摩擦の大きさは $\mu' mg$, 向きは速度と逆向きになる．遠心力と同時にコリオリ力も働くので

$$m\ddot{x} = -\mu' mg \frac{\dot{x}}{|\dot{x}|} - 2m\Omega\dot{y} + m\Omega^2 x, \tag{9.31}$$

$$m\ddot{y} = -\mu' mg \frac{\dot{y}}{|\dot{y}|} + 2m\Omega\dot{x} + m\Omega^2 y. \tag{9.32}$$

これはプログラムを組んで数値的に解くことができる．余力があればチャレンジしてみてほしい． □

例題 9.3 すり鉢上の容器を回転させる．すり鉢と一緒に回転している座標系から，すり鉢の斜面上にある玉の運動を観測する．玉が半径 a の等速円運動をしているときの玉の角速度を求めなさい．ただし，すり鉢と玉の摩擦は無視できるものとする．

解 図 9.4 のように，すり鉢の中心を原点とし，すり鉢と一緒に回転している円柱座標系を用い，玉の位置を (ρ, ϕ, z) と表す．玉の質量を m, 玉に働く垂直抗力を N, すり鉢の斜面と水平面とのなす角を θ, すり鉢の角速度を Ω とすると，玉の運動方程式は

$$m(\ddot{\rho} - \rho\dot{\phi}^2) = -N\sin\theta + 2ma\Omega\dot{\phi} + ma\Omega^2, \tag{9.33}$$

$$\frac{1}{\rho}\frac{d}{dt}(m\rho^2\dot{\phi}) = -2m\Omega\dot{\rho}, \tag{9.34}$$

$$m\ddot{z} = N\cos\theta - mg. \tag{9.35}$$

玉が回転座標系から見て等速円運動をしている場合，

$$\rho = a = \text{一定}, \tag{9.36}$$

$$\dot{\phi} = \omega = \text{一定}, \tag{9.37}$$

$$z = \text{一定}. \tag{9.38}$$

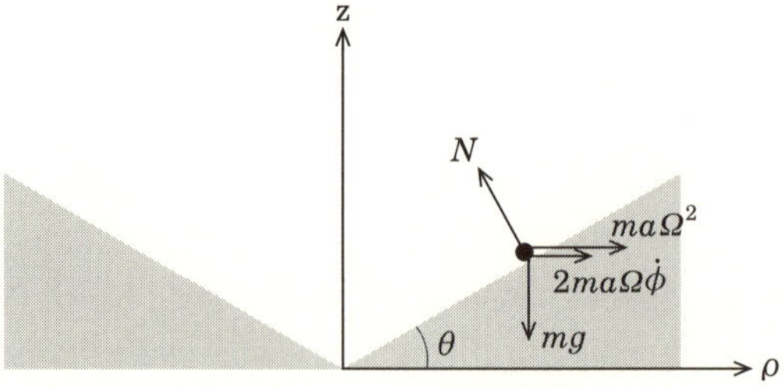

図 9.4 すり鉢の断面図.

これらを (9.33), (9.35) 式に代入すると,

$$-ma\omega^2 = -N\sin\theta + 2ma\Omega\omega + ma\Omega^2, \tag{9.39}$$

$$0 = N\cos\theta - mg. \tag{9.40}$$

一方, (9.34) 式は自明に満たされる. (9.40) 式を用いて (9.39) 式から N を消去すると,

$$\omega^2 + 2\Omega\omega + \Omega^2 - \frac{g}{a}\tan\theta = 0. \tag{9.41}$$

ω について解くと,

$$\omega = -\Omega \pm \sqrt{\frac{g}{a}\tan\theta} \tag{9.42}$$

のように解が二つ現れる. これは自明で, 静止系で考えると (垂直抗力の動径成分が等速円運動の求心力を与える, という条件から) 右回りと左回りで対称な等速円運動が現れ, これを回転座標系で計算したため答えが $-\Omega$ だけシフトしている. □

9.4 地球の自転とフーコーの振り子

地球は太陽のまわりを公転しているとともに, 自転もしている. 地球の自転を実験的に初めて立証したのが, レオン・フーコーにより発明されたフーコーの振り子である. 5.2 節で議論したように, 慣性系で単振り子を振動させると振り子は常に一定の面内で振動する. ところが地球は自転しているために振り子にコリオリ力が働き, 振動面が回転する. これが自転の直接的証拠となるわけである.

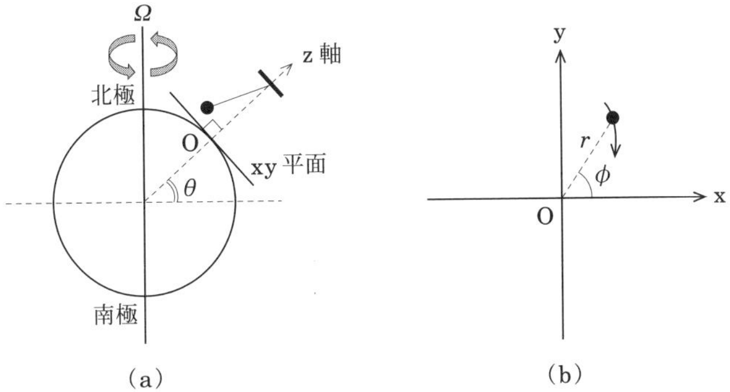

図 9.5　フーコーの振り子．(a) 振り子が存在する地点の緯度を θ とする．その地点の水平面を xy 平面とし，鉛直上向きに z 軸をとる．原点 O は振り子の支点から下ろした垂線の足とする．(b) $z > 0$ からみた xy 平面．これに射影された振り子の位置を 2 次元極座標 (r, ϕ) を用いて表す．

この振動面の回転について計算してみよう．

地球は極を結ぶ軸を回転軸として，24 時間に一回転している．この角速度ベクトルを $\boldsymbol{\Omega}$ としよう．地球は西から東の方角へ自転しているので，$\boldsymbol{\Omega}$ の向きは回転軸に沿って北向きとなる．いま，振り子が存在する地点の緯度を θ とする．θ は北緯を正にとる．図 9.5 のように xy 平面と z 軸をとる．すると，xy 平面は $\boldsymbol{\Omega}$ の z 軸への正射影 $\boldsymbol{\Omega}_\theta = \Omega \sin\theta \boldsymbol{e}_z$ を角速度ベクトルとする回転座標系となっている．

振り子の運動方程式を立てる．振り子を吊るしている弦の長さを l, 張力を T とする．振り子の振幅に比べ l の長さは十分に長いとすると，振り子の z 軸方向の運動は無視することができる．振り子を xy 平面に射影した点の位置ベクトルを $\boldsymbol{r}$ とすると，xy 平面内の運動方程式，および z 方向の釣り合いの式は

$$m\frac{d^2\boldsymbol{r}}{dt^2} \fallingdotseq -\frac{T}{l}\boldsymbol{r} - 2m\boldsymbol{\Omega}_\theta \times \frac{d\boldsymbol{r}}{dt}, \tag{9.43}$$

$$0 \fallingdotseq T - mg \tag{9.44}$$

となる．ここで，(9.43) 式では遠心力の項を無視した．なぜなら遠心力の項は Ω_θ^2 に比例しているため，Ω_θ が小さい場合は無視できるからである．また，(9.44) 式では r^2/l^2 を 2 次の無限小として無視した．(9.43) 式を図 9.5 (b) の 2 次元極座標を用いて表すと，r 成分と ϕ 成分の方程式はそれぞれ

$$m(\ddot{r} - r\dot{\phi}^2) = \left(-\frac{T}{l} + 2m\Omega\dot{\phi}\sin\theta\right) r, \tag{9.45}$$

$$\frac{1}{r}\frac{d}{dt}\left(mr^2\dot{\phi}\right) = -2m\Omega\dot{r}\sin\theta. \tag{9.46}$$

(9.46) 式は

$$\frac{d}{dt}\left\{r^2(\dot{\phi} + \Omega\sin\theta)\right\} = 0 \tag{9.47}$$

のように簡単にまとめられることに注意してほしい．すなわち，

$$r^2(\dot{\phi} + \Omega\sin\theta) = \text{一定}. \tag{9.48}$$

ここで，軌道が 1 回でも原点 $(r = 0)$ を通るとすると，$r^2(\dot{\phi} + \Omega\sin\theta) = 0$ となるので，

$$\phi = -\Omega t\sin\theta + \phi_0. \tag{9.49}$$

ただし，ϕ_0 は積分定数である．これより $z > 0$ から観測すると，振り子の振動面は北半球 $(\theta > 0)$ ならば時計回り，南半球 $(\theta < 0)$ ならば反時計回りに回転し，赤道上 $(\theta = 0)$ では回転しないことがわかる．また，振動面が一回転するのに要する時間は

$$T(\theta) = \frac{2\pi}{\Omega|\sin\theta|} = \frac{24\text{ 時間}}{|\sin\theta|} \tag{9.50}$$

で与えられる．したがって，振動面は両極では 1 日で 1 回転するが，赤道に近づくにつれ 1 回転に要する時間は発散していくことがわかる．

COLUMN | 弘前大学のフーコーの振り子

筆者が現在勤めている弘前大学理工学部には，フーコーの振り子がある．理工学部 **2** 号館の建物は **11** 階建てでなぜか中央がせまい吹き抜けになっており，そこを利用して天井からワイヤーで鉄球を吊るしフーコーの振り子を作ったのが宮永崇史氏で，筆者が弘前に赴任するずっと前，**2008** 年のことである．売りは何かというと，高い吹き抜けをフルに活用して当時日本一長い振り子 (鋼鉄ワイヤーでできた弦の

長さが 45 m) を作った点である．筆者の調べに抜かりがなければ，2016 年現在でもこの記録は破られていないはずである．何のためにそんなにも長くしたのか？もちろん，伊達や酔狂でやったわけではない．理由は読者へのエクササイズとする．弘前市の北緯は約 40° であるので，振動面が 1 回転するのに要する時間は約 37 時間，すなわち 1 日半と少し程度である．この振り子は大学のオープン・キャンパス，および青森県内外の高校生の大学訪問や実験実習といった，大学の広報活動や地域貢献活動のために活用されている．また毎年，理工学部数物科学科の 3 年生有志らにより班が組まれ，振動面回転の観測も年に複数回行われている．日食効果[1]の検証が活動の主な目的で，その参照用のため平時のデータも重要となってくるからである．弘前大学フーコーの振り子 HP (http://www.st.hirosaki-u.ac.jp/~foucault/) に歴代の班員らによる詳しい解説が掲載されている．

気象現象にも，地球の自転によるコリオリ力の影響が現れている．たとえば，海では対流の効果によって赤道付近と両極の間で海流が生じるが，北半球では右回り，南半球では左回りの傾向があるのはコリオリの力の影響である．台風の軌道も，北上するにつれ東の方角，すなわち進む方向に対して右方向に曲がる傾向があるのは，コリオリの力の影響である．ただし，台風の軌道はコリオリ力だけで決まるような単純なものではなく，周囲の気圧配置や，海や地表との摩擦などさまざまな要因が複雑に絡み合っている．2016 年 8 月末に日本を襲った台風 10 号の記録的な迷走は，まさにこの複雑さを象徴している．

1] 日食時に振動面の回転方向が逆転 (北半球の場合，上から見ると本来は時計回りをするはずが日食時だけ反時計回り) する現象．参考文献: Maurice Allais, *Aero/Space Engineering*, **9**, 46 (1959).

第10章

質点系

これまでは一つの質点の運動を考察してきた．この章では質点が複数集まった系，すなわち，質点系を議論する[1]．

10.1 重心と相対座標

質点 m_i $(i=1,2,...,N)$ の集合を質点系と呼ぶ．それぞれの位置ベクトルを $\boldsymbol{r}_i$ とする．各々の運動方程式は

$$m_i\frac{d^2\boldsymbol{r}_i}{dt^2}=\boldsymbol{F}_i+\sum_j\boldsymbol{F}_{ij} \tag{10.1}$$

で与えられる．ここで，$\boldsymbol{F}_i$ は系の外から加えられた外力，$\boldsymbol{F}_{ij}$ は i 番目の質点に対し，j 番目の質点が及ぼす相互作用 (内力) である．後者に対しては作用・反作用の法則

$$\boldsymbol{F}_{ij}=-\boldsymbol{F}_{ji} \tag{10.2}$$

が成り立つことに注意してほしい．また，(10.2) 式から自動的に $\boldsymbol{F}_{ii}=0$ となる．一つひとつの質点の運動を追跡しようとすると，相互作用がない場合は簡単で，基本的にいままで議論してきた一つの質点の問題と等価になる．しかし，相互作用がある場合は非常に複雑な問題となる．そこで，質点一つひとつを取り上げるのではなく，質点系全体としての振る舞いに着目して考える．その際，重心の運動とそのまわりの相対運動にわけて考えることは大変重要なポイントとなる．

1］ 10.1 節から 10.4 節までは質点系の一般論が述べられている．初め難しく感じられたらとりあえず飛ばし，10.5 節から 10.8 節の最後まで読んでから再び 10.1 節に戻るのでも差し支えない．

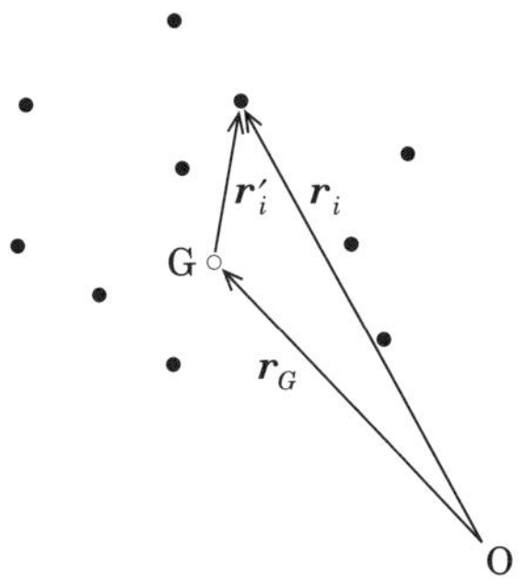

図 10.1　重心と相対座標.

ここで重心とは

$$\boldsymbol{r}_{\mathrm{G}} = \frac{1}{M}\sum_i m_i \boldsymbol{r}_i \tag{10.3}$$

のように定義される (図 10.1).

ただし, $M = \sum_i m_i$ は質点系の全質量である. また, 重心からの相対座標を表す位置ベクトル

$$\boldsymbol{r}'_i = \boldsymbol{r}_i - \boldsymbol{r}_{\mathrm{G}} \tag{10.4}$$

を導入する.

以下の節では重心や相対座標を用い, 質点系に対して一般的に成り立ついくつかの重要な性質を紹介しよう.

10.2　質点系の運動量

質点 m_i の運動量は

$$\boldsymbol{p}_i = m_i \frac{d\boldsymbol{r}_i}{dt} \tag{10.5}$$

である. 質点系の全運動量を求めると

$$\boldsymbol{P} = \sum_i \boldsymbol{p}_i$$

$$= \sum_i m_i \frac{d\boldsymbol{r}_i}{dt} \tag{10.6}$$

となる．一方で，重心の運動量は

$$\begin{aligned} \boldsymbol{p}_{\mathrm{G}} &= M\frac{d\boldsymbol{r}_{\mathrm{G}}}{dt} \\ &= \sum_i m_i \frac{d\boldsymbol{r}_i}{dt} \\ &= \boldsymbol{P}. \end{aligned} \tag{10.7}$$

すなわち，

「質点系の全運動量と重心の運動量は一致する.」

これらが満たす時間発展の方程式は

$$\begin{aligned} \frac{d\boldsymbol{P}}{dt} &= \frac{d\boldsymbol{p}_{\mathrm{G}}}{dt} \\ &= \sum_i m_i \frac{d^2\boldsymbol{r}_i}{dt^2} \\ &= \sum_i \boldsymbol{F}_i + \sum_i \sum_j \boldsymbol{F}_{ij} \end{aligned} \tag{10.8}$$

となる．ここで最後の項に着目すると，和の中には $i = a, j = b$ の項，すなわち a 番目の質点に対し b 番目の質点が及ぼす力 $\boldsymbol{F}_{ab}$ と，$i = b, j = a$ の項，すなわち b 番目の質点に対し a 番目の質点が及ぼす力 $\boldsymbol{F}_{ba}$ が必ず対になって存在する．ところで運動の第 3 法則により $\boldsymbol{F}_{ab} = -\boldsymbol{F}_{ba}$ であるから，

$$\sum_i \sum_j \boldsymbol{F}_{ij} = 0. \tag{10.9}$$

それゆえ，

$$\frac{d\boldsymbol{P}}{dt} = \frac{d\boldsymbol{p}_{\mathrm{G}}}{dt} = \sum_i \boldsymbol{F}_i. \tag{10.10}$$

すなわち，

「全運動量 (= 重心運動量) の時間変化は外力の総和により与えられる.」

よって，**質点系においても運動量の定理**が成り立つ．さらに，ここから直ちに得られる重要な帰結として

「外力の総和がゼロとなる場合，質点系の全運動量 (= 重心運動量) は保存する」

ことが言える．これは，**質点系における運動量保存の法則**にほかならない．注意してほしいのは，**質点間の相互作用には依存しない**という点である．

次に，重心のまわりの相対運動量の性質について述べる．まず，それぞれの質点の相対座標に質量をかけたものの和をとると

$$\begin{aligned}\sum_i m_i \boldsymbol{r}'_i &= \sum_i m_i \boldsymbol{r}_{\mathrm{G}} - \sum_i m_i \boldsymbol{r}_i \\ &= M\left(\boldsymbol{r}_{\mathrm{G}} - \frac{1}{M}\sum_i m_i \boldsymbol{r}_i\right) \\ &= 0. \end{aligned} \tag{10.11}$$

2 行目から 3 行目の変形のときに，重心の定義である (10.3) 式を用いた．これは質点系の重心を原点として，重心を計算したことと等価なので，自明な結果である．したがって，各質点の相対運動量

$$\boldsymbol{p}'_i = m_i \frac{d\boldsymbol{r}'_i}{dt} \tag{10.12}$$

の総和は

$$\sum_i \boldsymbol{p}'_i = \sum_i m_i \frac{d\boldsymbol{r}'_i}{dt} = 0 \tag{10.13}$$

となる．すなわち

「質点系の相対運動量の総和は外力や粒子間相互作用の有無にかかわらず常に 0 となる」

ことがわかる．

ちなみに，相対運動量の時間微分を調べると，

$$\begin{aligned}\frac{d\boldsymbol{p}'_i}{dt} &= m_i \frac{d^2}{dt^2}(\boldsymbol{r}_i - \boldsymbol{r}_{\mathrm{G}}) \\ &= \boldsymbol{F}_i + \sum_j \boldsymbol{F}_{ij} - \frac{m_i}{M}\sum_j \boldsymbol{F}_j. \end{aligned} \tag{10.14}$$

(10.14) 式の両辺で $\sum_i$ をとると右辺はゼロとなり，(10.13) 式と矛盾しないことがわかる．

例題 10.1 地面の上に板が置かれていて，その上を人が歩く．板と地面の間には摩擦は働かないものとする．人が板の端から歩き始めてもう一方の端に着いたとき，地面から測った場合の人の移動距離を求めなさい．

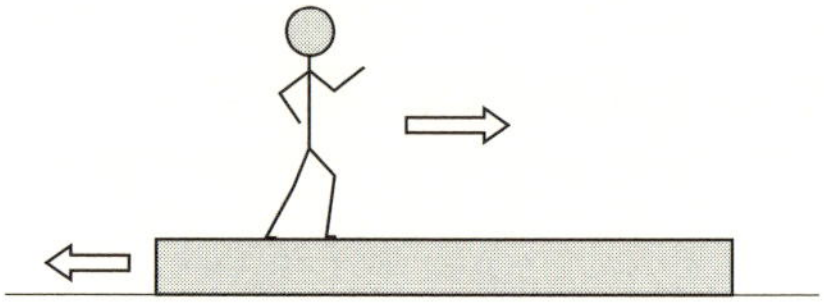

図 10.2 板と，その上を歩く人．

解 地面から見た人の座標を $x_{人}$ で表し，初めの位置を $x_{人}=0$ とする．また，板の右端に到達したときの位置を $x_{人}=x'_{人}$ とする．すなわち，$x'_{人}$ の値が求めたい量である．板の長さを L, 地面から見た板の重心の位置を $x_{板}$ とすると，初めの位置は $x_{板}=L/2$ となる．最終的な位置を $x_{板}=x'_{板}$ とする．外力は及ぼされていないので，人と板の重心 (板の重心ではないことに注意！) の運動量はゼロのままとなる．よって，人と板の重心の位置 X_{G} は変化しない．すなわち，歩きはじめと歩き終わりで X_{G} の値は変化しない．人と板の質量をそれぞれ $m_{人}$, $m_{板}$ とすると，

$$X_{\mathrm{G}}=\frac{m_{板}L}{2(m_{人}+m_{板})}=\frac{m_{人}x'_{人}+m_{板}x'_{板}}{m_{人}+m_{板}}. \tag{10.15}$$

一方，歩き終えたときの相対座標は

$$x'_{人}-x'_{板}=\frac{L}{2} \tag{10.16}$$

となるので，(10.15) 式と (10.16) 式で連立方程式が立てられる．これを解くと，

$$x'_{人}=\frac{m_{板}}{m_{人}+m_{板}}L \tag{10.17}$$

が求められる．ちなみに，

$$x'_{板}=-\frac{m_{人}-m_{板}}{m_{人}+m_{板}}\frac{L}{2} \tag{10.18}$$

となるので，板の移動距離も

$$\left|-\frac{m_{人}-m_{板}}{m_{人}+m_{板}}\frac{L}{2}-\frac{L}{2}\right|=\frac{m_{人}}{m_{人}+m_{板}}L \tag{10.19}$$

のように求まる. □

例題 10.2 水平な机の面上に図のような富士山型の文鎮が置いてある (図 10.3). 文鎮の頂点付近で高さが h の点からそっと手を離し質点を滑らせる. 質点が机の面上を滑る速さを求めなさい. ただし, 文鎮と机の面, 机の面と質点, 質点と文鎮の表面の間の摩擦は無視できるものとする.

図 10.3 富士山型の文鎮の斜面を質点が滑り降りる.

解 水平成分には質点と文鎮の間に働く相互作用以外に力は働かないので, 質点と文鎮の運動量は保存する. 質点と文鎮の質量を m と M, 速度を v および V とすると, 質点が滑る方向の運動量保存則から,

$$0=MV+mv. \tag{10.20}$$

力学的エネルギーの保存則から

$$mgh=\frac{M}{2}V^2+\frac{m}{2}v^2. \tag{10.21}$$

(10.20), (10.21) 式より V を消去すると,

$$v=\sqrt{\frac{2Mgh}{M+m}} \tag{10.22}$$

が得られる. □

10.3 質点系の角運動量

質点 m_i の角運動量は

$$\boldsymbol{l}_i=\boldsymbol{r}_i\times\boldsymbol{p}_i \tag{10.23}$$

で与えられる．この総和をとってみよう．$\boldsymbol{p}_i = m_i \dot{\boldsymbol{r}}_i$ であり，$\dot{\boldsymbol{r}}_i = \dot{\boldsymbol{r}}_{\mathrm{G}} + \dot{\boldsymbol{r}}'_i$ であるため，

$$\begin{aligned}
\boldsymbol{L} &= \sum_i \boldsymbol{r}_i \times \boldsymbol{p}_i \\
&= \sum_i \left(\boldsymbol{r}_{\mathrm{G}} + \boldsymbol{r}'_i\right) \times m_i \left(\frac{d\boldsymbol{r}_{\mathrm{G}}}{dt} + \frac{d\boldsymbol{r}'_i}{dt}\right) \\
&= \boldsymbol{r}_{\mathrm{G}} \times M\frac{d\boldsymbol{r}_{\mathrm{G}}}{dt} + \boldsymbol{r}_{\mathrm{G}} \times \left(\sum_i m_i \frac{d\boldsymbol{r}'_i}{dt}\right) + \left(\sum_i m_i \boldsymbol{r}'_i\right) \times \frac{d\boldsymbol{r}_{\mathrm{G}}}{dt} + \sum_i \boldsymbol{r}'_i \times m_i \frac{d\boldsymbol{r}'_i}{dt} \\
&= \boldsymbol{r}_{\mathrm{G}} \times \boldsymbol{p}_{\mathrm{G}} + \sum_i \boldsymbol{r}'_i \times \boldsymbol{p}'_i \\
&= \boldsymbol{L}_{\mathrm{G}} + \boldsymbol{L}'.
\end{aligned} \tag{10.24}$$

(10.24) 式の 3 行目から 4 行目への変形では，(10.11), (10.13) 式を用いた．(10.24) 式のポイントは，系の全角運動量 $\boldsymbol{L}$ は，重心の角運動量

$$\boldsymbol{L}_{\mathrm{G}} = \boldsymbol{r}_{\mathrm{G}} \times \boldsymbol{p}_{\mathrm{G}} \tag{10.25}$$

と，重心の回りの相対角運動量

$$\boldsymbol{L}' = \sum_i \boldsymbol{r}'_i \times \boldsymbol{p}'_i \tag{10.26}$$

に分けて表すことができる，という点である．質点系の全運動量は重心運動量と一致することを前節で述べた．角運動量の場合，

「全角運動量は重心角運動量と相対角運動量の和」

となる．

$\boldsymbol{L}_{\mathrm{G}}$ と $\boldsymbol{L}'$ の時間微分を求めてみよう．(10.10) 式を用いると，

$$\begin{aligned}
\frac{d\boldsymbol{L}_{\mathrm{G}}}{dt} &= \boldsymbol{r}_{\mathrm{G}} \times \frac{d\boldsymbol{p}_{\mathrm{G}}}{dt} \\
&= \boldsymbol{r}_{\mathrm{G}} \times \sum_i \boldsymbol{F}_i.
\end{aligned} \tag{10.27}$$

また，(10.14) 式を用いると，

$$\begin{aligned}
\frac{d\boldsymbol{L}'}{dt} &= \sum_i \boldsymbol{r}'_i \times \frac{d\boldsymbol{p}'_i}{dt} \\
&= \sum_i \boldsymbol{r}'_i \times \left\{\boldsymbol{F}_i + \sum_j \boldsymbol{F}_{ij} - \frac{m_i}{M}\sum_j \boldsymbol{F}_j\right\}
\end{aligned}$$

$$= \sum_i \boldsymbol{r}'_i \times \boldsymbol{F}_i + \sum_{ij} \boldsymbol{r}'_i \times \boldsymbol{F}_{ij} - \left(\sum_i m_i \boldsymbol{r}'_i \right) \times \frac{1}{M} \sum_j \boldsymbol{F}_j. \tag{10.28}$$

(10.28) 式 3 行目の第 2 項については，粒子間相互作用に対する作用・反作用の法則 $\boldsymbol{F}_{ij} = -\boldsymbol{F}_{ji}$, 和の中では添字 i と j を入れ替えても良いという事実，そして，$\boldsymbol{F}_{ij}$ は質点 m_i と m_j の相対座標と平行あるいは反平行であるということを用いると，

$$\begin{aligned} \sum_{ij} \boldsymbol{r}'_i \times \boldsymbol{F}_{ij} &= \sum_{ij} \boldsymbol{r}'_i \times \frac{1}{2} (\boldsymbol{F}_{ij} - \boldsymbol{F}_{ji}) \\ &= \frac{1}{2} \sum_{ij} (\boldsymbol{r}'_i - \boldsymbol{r}'_j) \times \boldsymbol{F}_{ij} \\ &= 0 \end{aligned} \tag{10.29}$$

となる．また，(10.28) 式 3 行目の最後の項は，(10.11) 式よりゼロとなる．それゆえ，

$$\frac{d\boldsymbol{L}'}{dt} = \sum_i \boldsymbol{r}'_i \times \boldsymbol{F}_i. \tag{10.30}$$

注目すべき点は，(10.27) 式には相対座標 $\boldsymbol{r}'_i$ が含まれておらず，(10.30) 式には重心座標 $\boldsymbol{r}_{\mathrm{G}}$ が含まれていない．よって，

「重心の角運動量およびその回りの相対角運動量は互いに独立に振る舞う」

ことがわかる．

また，全角運動量の時間微分は

$$\begin{aligned} \frac{d\boldsymbol{L}}{dt} &= \frac{d\boldsymbol{L}_{\mathrm{G}}}{dt} + \frac{d\boldsymbol{L}'}{dt} \\ &= \boldsymbol{r}_{\mathrm{G}} \times \sum_i \boldsymbol{F}_i + \sum_i \boldsymbol{r}'_i \times \boldsymbol{F}_i \\ &= \sum_i (\boldsymbol{r}_{\mathrm{G}} + \boldsymbol{r}'_i) \times \boldsymbol{F}_i \\ &= \sum_i \boldsymbol{r}_i \times \boldsymbol{F}_i \end{aligned} \tag{10.31}$$

となる．これより**質点系における角運動量の定理**が得られる．すなわち，

「全角運動量の時間変化は，外力によるトルクの総和で与えられる.」

さらに角運動量の保存則，すなわち

「外力によるトルクの総和がゼロのとき，質点系の全角運動量は保存する」

ことが導かれる．**粒子間相互作用にはまったく無関係に成り立つ**点に注目してほしい．

例題 10.3 本文中に示したように，質点系の全角運動量 $\boldsymbol{L}$ の時間微分は，外力によるトルクの総和にのみ依存し，粒子間相互作用によるトルクの寄与はない．このことを，重心座標や重心まわりの相対座標を用いずに示しなさい．

解 質点 m_i の角運動量の時間微分を，重心座標やその回りの相対座標を用いずに表すと

$$\begin{aligned}\frac{d\boldsymbol{l}_i}{dt} &= \sum_i \boldsymbol{r}_i \times \frac{d\boldsymbol{p}_i}{dt} \\ &= \boldsymbol{r}_i \times \boldsymbol{F}_i + \boldsymbol{r}_i \times \sum_j \boldsymbol{F}_{ij} \qquad (10.32)\end{aligned}$$

となる．すなわち，質点 m_i に作用するトルクに対しては，外力および粒子間相互作用の両方が寄与する．ところで，質点系全体の角運動量 $\boldsymbol{L} = \sum_i \boldsymbol{l}_i$ の時間微分は，

$$\begin{aligned}\frac{d\boldsymbol{L}}{dt} &= \sum_i \boldsymbol{r}_i \times \boldsymbol{F}_i + \sum_{ij} \boldsymbol{r}_i \times \boldsymbol{F}_{ij} \\ &= \sum_i \boldsymbol{r}_i \times \boldsymbol{F}_i + \sum_{ij} \boldsymbol{r}_i \times \frac{1}{2}(\boldsymbol{F}_{ij} - \boldsymbol{F}_{ji}) \\ &= \sum_i \boldsymbol{r}_i \times \boldsymbol{F}_i + \frac{1}{2}\sum_{ij}(\boldsymbol{r}_i - \boldsymbol{r}_j) \times \boldsymbol{F}_{ij} \\ &= \sum_i \boldsymbol{r}_i \times \boldsymbol{F}_i \qquad (10.33)\end{aligned}$$

となる．ここで，(10.33) 式の 1 行目から 2 行目への変形では作用・反作用の法則 $\boldsymbol{F}_{ij} = -\boldsymbol{F}_{ji}$, 2 行目から 3 行目への変形では和の中で添字 i と j を入れ替えることができる性質を用いた．また，最終行への変形では内力 $\boldsymbol{F}_{ij}$ が質点 m_i と m_j の相対ベクトル $\boldsymbol{r}_i - \boldsymbol{r}_j$ と平行あるいは反平行となるため，それらの外積がゼロになることを用いた．この結果は (10.31) 式と確かに一致し，質点系全体に作用

するトルクに対しては外力のみが寄与し，粒子間相互作用はまったく影響を及ぼさないことがわかる． □

10.4 質点系の力学的エネルギー

第6章で述べた一つの質点に関する場合と同様に，エネルギー積分を実行してみる．質点 m_i の運動方程式の両辺に速度ベクトル $\boldsymbol{v}_i = d\boldsymbol{r}_i/dt$ を内積としてかけると，

$$m_i \frac{d^2\boldsymbol{r}_i}{dt^2} \cdot \frac{d\boldsymbol{r}_i}{dt} = \left(\boldsymbol{F}_i + \sum_j \boldsymbol{F}_{ij}\right) \cdot \frac{d\boldsymbol{r}_i}{dt}$$
$$= \frac{m_i}{2}\frac{d}{dt}\left(\frac{d\boldsymbol{r}_i}{dt}\right)^2. \tag{10.34}$$

両辺について全質点に関する和をとり，t_P から t_Q までの時間で定積分すると，

$$\sum_i \left(\left.\frac{m_i v_i^2}{2}\right|_{t=t_\mathrm{Q}} - \left.\frac{m_i v_i^2}{2}\right|_{t=t_\mathrm{P}} \right) = \sum_i \int_{\mathrm{P}_i}^{\mathrm{Q}_i} \left(\boldsymbol{F}_i + \sum_j \boldsymbol{F}_{ij}\right) \cdot d\boldsymbol{r}_i. \tag{10.35}$$

(10.35) 式の左辺は $t = t_\mathrm{Q}$ と $t = t_\mathrm{P}$ における質点系の全運動エネルギーの差である．右辺は，各質点が $t_\mathrm{P} \leqq t < t_\mathrm{Q}$ の間に，外力および粒子間相互作用から受けた仕事である．ただし，各質点 m_i は時刻 t_P のときに点 P_i, 時刻 t_Q のときに点 Q_i に存在するとしている．すなわち，質点系においても，**エネルギーの定理**

「全運動エネルギーの増分」＝「質点系が受けた仕事の総和」

は成立する．

いま，外力も粒子間相互作用も保存力であるとしよう．すなわち位置エネルギーがそれぞれの力に対して定義されて，

$$\boldsymbol{F}_i = -\frac{\partial}{\partial \boldsymbol{r}_i} U(\boldsymbol{r}_i), \tag{10.36}$$

$$\boldsymbol{F}_{ij} = -\frac{1}{2}\left\{ \frac{\partial}{\partial \boldsymbol{r}_i} V(\boldsymbol{r}_i - \boldsymbol{r}_j) - \frac{\partial}{\partial \boldsymbol{r}_j} V(\boldsymbol{r}_j - \boldsymbol{r}_i) \right\} \tag{10.37}$$

と書かれているものとする．ここで，$\partial/\partial \boldsymbol{r}_i$ は質点 m_i に対するナブラ演算子のことである．(10.37) 式について少しコメントする．相互作用の位置エネルギーを $\boldsymbol{r}_i - \boldsymbol{r}_j$ の関数として書き下しているが，これは粒子間相互作用が粒子の相対的な

位置にのみ依存していて，座標原点をどこに選んでも変化しないこと (これを並進対称性という) からきている．また，作用・反作用の法則 $\boldsymbol{F}_{ij} = -\boldsymbol{F}_{ji}$ を満たすようにするため i と j に関して反対称になる (入れ替えると負号が出る) ように定義してある．相互作用が空間反転対称性[2]を保つ場合は $V(\boldsymbol{r}_i - \boldsymbol{r}_j) = V(\boldsymbol{r}_j - \boldsymbol{r}_i)$ となるため，$\boldsymbol{F}_{ij} = -\frac{\partial}{\partial \boldsymbol{r}_i} V(\boldsymbol{r}_i - \boldsymbol{r}_j)$ のように簡単なかたちになる．

このとき，系の全力学的エネルギー

$$E = \sum_i \frac{m_i}{2}\left(\frac{d\boldsymbol{r}_i}{dt}\right)^2 + \sum_i U(\boldsymbol{r}_i) + \frac{1}{2}\sum_{i,j} V(\boldsymbol{r}_i - \boldsymbol{r}_j) \tag{10.38}$$

は保存する (例題 10.4 参照).

例題 10.4 力学的エネルギー (10.38) が保存することを確かめなさい．

解 (10.38) 式を直接時間微分すると，

$$\begin{aligned}\frac{dE}{dt} &= \sum_i m_i \frac{d\boldsymbol{r}_i}{dt}\cdot\frac{d^2\boldsymbol{r}_i}{dt^2} + \sum_i \frac{\partial U(\boldsymbol{r}_i)}{\partial \boldsymbol{r}_i}\cdot\frac{d\boldsymbol{r}_i}{dt} \\ &\quad + \frac{1}{2}\sum_{ij}\frac{\partial V(\boldsymbol{r}_i - \boldsymbol{r}_j)}{\partial \boldsymbol{r}_i}\cdot\frac{d\boldsymbol{r}_i}{dt} + \frac{1}{2}\sum_{ij}\frac{\partial V(\boldsymbol{r}_i - \boldsymbol{r}_j)}{\partial \boldsymbol{r}_j}\cdot\frac{d\boldsymbol{r}_j}{dt}.\end{aligned} \tag{10.39}$$

(10.39) 式の最後の項を取り出すと，

$$\begin{aligned}\text{(10.39) 式の最後の項} &= \frac{1}{2}\sum_{ij}\frac{\partial V(\boldsymbol{r}_j - \boldsymbol{r}_i)}{\partial \boldsymbol{r}_i}\cdot\frac{d\boldsymbol{r}_i}{dt} \\ &= -\frac{1}{2}\sum_{ij}\frac{\partial V(\boldsymbol{r}_j - \boldsymbol{r}_i)}{\partial \boldsymbol{r}_j}\cdot\frac{d\boldsymbol{r}_i}{dt}.\end{aligned} \tag{10.40}$$

ここで，初めの変形では和の中で添字 i と j を入れ替え，2 行目に移る際に微分の変数を $\boldsymbol{r}_i$ から $\boldsymbol{r}_j$ に入れ替えた．(10.40) 式を (10.39) 式の中に戻すと

$$\begin{aligned}\frac{dE}{dt} &= \sum_i \left[m_i\frac{d^2\boldsymbol{r}_i}{dt^2} + \frac{\partial U(\boldsymbol{r}_i)}{\partial \boldsymbol{r}_i} + \frac{1}{2}\sum_j\left\{\frac{\partial V(\boldsymbol{r}_i - \boldsymbol{r}_j)}{\partial \boldsymbol{r}_i} - \frac{\partial V(\boldsymbol{r}_j - \boldsymbol{r}_i)}{\partial \boldsymbol{r}_j}\right\}\right]\cdot\frac{d\boldsymbol{r}_i}{dt} \\ &= \sum_i\left\{m_i\frac{d^2\boldsymbol{r}_i}{dt^2} - \boldsymbol{F}_i - \sum_j \boldsymbol{F}_{ij}\right\}\cdot\frac{d\boldsymbol{r}_i}{dt} \\ &= 0.\end{aligned} \tag{10.41}$$

2] 座標軸の向きを反転させる操作に対する対称性．空間反転変換に対し，位置ベクトルは $\boldsymbol{r}_{i,j} \to -\boldsymbol{r}_{i,j}$ のように負号が反転する．

ここで，(10.36) 式と (10.37) 式および運動方程式 (10.1) を用いた. □

以上より，

「外力および粒子間相互作用が保存力の場合，質点系の全力学的エネルギーは保存する」

ことが言える．これを**質点系における力学的エネルギー保存則**という.

例題 10.5 質点系の全力学的エネルギー (10.38) を，重心座標とその回りの相対座標を用いて書きなさい.

解 $\boldsymbol{r}_i = \boldsymbol{r}_\mathrm{G} + \boldsymbol{r}'_i$ であるから，これを (10.38) 式に代入すると，

$$\begin{aligned} E &= \sum_i \frac{m_i}{2}\left(\frac{d\boldsymbol{r}_\mathrm{G}}{dt} + \frac{d\boldsymbol{r}'_i}{dt}\right)^2 + \sum_i U(\boldsymbol{r}_\mathrm{G} + \boldsymbol{r}'_i) + \frac{1}{2}\sum_{i,j} V(\boldsymbol{r}'_i - \boldsymbol{r}'_j) \\ &= \sum_i \frac{m_i}{2}\left(\frac{d\boldsymbol{r}_\mathrm{G}}{dt}\right)^2 + \sum_i \frac{m_i}{2}\left(\frac{d\boldsymbol{r}'_i}{dt}\right)^2 + \sum_i U(\boldsymbol{r}_\mathrm{G} + \boldsymbol{r}'_i) + \frac{1}{2}\sum_{i,j} V(\boldsymbol{r}'_i - \boldsymbol{r}'_j). \end{aligned} \tag{10.42}$$

よって，

「運動エネルギーは常に重心の運動エネルギーと相対座標の運動エネルギーの項に分離される」

ことがわかる．一方，$U(\boldsymbol{r}_\mathrm{G} + \boldsymbol{r}'_i)$ の項があるため，位置エネルギーに関しては重心座標と相対座標による依存性をそれぞれ分離できない．ただし，次の例題に見るように特別な状況では可能となる. □

例題 10.6 一様重力中の質点系の位置エネルギーは，重心に全質量が集まったときの位置エネルギーと一致することを示しなさい (図 10.4)．すなわち，相対座標には依存しなくなる.

解 各質点 m_i $(i = 1, 2, \ldots, N)$ の水平線上からの高さを z_i とすると，全位置エネルギーは

$$U_\mathrm{tot} = \sum_i m_i g z_i. \tag{10.43}$$

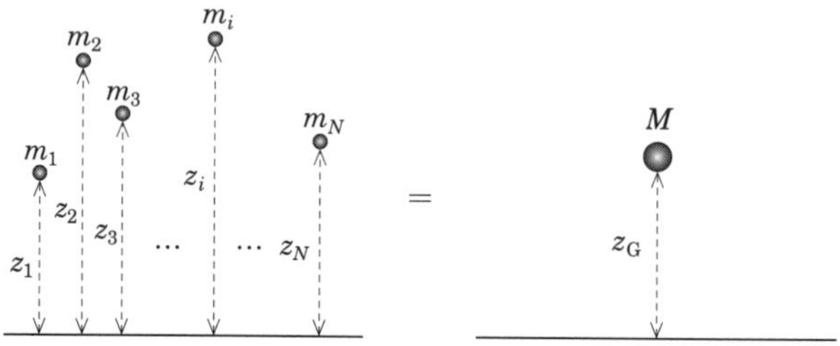

図 10.4　一様重力中の質点系の位置エネルギー.

ところで，質点系の重心座標の z 成分は

$$z_\mathrm{G} = \sum_i \frac{m_i}{z_i}/M, \tag{10.44}$$

$$M = \sum_i m_i. \tag{10.45}$$

よって，

$$U_\mathrm{tot} = Mgz_\mathrm{G}. \tag{10.46}$$

□

これら二つの例題の結論として，以下のことが言える.

- 運動エネルギーの項は，重心運動による部分と相対運動による部分に完全に分離する.
- 相互作用のエネルギーは相対座標にのみ依存する.
- 外力に関しては，空間的に一様であればその位置エネルギーは重心座標にしかよらなくなる．この場合には力学的エネルギーは重心運動による部分と相対運動による部分に完全に分離する.

10.5　衝突

これまでの節では，やや一般的に質点系の性質について論じてきた．以下の節では，もう少し具体的な問題を取り扱って行こう．この節では，自由に運動している二つの質点 m_1 と m_2 が衝突する問題を考える．衝突は瞬間的に起こるため，

この瞬間の質点の位置の変化は無視できる．しかし速度の変化は起こり，それぞれの質点の衝突前 (後) の速度を $\boldsymbol{v}_1$ と $\boldsymbol{v}_2$ ($\boldsymbol{v}'_1$ と $\boldsymbol{v}'_2$) とする．このように，瞬間的に物体の速度を変化させるような力のことを**撃力**という．質点 m_1 が質点 m_2 に及ぼす撃力を $\boldsymbol{f}_{撃\,12}(t)$, 逆に m_2 が m_1 に及ぼす撃力を $\boldsymbol{f}_{撃\,21}(t)$ とする．これらの力は衝突が起きている瞬間のみゼロでなくなり，それ以外の時刻ではゼロである．衝突の瞬間には加速度や撃力は非常に大きくなるので (この近似では無限大)，運動方程式を直接扱うのは不都合である．そこで，それぞれの質点の運動方程式を 1 回時間で積分すると

$$m_1\boldsymbol{v}'_1 - m_1\boldsymbol{v}_1 = \int dt\boldsymbol{f}_{撃\,21}(t), \tag{10.47}$$

$$m_2\boldsymbol{v}'_2 - m_2\boldsymbol{v}_2 = \int dt\boldsymbol{f}_{撃\,12}(t) \tag{10.48}$$

を得る．ところで作用・反作用の法則より

$$\boldsymbol{f}_{撃\,12}(t) = -\boldsymbol{f}_{撃\,21}(t) \tag{10.49}$$

であるため，(10.47) 式と (10.48) 式を辺々足し合わせることによって

$$m_1\boldsymbol{v}_1 + m_2\boldsymbol{v}_2 = m_1\boldsymbol{v}'_1 + m_2\boldsymbol{v}'_2 \tag{10.50}$$

が成り立つことがわかる．これは，衝突前後で二つの質点の運動量の和が保存していることを表しており，衝突現象を記述する上で根本的な役割を演じる．

完全弾性衝突

衝突の際に力学的エネルギーが保存する場合，これを完全弾性衝突と呼び

$$\frac{m_1}{2}v_1^2 + \frac{m_2}{2}v_2^2 = \frac{m_1}{2}{v'_1}^2 + \frac{m_2}{2}{v'_2}^2 \tag{10.51}$$

が成り立つ．(10.50) 式と (10.51) 式を連立させることにより衝突前の状態 ($\boldsymbol{v}_1$, $\boldsymbol{v}_2$) と衝突後の状態 ($\boldsymbol{v}'_1$, $\boldsymbol{v}'_2$) の関係を導くことができる．

例題 10.7 質点 m_1 と m_2 の直衝突を考える．衝突前の速度をそれぞれ v_1 と v_2 とする (図 10.5)．完全弾性衝突であるとして，衝突後のそれぞれの質点の速度を求めなさい．

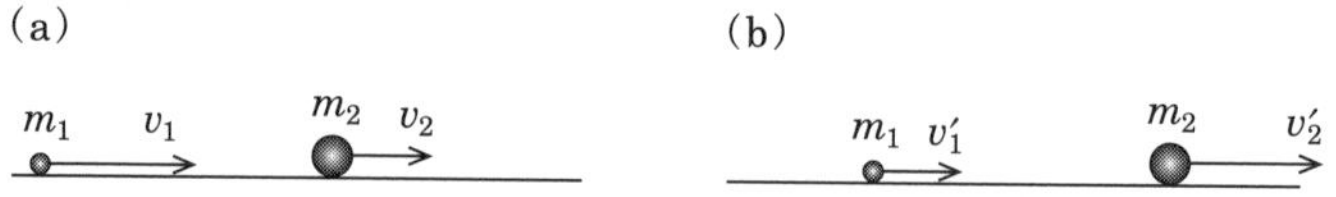

図 10.5 直線上の完全弾性衝突. (a) 衝突前と, (b) 衝突後.

解 運動量保存則より

$$m_1 v_1 + m_2 v_2 = m_1 v_1' + m_2 v_2'$$

したがって

$$m_1(v_1 - v_1') = -m_2(v_2 - v_2'). \tag{10.52}$$

力学的エネルギー保存の式 (10.51) を少し変形すると,

$$\frac{m_1}{2}(v_1^2 - {v_1'}^2) = -\frac{m_2}{2}(v_2^2 - {v_2'}^2). \tag{10.53}$$

(10.52) 式で (10.53) 式を辺々割ると,

$$v_1 + v_1' = v_2 + v_2'. \tag{10.54}$$

(10.52) 式と (10.54) 式を連立させて,

$$v_1' = \frac{m_1 - m_2}{m_1 + m_2} v_1 + \frac{2m_2}{m_1 + m_2} v_2, \tag{10.55}$$

$$v_2' = \frac{2m_1}{m_1 + m_2} v_1 - \frac{m_1 - m_2}{m_1 + m_2} v_2. \tag{10.56}$$

□

例題 10.8 質点 m_1 が静止している質点 m_2 と衝突し, 質点 m_2 は質点 m_1 の入射時の進行方向と比べて角度 ϕ だけずれた方向へ散乱された. 衝突は完全弾性衝突であるとして, 質点 m_1 の入射方向と衝突後に散乱されていく方向とのなす角 θ を求める式を導きなさい.

解 衝突前の質点 m_1 の速さを v_0, 衝突後の質点 m_1 と m_2 の速さをそれぞれ v_1, v_2 とすると, 入射時の進行方向, およびそれに垂直な方向に対する運動量保存則より

$$m_1 v_0 = m_1 v_1 \cos\theta + m_2 v_2 \cos\phi, \tag{10.57}$$

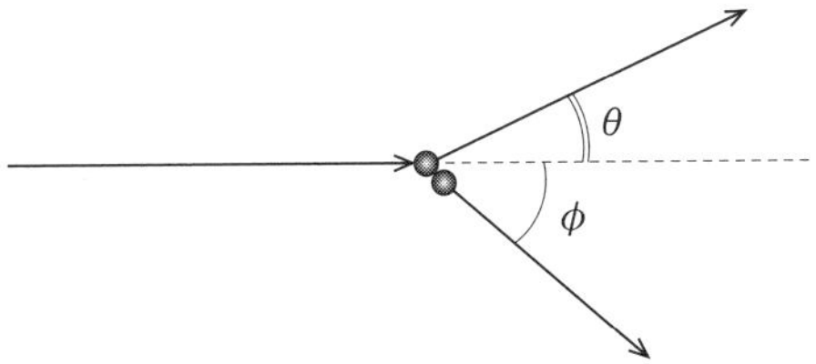

図 10.6　2 次元の完全弾性衝突.

$$0 = m_1 v_1 \sin\theta - m_2 v_2 \sin\phi. \tag{10.58}$$

衝突が完全弾性的であることから,

$$\frac{m_1}{2}v_0^2 = \frac{m_1}{2}v_1^2 + \frac{m_2}{2}v_2^2. \tag{10.59}$$

(10.58) 式より,

$$v_2 = v_1 \frac{m_1 \sin\theta}{m_2 \sin\phi}. \tag{10.60}$$

これを (10.57) 式に代入すると,

$$v_0 = v_1 \cos\theta \left(1 + \frac{\tan\theta}{\tan\phi}\right). \tag{10.61}$$

(10.60), (10.61) 式を (10.59) 式に代入する. ここで, $1/\cos\theta^2 = 1 + \tan^2\theta$ などの関係を用いて整理すると $\tan^2\theta$ に関する 2 次方程式が得られ, 二つの解のうち 1 直線上の衝突 $\theta = 0$ を除くと

$$\theta = \tan^{-1}\left(\frac{m_2 \sin 2\phi}{m_1 - m_2 \cos 2\phi}\right) \tag{10.62}$$

が得られる. □

非弾性衝突

衝突の前後で力学的エネルギーが保存しない場合を非弾性衝突と呼ぶ. 衝突の衝撃で物体に熱や音などが生じ, エネルギーが力学的エネルギー以外のかたちに変わって逃げて行ってしまうことにより保存則が成り立たなくなる. 非弾性衝突を記述するのに, **反発係数** (あるいは, **跳ね返り係数**とも呼ぶ) e が用いられる.

これは衝突前後における相対速度の，撃力に平行な成分の大きさの比，すなわち

$$e = \frac{\text{衝突後の相対速度の撃力に平行な成分の大きさ}}{\text{衝突前の相対速度の撃力に平行な成分の大きさ}} \tag{10.63}$$

と定義される．

反発係数は $0 \leqq e \leqq 1$ を満たす．$e = 1$ は完全弾性衝突に対応する．$e = 0$ は完全非弾性衝突と呼ばれる．

例題 10.9 反発係数が $0 < e < 1$ である床との非弾性衝突を考える．図 10.7 のように，高さが $y = h$ の場所からそっと手を離し質点を自由落下させる．すると，床に落ちて跳ね返る．

(1) 床の反発係数を $0 < e < 1$ として，跳ね返った瞬間の質点の速さを求めなさい．

(2) 質点はこの跳ね返り運動を繰り返す．n 回目に跳ね返った瞬間の質点の速さを求めなさい．

(3) この質点は永久に跳ね返り運動を繰り返すのだろうか？　それともそうではないのだろうか？　理由とともに答えを述べなさい．

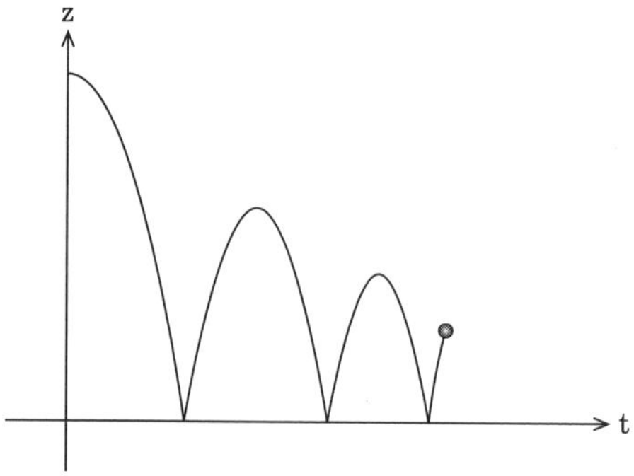

図 10.7　床との非弾性衝突．

解　(1) 最初床に到達する直前の質点の速さは，$\sqrt{2gh}$．よって，跳ね返っ

た瞬間の速さは $e\sqrt{2gh}$.

(2) 2 回目に床に到達するときの速度は，$e\sqrt{2gh}$. よって，2 回目に跳ね返った瞬間の速さは $e^2\sqrt{2gh}$. これを繰り返して，n 回目に跳ね返った瞬間の速さは $e^n\sqrt{2gh}$.

(3) n 回目に跳ね返ってからまた床に到達するまでの時間を ΔT_n とすると，$\Delta T_n = 2e^n\sqrt{\dfrac{2h}{g}}$. これを無限回足すと，

$$\begin{aligned}\sum_{n=1}^{\infty} \Delta T_n &= \sum_{n=1}^{\infty} 2e^n\sqrt{\frac{2h}{g}} \\ &= 2\sqrt{\frac{2h}{g}}e(1+e+e^2+\cdots) \\ &= \frac{2e}{1-e}\sqrt{\frac{2h}{g}} \end{aligned} \tag{10.64}$$

となり，有限の時間となる．よって，跳ね返り運動を永久に繰り返すことはない．

□

例題 10.10 二つの質点の 1 次元的な非弾性衝突: x 軸上を運動する質点 m_1 と m_2 の衝突前の速度をそれぞれ v_1 と v_2 とする．衝突の反発係数を e として，衝突後のそれぞれの質点の速度 v_1' と v_2' を求めなさい．

解 運動量保存の法則より，

$$m_1 v_1 + m_2 v_2 = m_1 v_1' + m_2 v_2'. \tag{10.65}$$

反発係数は，

$$e = \frac{v_2' - v_1'}{v_1 - v_2}. \tag{10.66}$$

(10.65), (10.66) 式を連立させて，

$$v_1' = \frac{m_1 - em_2}{m_1 + m_2}v_1 + \frac{(1+e)m_2}{m_1 + m_2}v_2, \tag{10.67}$$

$$v_2' = \frac{(1+e)m_1}{m_1 + m_2}v_1 - \frac{em_1 - m_2}{m_1 + m_2}v_2 \tag{10.68}$$

が得られる．$e = 1$ とすると，先述の完全弾性衝突の場合の答えと一致する．また，$e = 0$ とすると衝突後に 2 質点は 1 体となって運動することがわかる． □

例題 10.11 図 10.8 のように壁の法線方向に対して角度 θ で入射した質量 m の粒子は，壁との衝突後どのような運動をするか？ 法線方向の反発係数を e, 粒子と壁との摩擦は無視できるものとして議論しなさい．

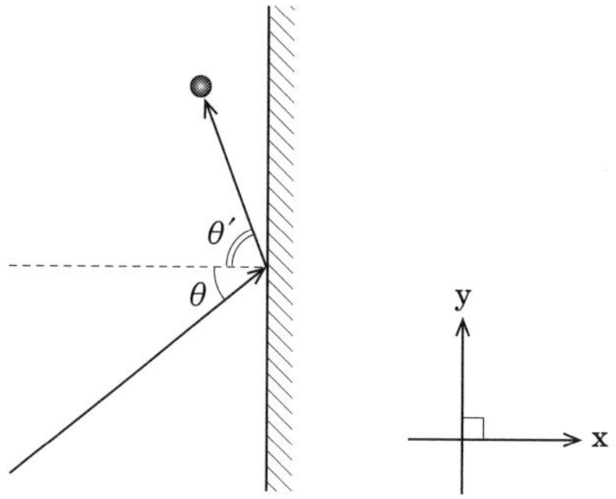

図 10.8　壁との斜め非弾性衝突．

解 図 10.8 において，壁の法線方向に x 軸，それに垂直に y 軸をとる．衝突後の速度を (v_x', v_y') とすると，x 軸方向については反発係数を用いて

$$e = -\frac{v_x'}{v_x}. \tag{10.69}$$

y 軸方向に粒子は力を受けないので

$$mv_y = mv_y'. \tag{10.70}$$

よって，衝突後に粒子の進む方向と壁の法線とのなす角 θ' は，

$$\theta' = \tan^{-1}\left(-\frac{v_y'}{v_x'}\right) = \tan^{-1}\left(\frac{v_y}{ev_x}\right) \neq \tan^{-1}\left(\frac{v_y}{v_x}\right) = \theta. \tag{10.71}$$

また，衝突前後の運動エネルギーの変化を調べてみると，

$$\frac{m}{2}({v_x'}^2 + {v_y'}^2) - \frac{m}{2}(v_x^2 + v_y^2) = \frac{m}{2}(e^2 - 1)v_x^2 \leqq 0 \tag{10.72}$$

となり，$0 \leqq e < 1$ の場合にはエネルギー損失が生じることがわかる． □

例題 10.12 静止している質点に別の質点を衝突させる例題 10.8 で，非弾性衝突の場合に θ はどのように表されるか？

解 座標軸として，標的粒子が飛び去る向きに x 軸，それに垂直，かつ 2 粒子が運動する平面内に y 軸をとる．x, y 各成分の運動量保存則より，

$$m_1 v_0 \cos\phi = m_1 v_1 \cos(\theta+\phi) + m_2 v_2, \tag{10.73}$$

$$v_0 \sin\phi = v_1 \sin(\theta+\phi). \tag{10.74}$$

撃力が働く方向は，定義より x 軸方向となる．よって，

$$e = \frac{v_2 - v_1\cos(\theta+\phi)}{v_0\cos\phi}. \tag{10.75}$$

(10.74) 式より，

$$v_1 = \frac{\sin\phi}{\sin(\theta+\phi)} v_0. \tag{10.76}$$

これを (10.73) 式に代入することで，

$$v_2 = \frac{m_1}{m_2}\left\{\cos\phi - \frac{\sin\phi}{\tan(\theta+\phi)}\right\} \tag{10.77}$$

を得る．(10.76), (10.77) 式を (10.75) 式に代入することで，

$$\tan(\theta+\phi) = \frac{m_1+m_2}{m_1 - e m_2}\tan\phi \tag{10.78}$$

となり，三角関数の合成の公式を用いると，

$$\tan\theta = \frac{m_2\sin 2\phi}{m_1 - m_2(e\cos^2\phi - \sin^2\phi)} \tag{10.79}$$

となることがわかる．完全弾性衝突の場合の結果 (10.62) と比べると，非弾性衝突の場合には θ は減少する傾向にあることがわかる． □

10.6 分裂

次に，一つの物体がバラバラになっていくつかの部分に分裂する場合を考えよう．いずれも質点として扱い，分裂前の質量と速度を M と $\boldsymbol{V}$, 分裂後の各部分の質量と速度を m_i と $\boldsymbol{v}_i$ $(i=1,\ldots,N)$ とする．分裂を生じさせる力は内力であり，外力は働いていない．よって，運動量保存則より，

$$M\boldsymbol{V} = \sum_i m_i \boldsymbol{v}_i \tag{10.80}$$

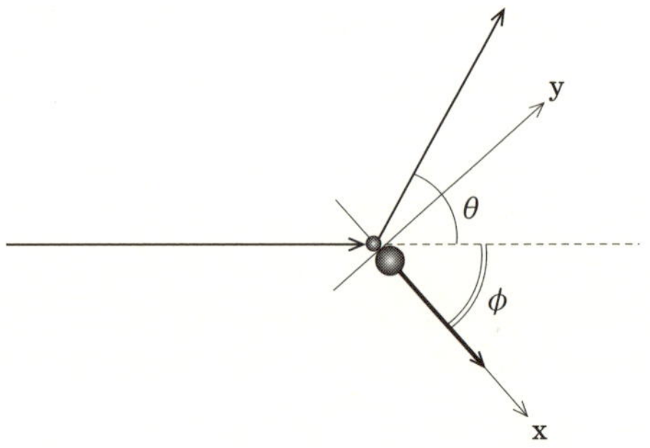

図 10.9　標的粒子との非弾性衝突.

が成り立つ.

例題 10.13　静止していた一つの岩石をダイナマイトで爆破したところ，三つの破片に分裂して飛散した (図 10.10). そのうち二つの破片は爆発直後にキャッチすることができ，それぞれ質量が m_1 と m_2, 速度が $\boldsymbol{v}_1$ と $\boldsymbol{v}_2$ だったことがわかっている．しかし，残り一つの破片を見失ってしまった．実は破壊前に，岩石のなかにはダイヤが埋まっているという見当がついていた．そこで細かく砕いて取り出しやすくしようとしたわけだが，見つかった二つの破片には残念ながらダイヤがなかった．肝心の残りの破片をぜひとも見つけ出したい．どの辺りにあるのか見当をつけるには，残りの破片の爆発時の速度と運動エネルギーを知ることが肝要である．いくつになるだろうか？　ただし，分裂前の岩石の質量は M であったことがわかっていたものとする.

解　残りの破片の爆発直後の速度を $\boldsymbol{v}_3$ とすると，質量は $M - m_1 - m_2$ となるので，運動量保存則より，

$$0 = m_1\boldsymbol{v}_1 + m_2\boldsymbol{v}_2 + (M - m_1 - m_2)\boldsymbol{v}_3. \tag{10.81}$$

したがって

$$\boldsymbol{v}_3 = -\frac{m_1\boldsymbol{v}_1 + m_2\boldsymbol{v}_2}{M - m_1 - m_2}. \tag{10.82}$$

また，運動エネルギーは

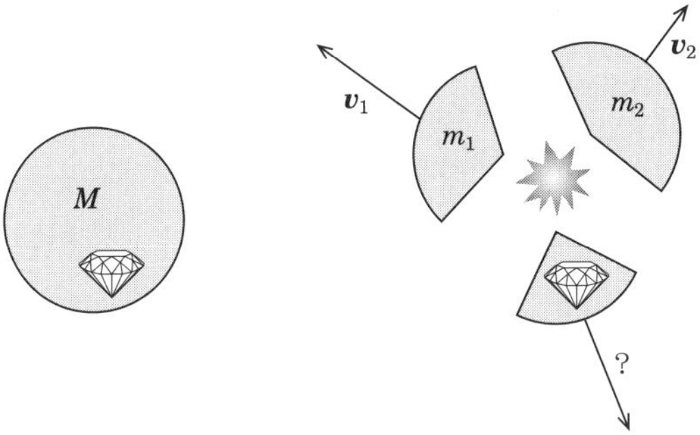

図 10.10 ダイナマイトによる岩石の分裂の問題.

$$\frac{M - m_1 - m_2}{2} v_3^2 = \frac{m_1^2 v_1^2 + m_2^2 v_2^2 + 2 m_1 m_2 \boldsymbol{v}_1 \cdot \boldsymbol{v}_2}{2(M - m_1 - m_2)}. \tag{10.83}$$

□

10.7 質量が連続変化する物体の運動

質量が連続的に変化する物体の運動を議論しよう．まず，質量が連続的に増加して行く場合を考えよう．時刻 t において，質量 m を持ち速度が $\boldsymbol{v}$ である物体と微小質量 $dm > 0$ を持ち速度が $\boldsymbol{v}'$ である物体が存在し，これらが微小時間 dt 後一つに結合したとする．微小変化の 1 次までを考えると，時間 dt における運動量の変化分は

$$\begin{aligned} d\boldsymbol{p} &= (m + dm)(\boldsymbol{v} + d\boldsymbol{v}) - (m\boldsymbol{v} + dm\boldsymbol{v}') \\ &= m d\boldsymbol{v} + dm(\boldsymbol{v} - \boldsymbol{v}') + \mathcal{O}(dt^2) \end{aligned} \tag{10.84}$$

となる．次に，質量が連続的に減少していく場合を考えよう．時刻 t において質量 m で速度が $\boldsymbol{v}$ であった物体が，微小時間 dt 後に質量 $m + dm$ (ただし，$dm < 0$) を持ち速度が $\boldsymbol{v} + d\boldsymbol{v}$ の部分と，微小質量 $-dm$ を持ち速度が $\boldsymbol{v}'$ の部分の二つに分かれたとしよう．この場合の運動量の変化分は

$$d\boldsymbol{p} = \left\{(m + dm)(\boldsymbol{v} + d\boldsymbol{v}) - dm\boldsymbol{v}'\right\} - m\boldsymbol{v} \tag{10.85}$$

となり，(10.84) 式の 1 行目とまったく同じかたちになる．よって，質量が増加する場合 ($dm > 0$) と減少する場合 ($dm < 0$) をまとめて議論することができる．第 3 章，(3.14) 式で紹介したように，質量が変化する物体についても運動方程式は

$$\frac{d\boldsymbol{p}}{dt} = \boldsymbol{F}. \tag{10.86}$$

で与えられる．ここで，$\boldsymbol{F}$ は外力である．(10.86) 式に (10.84) 式を代入すると，

$$m\frac{d\boldsymbol{v}}{dt} + \frac{dm}{dt}(\boldsymbol{v} - \boldsymbol{v}') = \boldsymbol{F}. \tag{10.87}$$

少し変形すると，

$$m\frac{d\boldsymbol{v}}{dt} = \boldsymbol{F} + \frac{dm}{dt}(\boldsymbol{v}' - \boldsymbol{v}). \tag{10.88}$$

$\boldsymbol{v}' - \boldsymbol{v}$ は，物体から見た微小物体の相対速度となっている．

この式を用いると，たとえば雨滴の落下の問題で，雨滴の凝縮や蒸発の過程まで取り込むことができる．また，ロケットが燃料ガスを噴出することで推進力を得ることも説明できる．

例題 10.14 質量 M のロケットを鉛直上向きに打ち上げる．鉛直下向きにロケットに対する相対速度 v_0，単位時間あたり質量 ρ の割合で燃料ガスを噴出できるとして，ロケットの運動を議論しなさい．

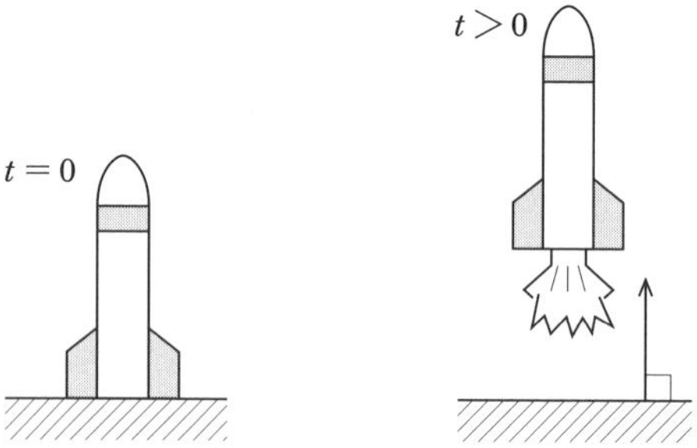

図 10.11　ロケット．

解 ロケットと一緒に運動していた燃料が連続的に分離していく問題と見なせる．微小時間 dt における運動量変化は，

$$dp = (M - \rho t - \rho\, dt))(v + dv) + \rho\, dt(v - v_0) - (M - \rho t)v$$
$$= (M - \rho t)dv - \rho v_0 dt + \mathcal{O}(dt^2). \tag{10.89}$$

よって，運動方程式は

$$(M - \rho t)\frac{dv}{dt} = -(M - \rho t)g + \rho v_0. \tag{10.90}$$

したがって，

$$\frac{dv}{dt} = -g + \frac{\rho v_0}{M - \rho t}. \tag{10.91}$$

$t = 0$ を打ち上げの時刻としてこれを積分すると，時刻 t における速度および高度は

$$v = -gt + v_0 \log \frac{M}{M - \rho t}, \tag{10.92}$$

$$z = -\frac{g}{2}t^2 + \frac{Mv_0}{\rho}\left\{\left(1 - \frac{\rho t}{M}\right)\log\left(1 - \frac{\rho t}{M}\right) + \frac{\rho t}{M}\right\}. \tag{10.93}$$

□

例題 10.15 蛇が床でとぐろを巻いている (図 10.12)．蛇遣いが蛇の首根っこをひっつかんで引き上げている．このとき，どれくらいの力が必要か？ 蛇の単位長さあたりの質量密度は一様に ρ とし，引き上げられた部分の長さが x (大人しい蛇のため，引き上げられた部分はまっすぐ鉛直線に平行に伸びているとする．また，蛇の伸び縮みは無視できるとする)，速度が v, 加速度が a である瞬間に必要な力を見積もりなさい．

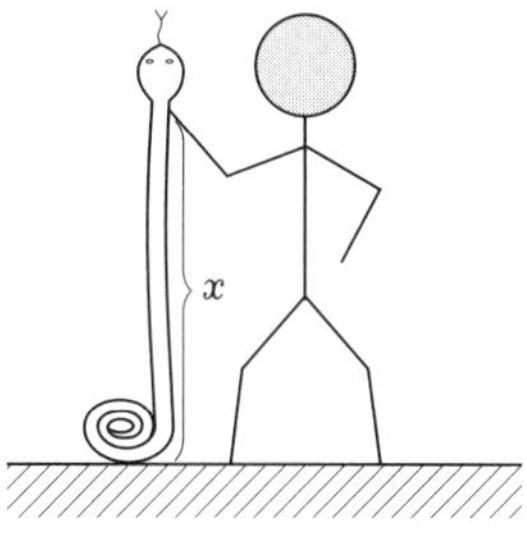

図 10.12 蛇を引き上げる問題．

解 引き上げられている部分に床の上で静止している部分 (とぐろを巻いている部分) が連続的に結合していく問題と見なせる．よって，微小時間 dt の間における引き上げられた部分の運動量変化は，

$$dp = (\rho x + \rho v\,dt)(v + dv) - \rho xv$$
$$= \rho x dv + \rho v^2 dt + \mathcal{O}(dt^2). \tag{10.94}$$

引き上げられた部分に作用する外力は，重力 $-\rho gx$ および蛇遣いが加えている力 F である．また，$dx/dt = v$, $dv/dt = a$ であるから，運動方程式は

$$\frac{dp}{dt} = \rho xa + \rho v^2 = -\rho gx + F.$$

よって，求める答えは

$$F = \rho(xg + xa + v^2). \tag{10.95}$$

□

10.8 連成振動

複数の質点がばねで繋がれている状況を考える．ここで生じる振動を連成振動という．全系の長さを固定して質点の数を無限個にする極限を考えると弦の波動方程式が得られる (付録 (p.220) 参照).

10.8.1 質点が 2 個の場合

図 10.13 のように，二つの質点がばねで繋がれている問題を考える．バネは三つとも同じものとする．時刻 t における 1,2 番目のおもりの，釣り合いの位置からの変位 (ずれ) を $u_1(t)$, $u_2(t)$ とする．ばねが 2 個の場合でも，後に見るようにうなり現象のような複雑なパターンの振動が起こり得る．しかし重要なポイントは，すべてのパターンが結局は振動数が異なる二つの調和振動の重ね合わせで書かれる，という点である．これら二つの調和振動のことを**モード**と呼ぶ．ここで，モードが二つ現れる理由は質点数が 2 だからである．すなわち系の自由度の数だけモードが存在する．質点が N 個になれば N 個のモードの重ね合わせになる．ここでは 1 次元的な振動のみを考えるが，高い次元の振動を考えればそれに応じ

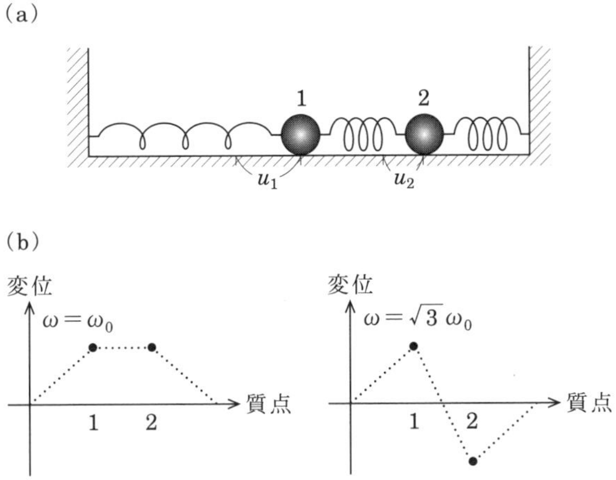

図 10.13 (a) 質点が 2 個の場合の連成振動. (b) 二つのモード. ある瞬間の質点の変位を縦軸に表している.

てモードの数も増える.

以下, 実際に運動方程式を解いて, 一般解が二つのモードの重ね合わせで書かれることを見てみよう. 運動方程式は

$$\begin{cases} m\ddot{u}_1(t) = -2ku_1(t) + ku_2(t) \\ m\ddot{u}_2(t) = ku_1(t) - 2ku_2(t) \end{cases} \tag{10.96}$$

となる. これを行列のかたちにまとめると,

$$m\begin{pmatrix} \ddot{u}_1(t) \\ \ddot{u}_2(t) \end{pmatrix} = \begin{pmatrix} -2k & k \\ k & -2k \end{pmatrix}\begin{pmatrix} u_1(t) \\ u_2(t) \end{pmatrix} \tag{10.97}$$

となる. ここで,

$$\begin{pmatrix} u_1(t) \\ u_2(t) \end{pmatrix} = \begin{pmatrix} A \\ B \end{pmatrix}\cos(\omega t + \delta) \tag{10.98}$$

と置いてみる. 上の方程式に代入して, $\cos(\omega t + \delta)$ を払うと

$$-m\omega^2\begin{pmatrix} A \\ B \end{pmatrix} = \begin{pmatrix} -2k & k \\ k & -2k \end{pmatrix}\begin{pmatrix} A \\ B \end{pmatrix}. \tag{10.99}$$

これは**行列の固有値問題**のかたちをしている. そして, 固有値が $-m\omega^2$, 固有ベクトルが (A, B) となっている.

例題 10.16 行列

$$\begin{pmatrix} 1 & 1 \\ 1 & 1 \end{pmatrix} \tag{10.100}$$

に対する固有値，固有ベクトルを求めなさい．

解

$$\begin{pmatrix} 1 & 1 \\ 1 & 1 \end{pmatrix} \begin{pmatrix} a \\ b \end{pmatrix} = \lambda \begin{pmatrix} a \\ b \end{pmatrix} \tag{10.101}$$

としたときの，λ が固有値，$\begin{pmatrix} a \\ b \end{pmatrix}$ が固有ベクトル．これらを求める．右辺を左辺に移項して，

$$\begin{pmatrix} 1-\lambda & 1 \\ 1 & 1-\lambda \end{pmatrix} \begin{pmatrix} a \\ b \end{pmatrix} = 0. \tag{10.102}$$

これが自明な解 $a=b=0$ 以外の解を持つための条件は，

$$\begin{vmatrix} 1-\lambda & 1 \\ 1 & 1-\lambda \end{vmatrix} = (1-\lambda)^2 - 1 = \lambda(\lambda-2) = 0. \tag{10.103}$$

よって，

$$\lambda = 0,\ 2. \tag{10.104}$$

$\lambda = 0$ に対する固有ベクトルは

$$\begin{pmatrix} 1 & 1 \\ 1 & 1 \end{pmatrix} \begin{pmatrix} a \\ b \end{pmatrix} = 0 \tag{10.105}$$

より，

$$C_1 \begin{pmatrix} 1 \\ -1 \end{pmatrix} \tag{10.106}$$

ここで，C_1 は任意の定数である．一点注意しておくと．未知数は a, b であるが，a, b を決める方程式が一本 $a+b=0$ しかないので，a と b の比だけが決まる．これは固有値問題の特徴である．

　$\lambda = 2$ に対する固有ベクトルは

$$\begin{pmatrix} 1 & 1 \\ 1 & 1 \end{pmatrix} \begin{pmatrix} a \\ b \end{pmatrix} = 2 \begin{pmatrix} a \\ b \end{pmatrix} \tag{10.107}$$

より，

$$C_2 \begin{pmatrix} 1 \\ 1 \end{pmatrix}. \tag{10.108}$$

C_2 も任意の定数である． □

例題 10.16 の固有値問題と同様の方法で，(10.99) 式を実際に解いてみる．左辺を右辺に移項して，

$$\begin{pmatrix} m\omega^2 - 2k & k \\ k & m\omega^2 - 2k \end{pmatrix} \begin{pmatrix} A \\ B \end{pmatrix} = 0. \tag{10.109}$$

$A = B = 0$ 以外の解を持つための必要十分条件は，永年方程式 (係数行列式 $=$ 0) すなわち

$$\begin{vmatrix} m\omega^2 - 2k & k \\ k & m\omega^2 - 2k \end{vmatrix} = (m\omega^2 - 2k)^2 - k^2 = 0 \tag{10.110}$$

となる．この式から

$$\omega = \sqrt{\frac{k}{m}},\ \sqrt{\frac{3k}{m}}. \tag{10.111}$$

が求まる．以下，$\omega_0 = \sqrt{\dfrac{k}{m}}$ とおく．

それぞれの固有値に対する固有ベクトル (A, B) を求める．

- $\omega = \omega_0$ のとき，

$$\begin{pmatrix} -k & k \\ k & -k \end{pmatrix} \begin{pmatrix} A \\ B \end{pmatrix} = 0 \tag{10.112}$$

より，

$$\begin{pmatrix} A \\ B \end{pmatrix} = C_1 \begin{pmatrix} 1 \\ 1 \end{pmatrix} \tag{10.113}$$

と書ける．C_1 は定数．

- $\omega = \sqrt{3}\omega_0$ のとき，

$$\begin{pmatrix} k & k \\ k & k \end{pmatrix} \begin{pmatrix} A \\ B \end{pmatrix} = 0 \tag{10.114}$$

より，

$$\begin{pmatrix} A \\ B \end{pmatrix} = C_2 \begin{pmatrix} 1 \\ -1 \end{pmatrix} \tag{10.115}$$

と書ける．C_2 は定数．

以上より，一般解は

$$\begin{pmatrix} u_1(t) \\ u_2(t) \end{pmatrix} = C_1 \begin{pmatrix} 1 \\ 1 \end{pmatrix} \cos(\omega_0 t + \delta_1) + C_2 \begin{pmatrix} 1 \\ -1 \end{pmatrix} \cos\left(\sqrt{3}\omega_0 t + \delta_2\right). \tag{10.116}$$

$C_1, C_2, \delta_1, \delta_2$ は初期条件から決まる．

この一般解を見ると，冒頭に述べたように，2 個の振動子の運動は二つのモード

$$\begin{pmatrix} 1 \\ 1 \end{pmatrix} \cos(\omega_0 t + \delta_1) \tag{10.117}$$

と

$$\begin{pmatrix} 1 \\ -1 \end{pmatrix} \cos\left(\sqrt{3}\omega_0 t + \delta_2\right) \tag{10.118}$$

の重ね合わせで書かれていることがわかる．

それぞれのモードの振動の様子は図 (10.13)(b) (p.177) に示されているとおりである．振動数が低い $\omega = \omega_0$ のモードは二つの振動子が同位相となっている．たとえば，ある瞬間に左側の質点が右向きに変位していれば，右側の質点も右向きに変位している．それに対し，振動数が高い $\omega = \sqrt{3}\omega_0$ のモードは二つの振動子が逆位相となっていて，ある瞬間に左側の質点が右向きに変位していれば，右側の質点は左向きに変位している．ある瞬間の変位 u_1 と u_2 を図 (10.13) (b) のように折れ線グラフで結ぶと，振動数が高いモードの方が折れ線グラフの符号変化，すなわち**節 (ゼロ点)** の数が多いという特徴が見てとれる．

うなり

振動数が異なる音叉（おんさ）を同時にならすと，音の大きさが周期的に変化する様子を聴いたことがあるだろう．この現象をうなりという．音に限らず，二つの異なる振動モードが重ね合わされると，うなりが生じる．具体的に初期条件 $u_1(0) = A$, $u_2(0) = 0$, $\dot{x}_1(0) = \dot{x}_2(0) = 0$ を与えた場合の解を調べ，うなりが生じる様子を見てみよう．

一般解 (10.116) に初期条件を課すと，

$$\begin{cases} C_1\cos\delta_1 + C_2\cos\delta_2 = A, \\ C_1\cos\delta_1 - C_2\cos\delta_2 = 0, \\ C_1\omega_0\sin\delta_1 + C_2\sqrt{3}\omega_0\sin\delta_2 = 0, \\ C_1\omega_0\sin\delta_1 - C_2\sqrt{3}\omega_0\sin\delta_2 = 0. \end{cases} \tag{10.119}$$

上の 2 式から，

$$C_1\cos\delta_1 = C_2\cos\delta_2 = \frac{A}{2}, \tag{10.120}$$

下の 2 式から

$$C_1\omega_0\sin\delta_1 = C_2\sqrt{3}\omega_0\sin\delta_2 = 0. \tag{10.121}$$

よって，

$$\delta_1 = \delta_2 = 0, \tag{10.122}$$

$$C_1 = C_2 = \frac{A}{2}. \tag{10.123}$$

ゆえに，

$$u_1(t) = \frac{A}{2}\left(\cos\omega_0 t + \cos\sqrt{3}\omega_0 t\right), \tag{10.124}$$

$$u_2(t) = \frac{A}{2}\left(\cos\omega_0 t - \cos\sqrt{3}\omega_0 t\right). \tag{10.125}$$

ここで，

$$\cos(\alpha+\beta) \pm \cos(\alpha-\beta) = \begin{cases} 2\cos\alpha\cos\beta \\ -2\sin\alpha\sin\beta \end{cases} \tag{10.126}$$

の関係を用いると，$\alpha = \frac{1}{2}\omega_0 t + \frac{\sqrt{3}}{2}\omega_0 t$, $\beta = \frac{1}{2}\omega_0 t - \frac{\sqrt{3}}{2}\omega_0 t$ とすればちょうど当てはまるので，

$$u_1 = A\cos\frac{\sqrt{3}-1}{2}\omega_0 t\cos\frac{\sqrt{3}+1}{2}\omega_0 t, \tag{10.127}$$

$$u_2 = A\sin\frac{\sqrt{3}-1}{2}\omega_0 t\sin\frac{\sqrt{3}+1}{2}\omega_0 t \tag{10.128}$$

となる．

u_1 と u_2 のそれぞれの式より，振動数が $\frac{\sqrt{3}+1}{2}\omega_0$ の速い振動があって，それ

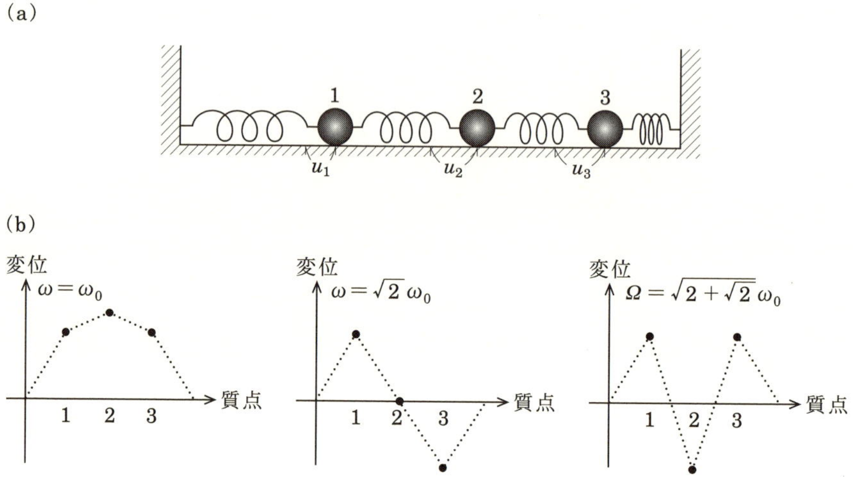

図 10.14 (a) 質点が 3 個の場合の連成振動. (b) 三つのモード. ある瞬間の質点の変位を縦軸に表している.

に対し振幅が振動数 $\dfrac{\sqrt{3}-1}{2}\omega_0$ でゆっくりと変化しているように見てとれる. すなわち, うなりが生じている. u_1 と u_2 の振幅の位相はそれぞれ $\dfrac{\pi}{2}$ ずれている (片方が cos もう一方は sin). よって片方の振幅が最大 (ゼロ) のとき, もう一方の振幅はゼロ (最大) となる.

10.8.2 質点が 3 個の場合

質点が三つの場合を考えよう (図 10.14). この場合の運動方程式は,

$$\begin{cases} m\ddot{u}_1(t) = -ku_1(t) + k(u_2(t) - u_1(t)) = -2ku_1(t) + ku_2(t), \\ m\ddot{u}_2(t) = -k(u_2(t) - u_1(t)) + k(u_3(t) - u_2(t)) = ku_1(t) - 2ku_2(t) + ku_3(t), \\ m\ddot{u}_3(t) = -k(u_3(t) - u_2(t)) - ku_3(t) = ku_2(t) - 2ku_3(t). \end{cases} \tag{10.129}$$

ここで,

$$\begin{pmatrix} u_1(t) \\ u_2(t) \\ u_3(t) \end{pmatrix} = \begin{pmatrix} A \\ B \\ C \end{pmatrix} \cos(\omega t + \delta) \tag{10.130}$$

とおき, 運動方程式に代入すると,

$$-m\omega^2\begin{pmatrix}A\\B\\C\end{pmatrix}=\begin{pmatrix}-2k & k & 0\\ k & -2k & k\\ 0 & k & -2k\end{pmatrix}\begin{pmatrix}A\\B\\C\end{pmatrix}. \tag{10.131}$$

すなわち，

$$\begin{pmatrix}m\omega^2-2k & k & 0\\ k & m\omega^2-2k & k\\ 0 & k & m\omega^2-2k\end{pmatrix}\begin{pmatrix}A\\B\\C\end{pmatrix}. \tag{10.132}$$

$A=B=C=0$ 以外の解を持つための条件は，

$$\begin{aligned}&\begin{vmatrix}m\omega^2-2k & k & 0\\ k & m\omega^2-2k & k\\ 0 & k & m\omega^2-2k\end{vmatrix}\\ &=(m\omega^2-2k)^3-2k^2(m\omega^2-2k)\\ &=((m\omega^2-2k)^2-2k^2)(m\omega^2-2k)\\ &=(m\omega^2-2k+\sqrt{2}k)(m\omega^2-2k-\sqrt{2}k)(m\omega^2-2k)\\ &=0.\end{aligned} \tag{10.133}$$

よって，合計三つの固有値

$$\omega=\sqrt{2}\omega_0,\ \omega_0\sqrt{2\pm\sqrt{2}} \tag{10.134}$$

が得られる．ただし，$\omega_0=\sqrt{\dfrac{k}{m}}$ としている．

固有ベクトルを求めよう．

- $\omega=\omega_0\sqrt{2-\sqrt{2}}$ のとき，

$$\begin{pmatrix}-\sqrt{2}k & k & 0\\ k & -\sqrt{2}k & k\\ 0 & k & -\sqrt{2}k\end{pmatrix}\begin{pmatrix}A\\B\\C\end{pmatrix}. \tag{10.135}$$

よって，

$$\begin{pmatrix}A\\B\\C\end{pmatrix}=C_1\begin{pmatrix}1\\ \sqrt{2}\\ 1\end{pmatrix}. \tag{10.136}$$

- $\omega=\sqrt{2}\omega_0$ のとき，

$$\begin{pmatrix} 0 & k & 0 \\ k & 0 & k \\ 0 & k & 0 \end{pmatrix} \begin{pmatrix} A \\ B \\ C \end{pmatrix} = 0. \tag{10.137}$$

よって，

$$\begin{pmatrix} A \\ B \\ C \end{pmatrix} = C_2 \begin{pmatrix} 1 \\ 0 \\ -1 \end{pmatrix}. \tag{10.138}$$

- $\omega = \omega_0\sqrt{2+\sqrt{2}}$ のとき，

$$\begin{pmatrix} \sqrt{2}k & k & 0 \\ k & \sqrt{2}k & k \\ 0 & k & \sqrt{2}k \end{pmatrix} \begin{pmatrix} A \\ B \\ C \end{pmatrix} = 0. \tag{10.139}$$

よって，

$$\begin{pmatrix} A \\ B \\ C \end{pmatrix} = C_3 \begin{pmatrix} 1 \\ -\sqrt{2} \\ 1 \end{pmatrix}. \tag{10.140}$$

以上より，一般解は

$$\begin{aligned} \begin{pmatrix} u_1(t) \\ u_2(t) \\ u_3(t) \end{pmatrix} =& C_1 \begin{pmatrix} 1 \\ \sqrt{2} \\ 1 \end{pmatrix} \cos(\sqrt{2-\sqrt{2}}\omega_0 t + \delta_1) + C_2 \begin{pmatrix} 1 \\ 0 \\ -1 \end{pmatrix} \cos(\sqrt{2}\omega_0 t + \delta_2) \\ &+ C_3 \begin{pmatrix} 1 \\ -\sqrt{2} \\ 1 \end{pmatrix} \cos(\sqrt{2+\sqrt{2}}\omega_0 t + \delta_3) \end{aligned} \tag{10.141}$$

となり，三つのモードの重ね合わせで書かれることがわかる．図 10.14 (b) には，それぞれのモードに対する，ある瞬間の各質点の変位が図示されている．振動数が一番低いモード ($\omega = \sqrt{2-\sqrt{2}}\omega_0$) では三つの質点の位相はすべて等しい．次に振動数の低いモード ($\omega = \sqrt{2}\omega_0$) では，真ん中の質点は静止し続け，左端と右端の質点は位相が逆になっている．一番高い振動数のモード ($\omega = \sqrt{2+\sqrt{2}}\omega_0$) では，左端と右端の質点の位相が同じで，真ん中の質点だけ逆位相になっている．それぞれの質点の変位を折れ線グラフで結ぶと，質点数が 2 のときと同様に，モードの振動数が高くなればなるほど折れ線グラフの符号変化の回数が多くなることがわかる．

質点数が N の場合にはモードが N 個現れる．一番振動数の低いモードではすべての質点の変位が同位相になっているが，モードの振動数が 1 段階ずつ高くなるにつれ，変位の符号変化の回数は 1 回ずつ多くなっていく．$N \to \infty$ の極限をとると**弦の波動方程式**が得られるが，これについては付録 (p.220) で詳しく紹介してある．

演習問題

問 10.1 標的となる質点に対し，同じ質量を持つ質点を入射し完全弾性衝突が起こったとする．直衝突の場合を除けば，衝突後二つの質点が飛び去る方向は必ず直交することを示しなさい．

問 10.2 天井から長さ l の弦で質量 m の質点を吊るし，そこからさらに同じ長さ l の弦で同じ質量の質点を吊るす．振り子の振動面は一定の鉛直面内で生じ，弦の質量も無視できるものとして，質点の微小振動の一般解を求めなさい．ちなみに，このような振り子は **2 重振り子**と呼ばれている．

第11章

剛体

これまでは物体の大きさを無視し，質点と見なして議論を進めてきた．剛体はこの近似を一歩進めた概念で，拡がり (大きさ) を持つが変形はしない物体のことを言う．よって，剛体内の任意の 2 点間の距離は不変である．この章では剛体のさまざまな性質に関して議論していく．特に，拡がりを取り込んだことにより個々の剛体に対して現れる回転 (自転) の自由度の役割について注目してほしい (図 11.1).

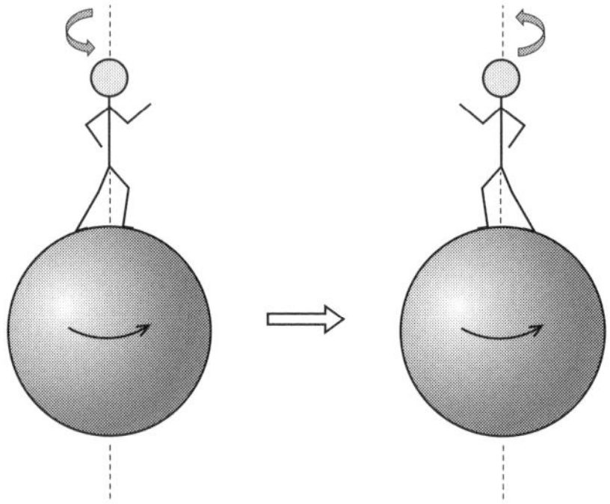

図 11.1　剛体は自転ができる！

11.1　剛体の自由度

3 次元の空間を考える．質点 1 個あたりの自由度，すなわち一つの質点の位置を確定させるために必要な変数の数は，3 である (2 次元だと 2, 1 次元だと 1 にな

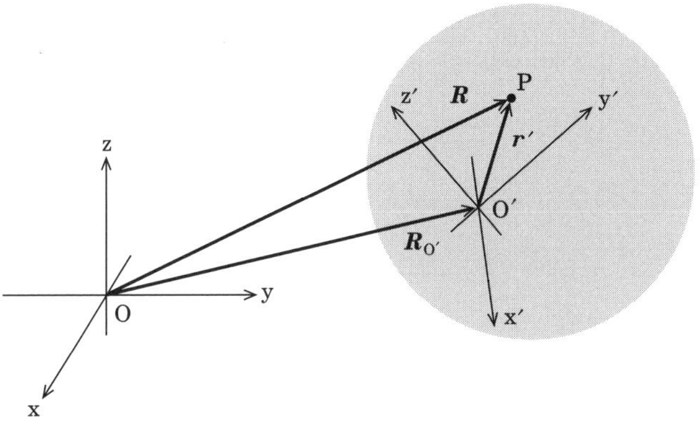

図 11.2 剛体の自由度.

る)．質点が 2 個に増えると 6, 3 個だと 9$\cdots$．これを続けると N 個の質点系の自由度は $3N$ であることがわかる．

それでは剛体の自由度はどうなるか．すなわち，運動している剛体の位置を確定させるためにはいくつの変数が必要か[1]．たとえば次のように考えれば良い(図 11.2)．剛体外部で静止している点 O を原点とし，x, y, z 軸をもつ座標系を考える．一方，剛体の内部にある点 O′ を基準とし，剛体に完全に固定された運動座標系を考える．座標軸は x′, y′, z′ 軸とする．変形はしない，という剛体の定義により，この座標系では剛体内の任意の点 P の位置座標 (x', y', z') は不変である．よって，基準 O′ の位置と x′, y′, z′ 軸の向きが定まれば剛体の位置は確定する．基準の位置を決める自由度は 3 である．軸の向きは静止座標系の軸との三つの相対的な角度，たとえば x 軸と x′ 軸，y 軸と y′ 軸，z 軸と z′ 軸それぞれのなす角三つがわかれば一意に定まる．よって剛体の自由度は $3+3=6$ となる．

11.2 剛体の変位，並進の速度と回転の角速度

自由度の考察から，剛体の任意の変位は運動座標系の基準 O′ の並進運動と，O′ のまわりの回転を合成することで表せることがわかる．基準点をどこに取るかは任意である．剛体の無限小変位を考える．静止座標系から見た O′ の位置ベク

1] 「剛体の位置を確定させる」とは，剛体内の任意の点の位置を確定させる，という意味である．

トルを $\boldsymbol{R}_{\mathrm{O}'}$, 運動座標系における剛体内の任意の点 P に対する位置ベクトルを $\boldsymbol{r}'$ とすると，静止系から見た P の位置ベクトル $\boldsymbol{R}$ は，図 11.2 からもわかるように

$$\boldsymbol{R} = \boldsymbol{R}_{\mathrm{O}'} + \boldsymbol{r}' \tag{11.1}$$

となる[2]．剛体の微小変位に対して

$$d\boldsymbol{R} = d\boldsymbol{R}_{\mathrm{O}'} + d\boldsymbol{r}' \tag{11.2}$$

となる．ここで，$d\boldsymbol{r}'$ は運動座標系の微小回転によって生じるものである．この微小回転は，O' を通り適当な方向を向く軸の周りの微小角度 $d\theta$ の回転として表される．これを微小回転ベクトル $d\boldsymbol{\theta}$ を用いて表そう．$d\boldsymbol{\theta}$ の大きさは微小回転角の絶対値 $|d\theta|$, 向きは回転と同じ向きに右ネジを回したときにネジが進む方向である．すると，

$$d\boldsymbol{r}' = d\boldsymbol{\theta} \times \boldsymbol{r}' \tag{11.3}$$

と表すことができる (図 11.3, および下記例題 11.1 参照)．よって，

$$\frac{d\boldsymbol{r}'}{dt} = \frac{d\boldsymbol{\theta}}{dt} \times \boldsymbol{r}' \tag{11.4}$$

となり，P の速度は

$$\frac{d\boldsymbol{R}}{dt} = \frac{d\boldsymbol{R}_{\mathrm{O}'}}{dt} + \frac{d\boldsymbol{\theta}}{dt} \times \boldsymbol{r}' \tag{11.5}$$

で与えられる．(11.5) 式の右辺第 1 項は O' の並進速度を表す．右辺の第 2 項は O' のまわりにおける P の相対運動 (回転運動) の速度で，$\dot{\boldsymbol{\theta}}$ は角速度ベクトルである．

例題 11.1 (1) (11.3) 式が成り立つことを確認しなさい．

(2) 本文中では O' を基準点として議論を進めた．そしてこの運動座標系の回転の角速度が $\dot{\boldsymbol{\theta}}$ となることを確認した．ところが基準点を任意に選んでも，運動座標系が回転する角速度は $\dot{\boldsymbol{\theta}}$ となることを示しなさい．このことから，$\dot{\boldsymbol{\theta}}$ を剛体の回転の角速度と呼んで差し支えないことがわかる．

解 (1) 図 11.3 を参照してほしい．微小回転ベクトル $d\boldsymbol{\theta}$ による回転に従

2] この章では，静止系の原点 O から測った位置ベクトルに対して大文字を使うことにする．

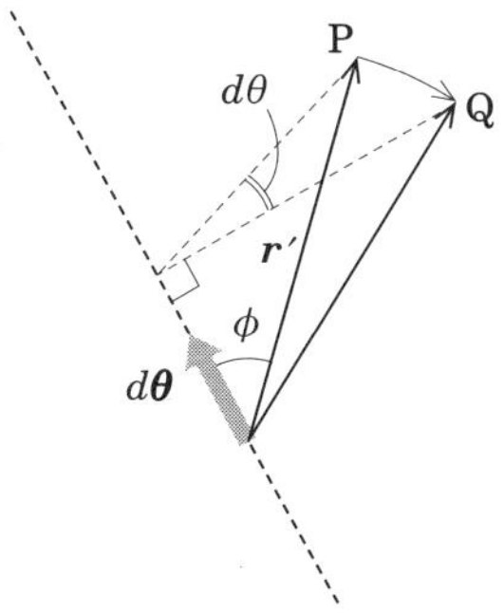

図 11.3　回転による変位と回転ベクトル．

い，点 P の位置ベクトル $\boldsymbol{r}'$ が $d\boldsymbol{r}'$ だけ微小変位しているわけだが，まず，$d\boldsymbol{r}'$ と $d\boldsymbol{\theta}\times\boldsymbol{r}'$ の向きが平行になることが図から見て取れる．$d\boldsymbol{r}'$ の大きさは (図 11.3 のように変位後の点を Q とすると) 円弧 PQ の長さ $r'\sin\phi\, d\theta$ に等しい．ここで，ϕ は $d\boldsymbol{\theta}$ と $\boldsymbol{r}'$ のなす角である．これはちょうど $d\boldsymbol{\theta}\times\boldsymbol{r}'$ の大きさと一致する．よって，(11.3) 式が成り立つことがわかる．

(2) O′ と距離が $\tilde{a}$ だけ離れた基準点 Õ を考える．静止系から測った Õ の位置ベクトルを $\boldsymbol{R}_{\tilde{\mathrm{O}}}$, Õ から測った点 P の位置ベクトルを $\tilde{\boldsymbol{r}}$ とする．すなわち，

$$\boldsymbol{R} = \boldsymbol{R}_{\tilde{\mathrm{O}}} + \tilde{\boldsymbol{r}}. \tag{11.6}$$

本文中と同様に微小変位を考える．これは Õ の微小並進と，Õ を基準とする運動座標系の微小回転の合成で表される．微小回転の回転ベクトルを $d\tilde{\boldsymbol{\theta}}$ とすると，静止系から測った P の速度ベクトルは

$$\frac{d\boldsymbol{R}}{dt} = \frac{d\boldsymbol{R}_{\tilde{\mathrm{O}}}}{dt} + \frac{d\tilde{\boldsymbol{\theta}}}{dt}\times\tilde{\boldsymbol{r}} \tag{11.7}$$

となる．ここで，Õ と O′ の相対ベクトルを

$$\tilde{\boldsymbol{a}} = \boldsymbol{R}_{\mathrm{O}'} - \boldsymbol{R}_{\tilde{\mathrm{O}}} \tag{11.8}$$

とすると

$$\tilde{\boldsymbol{r}} = \boldsymbol{r}' + \tilde{\boldsymbol{a}}, \tag{11.9}$$

したがって

$$\frac{d\boldsymbol{R}}{dt} = \frac{d\boldsymbol{R}_{\mathrm{O}'}}{dt} - \frac{d\tilde{\boldsymbol{a}}}{dt} + \frac{d\tilde{\boldsymbol{\theta}}}{dt} \times (\boldsymbol{r}' + \tilde{\boldsymbol{a}}). \tag{11.10}$$

$\tilde{\boldsymbol{r}}$ と同様に，$\tilde{\boldsymbol{a}}$ も

$$\frac{d\tilde{\boldsymbol{a}}}{dt} = \frac{d\tilde{\boldsymbol{\theta}}}{dt} \times \tilde{\boldsymbol{a}} \tag{11.11}$$

を満たす．よって，

$$\frac{d\boldsymbol{R}}{dt} = \frac{d\boldsymbol{R}_{\mathrm{O}'}}{dt} + \frac{d\tilde{\boldsymbol{\theta}}}{dt} \times \boldsymbol{r}'. \tag{11.12}$$

(11.5) および (11.12) 式を比較すると，

$$\frac{d\boldsymbol{\theta}}{dt} = \frac{d\tilde{\boldsymbol{\theta}}}{dt}. \tag{11.13}$$

それゆえ，基準点を任意に選んでも剛体に固定されている運動座標系の角速度は同じになる． □

11.3 剛体の運動方程式

これまでに議論したように剛体は自由度が 6 であり，剛体の位置を確定する変数として，剛体内で任意に選んだ基準点の位置ベクトル $\boldsymbol{R}_{\mathrm{O}'}$ と，基準点を原点として剛体と一体になって運動する座標軸の回転ベクトル $\boldsymbol{\theta}$ を考えることができる．よって，これら未知変数の時間変化を決定する運動方程式は六つ必要になる．

剛体は無限個の質点が連続的に分布している質点系と見なせる．よって，第 10 章で得られた結果は形式的に剛体でも成り立つ．質点系で離散分布している物理量と，剛体中で連続分布している物理量の間には表 11.1 のような関係がある．そこで，第 10 章の議論を思い出してみよう．(10.10), (10.31) 式にあるように，全運動量 $\boldsymbol{P}$ と全角運動量 $\boldsymbol{L}$ の運動方程式は合計 6 本存在し[3]，外力にのみ依存していて質点間の詳細な相互作用には依らず，非常に見通しの良いかたちをしていた．これを積極的に活用することを考える．

まず，剛体の全運動量と全角運動量を調べよう．質点系の表式 ((10.6), (10.24) 式) および表 11.1 を用いると

3] ベクトル量の方程式なので，合計 6 本になっている．

表 11.1 質点系と剛体の対応関係.

	質点系	$\longleftrightarrow$	剛体
位置ベクトル	$\boldsymbol{r}_i$		$\boldsymbol{R}$
質量	m_i		$dm = \rho(\boldsymbol{R})\,d^3R$
外力	$\boldsymbol{F}_i$		$d\boldsymbol{f} = \boldsymbol{f}(\boldsymbol{R})\,d^3R$
足し上げ操作	$\sum_i$		$\int$

$\boldsymbol{r}_i$, および $\boldsymbol{R}$ についてはそれぞれ図 10.1, 図 11.2 を参照. また, $\boldsymbol{R}$ における質量密度を $\rho(\boldsymbol{R})$, 単位体積あたりに働く外力を $\boldsymbol{f}(\boldsymbol{R})$ とすると, $\boldsymbol{R}$ のまわりの微小体積における質量は $dm = \rho(\boldsymbol{R})\,d^3R$, そして外力は $d\boldsymbol{f} = \boldsymbol{f}(\boldsymbol{R})\,d^3R$ のように表される. 離散有限個の和 (i に関する和) を連続無限個の和へ拡張するため積分が導入される.

$$\boldsymbol{P} = \int dm \frac{d\boldsymbol{R}}{dt}, \tag{11.14}$$

$$\boldsymbol{L} = \int dm\, \boldsymbol{R} \times \frac{d\boldsymbol{R}}{dt} \tag{11.15}$$

となる. $\int dm$ は密度分布 $\rho(\boldsymbol{R})$ を重みとしてかけた剛体内の体積積分を意味している (表 11.1). (11.1) 式および (11.5) 式を用いると,

$$\boldsymbol{P} = \int dm \left(\frac{d\boldsymbol{R}_{\mathrm{O}'}}{dt} + \frac{d\boldsymbol{\theta}}{dt} \times \boldsymbol{r}' \right), \tag{11.16}$$

$$\boldsymbol{L} = \int dm \left(\boldsymbol{R}_{\mathrm{O}'} + \boldsymbol{r}' \right) \times \left(\frac{d\boldsymbol{R}_{\mathrm{O}'}}{dt} + \frac{d\boldsymbol{\theta}}{dt} \times \boldsymbol{r}' \right) \tag{11.17}$$

のようになる[4]. これらをさらに変形していこう. その際におさえておくべき点をいくつか挙げる. まず, 全質量と重心はそれぞれ

$$M = \int dm, \tag{11.18}$$

$$\boldsymbol{R}_{\mathrm{G}} = \frac{1}{M} \int dm \boldsymbol{R} \tag{11.19}$$

となる. そして, 任意基準点から測った剛体の重心の位置ベクトルを

4] (11.14), (11.15) 式から (11.16), (11.17) 式へ移行した際, $\int dm$ に現れる体積積分の変数は $\boldsymbol{R}$ から $\boldsymbol{r}'$ に変わっていると解釈してほしい (図 11.2 参照).

$$\boldsymbol{r}'_{\mathrm{G}} = \boldsymbol{R}_{\mathrm{G}} - \boldsymbol{R}_{\mathrm{O}'} \tag{11.20}$$

と表すと，

$$\begin{aligned}\int dm\,\boldsymbol{r}' &= \int dm(\boldsymbol{R} - \boldsymbol{R}_{\mathrm{O}'}) \\ &= M\boldsymbol{R}_{\mathrm{G}} - M\boldsymbol{R}_{\mathrm{O}'} \\ &= M\boldsymbol{r}'_{\mathrm{G}}\end{aligned} \tag{11.21}$$

が成り立つことに注意してほしい．また，(11.16), (11.17) 式において，$\boldsymbol{\theta}$ や $\dot{\boldsymbol{\theta}}$ は空間的に一様であるため[5]，体積積分の外に出すことができる．そして，第 2 章で示した三つのベクトルの外積の公式 $\boldsymbol{a} \times (\boldsymbol{b} \times \boldsymbol{c}) = \boldsymbol{b}(\boldsymbol{a} \cdot \boldsymbol{c}) - \boldsymbol{c}(\boldsymbol{a} \cdot \boldsymbol{b})$ も用いることができる．以上の点に注意すると，(11.16), (11.17) 式は

$$\boldsymbol{P} = M\frac{d\boldsymbol{R}_{\mathrm{O}'}}{dt} + M\frac{d\boldsymbol{\theta}}{dt} \times \boldsymbol{r}'_{\mathrm{G}}, \tag{11.22}$$

$$\begin{aligned}\boldsymbol{L} = M\boldsymbol{R}_{\mathrm{G}} \times \frac{d\boldsymbol{R}_{\mathrm{O}'}}{dt} + M\boldsymbol{R}_{\mathrm{O}'} \times \left(\frac{d\boldsymbol{\theta}}{dt} \times \boldsymbol{r}'_{\mathrm{G}}\right) \\ + \int dm \left\{\frac{d\boldsymbol{\theta}}{dt}(\boldsymbol{r}' \cdot \boldsymbol{r}') - \boldsymbol{r}'\left(\boldsymbol{r}' \cdot \frac{d\boldsymbol{\theta}}{dt}\right)\right\}\end{aligned} \tag{11.23}$$

となる．(11.23) 式の右辺の最後の項に着目しよう．先にも注意したように $\dot{\boldsymbol{\theta}}$ は空間的に一様であるため，積分の外に出すことができる．よって，この項の i 成分は[6]

$$\int dm \left\{\frac{d\boldsymbol{\theta}}{dt}(\boldsymbol{r}' \cdot \boldsymbol{r}') - \boldsymbol{r}'\left(\boldsymbol{r}' \cdot \frac{d\boldsymbol{\theta}}{dt}\right)\right\}\bigg|_i = I'_{ik}\frac{d\theta_k}{dt} \tag{11.24}$$

のようになる．ただし，

$$I'_{ik} = \int dm \left\{(\boldsymbol{r}' \cdot \boldsymbol{r}')\delta_{ik} - r'_i r'_k\right\} \tag{11.25}$$

は，O′ を基準とした**慣性テンソル**である．慣性テンソルは剛体の回転の性質を決める本質的に重要な量である．詳細は次節で述べることにして，ここではこれが 2 階のテンソル量であり，i と k を足に持つ 3×3 **行列**として表せる点だけ強調しておく．この行列を $\hat{I}'$ と書くことにすると，(11.23) 式は

5] さもなければ，剛体の定義に反する！

6] 第 10 章や表 11.1 では i を質点の番号としていたが，ここではベクトルの空間成分を表していることに注意してほしい．

$$\boldsymbol{L} = M\boldsymbol{R}_{\mathrm{G}} \times \frac{d\boldsymbol{R}_{\mathrm{O}'}}{dt} + M\boldsymbol{R}_{\mathrm{O}'} \times \left(\frac{d\boldsymbol{\theta}}{dt} \times \boldsymbol{r}'_{\mathrm{G}}\right) + \hat{I}'\frac{d\boldsymbol{\theta}}{dt} \tag{11.26}$$

のようにまとめられる．

少し前にもコメントしたように，剛体も質点系とみなせるため全運動量，全角運動量の時間微分はそれぞれ系に作用する全外力，全トルクと一致する．表 11.1 を参照すると，全運動量の時間微分は

$$\begin{aligned}\frac{d\boldsymbol{P}}{dt} &= M\frac{d^2\boldsymbol{R}_{\mathrm{O}'}}{dt^2} + M\frac{d^2\boldsymbol{\theta}}{dt^2} \times \boldsymbol{r}'_{\mathrm{G}} + M\frac{d\boldsymbol{\theta}}{dt} \times \left(\frac{d\boldsymbol{\theta}}{dt} \times \boldsymbol{r}'_{\mathrm{G}}\right) \\ &= \int d\boldsymbol{f}\end{aligned} \tag{11.27}$$

となる．ここで，$\boldsymbol{r}'_{\mathrm{G}}$ の時間微分に対して (11.4) 式を用いた．角運動量 (11.26) の時間微分は，慣性テンソルが時間に依存しないことに注意すると，

$$\begin{aligned}\frac{d\boldsymbol{L}}{dt} &= M\frac{d\boldsymbol{R}_{\mathrm{G}}}{dt} \times \frac{d\boldsymbol{R}_{\mathrm{O}'}}{dt} + M\boldsymbol{R}_{\mathrm{G}} \times \frac{d^2\boldsymbol{R}_{\mathrm{O}'}}{dt^2} \\ &\quad + \frac{d}{dt}\left\{M\boldsymbol{R}_{\mathrm{O}'} \times \left(\frac{d\boldsymbol{\theta}}{dt} \times \boldsymbol{r}'_{\mathrm{G}}\right)\right\} + \hat{I}'\frac{d^2\boldsymbol{\theta}}{dt^2} \\ &= \int \boldsymbol{r}' \times d\boldsymbol{f}.\end{aligned} \tag{11.28}$$

(11.27) 式と (11.28) 式が我々の求めていた剛体の運動方程式で，これより剛体の自由度を表す六つの変数 $(\boldsymbol{R}_{\mathrm{O}'}, \boldsymbol{\theta})$ の時間発展が求められる．

しかし，この方程式はいかにも複雑である，(11.27) 式と (11.28) 式の双方に $\boldsymbol{R}_{\mathrm{O}'}$ と $\boldsymbol{\theta}$ が混ざってしまっている．この混ざりをうまく解消する方法はないであろうか．

問題によっては拘束条件によって自由度が減り，非常に簡単になる場合がある．すなわち剛体内に固定点や固定軸がある場合で，そういった点や軸上に基準点 O′ を選ぶと方程式はシンプルになる．例として，後に議論する実体振り子の問題 (11.5 節) が挙げられる．

そういった場合を除いて一般に自由度が 6 のままの場合には，O′ を重心に一致させると良い．すなわち，$\boldsymbol{R}_{\mathrm{O}'} = \boldsymbol{R}_{\mathrm{G}}$ とする．すると，(11.20) 式より $\boldsymbol{r}'_{\mathrm{G}} = 0$ となる．ここで重心を基準とした位置ベクトルを $\boldsymbol{r}$, 慣性テンソルを $\hat{I}$ のように ′ を外して表すと[7]，(11.27) 式と (11.28) 式は，以下のように非常に簡単なかたちに

[7] 以下，重心を基準としたときの物理量に対しては ′ を取り外す．

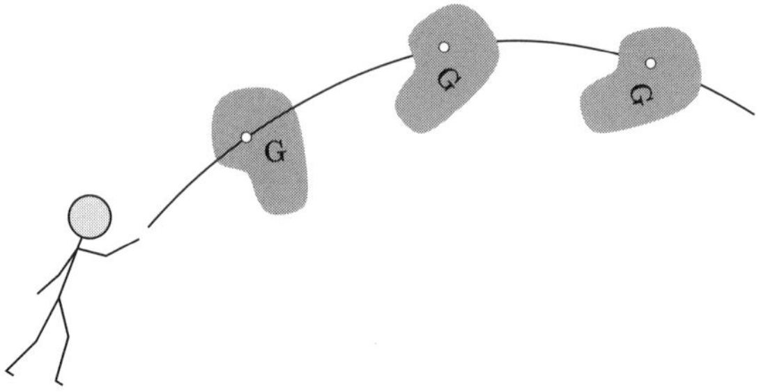

図 11.4　一様な重力場中で投げられた剛体の運動．重心の軌道は必ず放物線を描く．

なる．

$$M\frac{d^2\boldsymbol{R}_\mathrm{G}}{dt^2} = \int d\boldsymbol{f}, \tag{11.29}$$

$$\hat{I}\frac{d^2\boldsymbol{\theta}}{dt^2} = \int \boldsymbol{r} \times d\boldsymbol{f}. \tag{11.30}$$

ここで，(11.30) 式の導出の際に (11.29) 式も用いた．確かにもくろみ通り，未知変数は (11.29) 式には重心の位置ベクトル $\boldsymbol{R}_\mathrm{G}$ のみ，(11.30) 式には回転ベクトル $\boldsymbol{\theta}$ のみが含まれている[8]．よって，解くことが非常に容易になるばかりか，物理的に重要な帰結として，

「剛体の重心の並進運動と，重心まわりの回転運動は完全に独立である」

ことがわかる．それゆえ，剛体がどんな回転運動をしていようとも，剛体の重心の並進運動は同じ外力が働いている質点 M の運動と何ら変わりはない．たとえば剛体を一様な重力場中で放り投げると，回転運動は投げ方によっていろいろ複雑になり得るが，重心の運動は必ず放物線軌道を描く (図 11.4)．

また，(11.29) 式と (11.30) 式を見比べると，表 11.2 のように重心の並進運動とそのまわりの回転運動の間に明解な一対一の対応関係があることがわかる．

剛体の公転と自転

少し前に戻る．全角運動量 (11.26) を改めて重心を基準として書き直してみると，

8] (11.30) 式に含まれるベクトル $\boldsymbol{r}$ は積分変数で，未知数ではない．

表 11.2　重心の並進運動とそのまわりの回転運動の対応関係.

並進運動	$\longleftrightarrow$	回転運動
質量		慣性テンソル
速度		角速度
外力		トルク

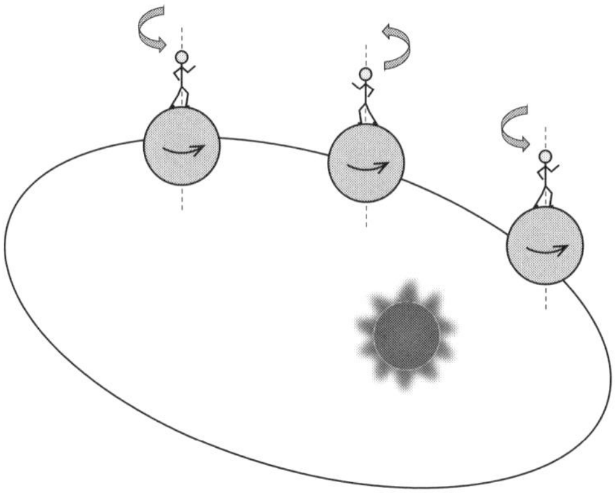

図 11.5　剛体の自転と公転.

$$\boldsymbol{L} = M\boldsymbol{R}_{\rm G} \times \frac{d\boldsymbol{R}_G}{dt} + \hat{I}\frac{d\boldsymbol{\theta}}{dt} \tag{11.31}$$

となる．第 1 項目が重心運動が担う角運動量 (重心の軌跡の曲がりによる角運動量)，第 2 項目が重心回りの回転による角運動量となっている．惑星の運動に対応させると，前者は公転運動で後者は自転運動である．自転は質点では考えることができず，物体の拡がりを取り入こむことで初めて導入できる物理量である．

11.4　慣性テンソル・慣性モーメント

11.4.1　慣性テンソルと基準点

これまでの議論からわかるように，慣性テンソル (11.25) は回転に対する慣性を表しており，剛体の回転運動を論じる上で基本となる物理量である．慣性テンソルは，基準点に依存する量となっている．以下の例題で，任意基準点 O′ の回りの慣性テンソルと重心の回りの慣性テンソルを実際に比較してみよう.

例題 11.2 基準点を O′ に選んだときの慣性テンソル I'_{ik} と, 重心に選んだ場合の慣性テンソル I_{ik} の間の関係を導きなさい.

解 重心の位置ベクトルと任意基準点 O′ の間には

$$\boldsymbol{R}_{\mathrm{G}} = \boldsymbol{R}_{\mathrm{O}'} + \boldsymbol{h} \tag{11.32}$$

の関係があるとすると, 重心を基準とした位置ベクトル $\boldsymbol{r}$ と O′ を基準としたもの $\boldsymbol{r}'$ の間には

$$\boldsymbol{r} = \boldsymbol{r}' - \boldsymbol{h} \tag{11.33}$$

という関係がある. よって[9],

$$\begin{aligned} I'_{ik} &= \int dm \left\{ \left(\boldsymbol{r}' \cdot \boldsymbol{r}' \right) \delta_{ik} - r'_i r'_k \right\} \\ &= \int dm \left\{ \left((\boldsymbol{r} + \boldsymbol{h}) \cdot (\boldsymbol{r} + \boldsymbol{h}) \right) \delta_{ki} - (r_i + h_i)(r_k + h_k) \right\}. \end{aligned} \tag{11.34}$$

重心の定義より $\displaystyle\int dm\, \boldsymbol{r} = 0$ であるから,

$$I'_{ik} = I_{ik} + M \left\{ (\boldsymbol{h} \cdot \boldsymbol{h}) \delta_{ik} - h_i h_k \right\}. \tag{11.35}$$

一般に, 重心の回りの慣性テンソルは計算しやすい. 重心からずれた点の回りの慣性テンソルを求めるときに (11.35) 式は有効である. □

以下, 重心を基準とした慣性テンソルを議論する.

例題 11.3 慣性テンソルを行列のかたちで表しなさい.

解 慣性テンソルを行列のかたちに書き下すと

$$\hat{I} = \begin{pmatrix} I_{xx} & I_{xy} & I_{xz} \\ I_{yx} & I_{yy} & I_{yz} \\ I_{zx} & I_{zy} & I_{zz} \end{pmatrix}$$

9] 2 行目に移る際に積分変数は $\boldsymbol{r}'$ から $\boldsymbol{r}$ に変換される (dm に関しては表 11.1 を参照).

$$= \begin{pmatrix} \int (y^2+z^2)\,dm & -\int xy\,dm & -\int xz\,dm \\ -\int xy\,dm & \int (z^2+x^2)\,dm & -\int yz\,dm \\ -\int xz\,dm & -\int yz\,dm & \int (x^2+y^2)\,dm \end{pmatrix} \tag{11.36}$$

となる．特に，慣性テンソルの対角成分

$$I_{ii} = \int dm \sum_{j \neq i} r_j^2 \tag{11.37}$$

のことを慣性モーメントと呼ぶ[10]． □

11.4.2 慣性主軸と主慣性モーメント

(11.36) 式より，慣性テンソルは対称行列 $I_{ik} = I_{ki}$ となっていることがわかる．線形代数の定理から，対称な行列は座標系の回転変換により必ず対角化される．すなわち，いままで採用していた運動座標系から，同じく重心を原点とする別の適当な運動座標系へ回転変換すればよい．慣性テンソルを対角型にする座標系の軸を慣性主軸と呼ぶ．$\mathrm{x}_1, \mathrm{x}_2, \mathrm{x}_3$ 軸を三つの慣性主軸とすると，

$$\hat{I} \to \begin{pmatrix} I_1 & 0 & 0 \\ 0 & I_2 & 0 \\ 0 & 0 & I_3 \end{pmatrix}, \tag{11.38}$$

$$\begin{cases} I_1 = \int (x_2^2 + x_3^2)\,dm \\ I_2 = \int (x_3^2 + x_1^2)\,dm \\ I_3 = \int (x_1^2 + x_2^2)\,dm \end{cases} \tag{11.39}$$

となる．I_1, I_2, I_3 のことをそれぞれ，$\mathrm{x}_1, \mathrm{x}_2, \mathrm{x}_3$ 軸のまわりの主慣性モーメントと呼ぶ．

以下，慣性主軸を用いて議論を進めていく．慣性主軸を見い出すには，慣性テンソルの非対角成分がゼロになるような座標系を見つければ良いわけだが，質量分布の対称性が高い場合には容易に見出せる．一般に，慣性主軸となる座標系は一つに限らない．

10] ここで，$\sum_{j \neq i}$ は $j = i$ の場合を除いて j に関する和をとる，という意味である．たとえば，$\sum_{j \neq x} r_j^2 = y^2 + z^2$ となる．

11.4.3 主慣性モーメントの計算

この節では，例題を通していろいろな形状の剛体に関する重心の回りの主慣性モーメントを求めていこう．結果は表 11.3 (p.207) にまとめてある．初めに一様な棒の主慣性モーメントを計算する．

例題 11.4 質量が M, 長さが L で太さの無視できる一様な棒の重心の回りの主慣性モーメントをすべて求めなさい．

解 慣性主軸として図 11.6 のように，重心を通り棒に垂直な方向に x_1, x_2 軸，棒に平行に x_3 軸を考えることができる．棒の質量線密度は M/L である．よって，重心からの距離が x_3 で長さが dx_3 である微小部分 (図 11.6 の濃い灰色) の主慣性モーメント I_1 に対する寄与は

$$dI_1 = \frac{M dx_3}{L} x_3^2. \tag{11.40}$$

よって，これを積分することにより，

$$I_1 = \int_{-L/2}^{L/2} dx_3 \frac{M}{L} x_3^2 = \frac{ML^2}{12} \tag{11.41}$$

を得る．また，対称性より

$$I_2 = I_1. \tag{11.42}$$

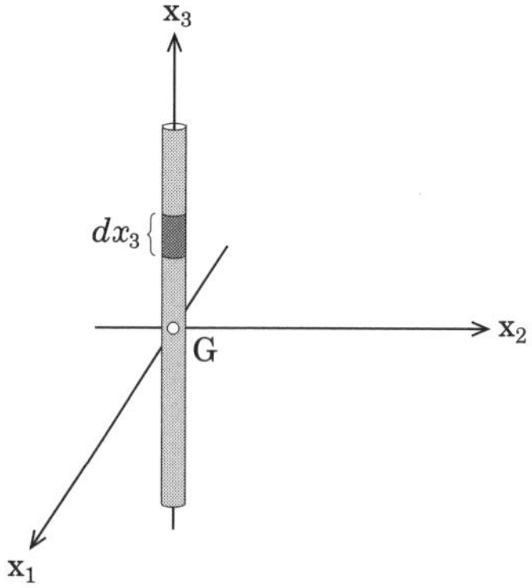

図 11.6 棒の慣性主軸と微小部分 (濃い灰色).

棒の太さは無視できることから (すなわち $x_1^2 + x_2^2 = 0$),

$$I_3 = 0. \tag{11.43}$$

□

次に，剛体が 2 次元的な拡がりを持っている場合，すなわち平面状の場合を考える．ここで，平面状の剛体に対し一般的に成り立つ定理を紹介する．

例題 11.5 厚みを無視できる剛体平板内で直交する 2 本の慣性主軸 x_1, x_2 の周りの慣性モーメント I_1, I_2 と，残りの慣性主軸 $\mathrm{x}_3 \perp (\mathrm{x}_1,\mathrm{x}_2)$ の周りの慣性モーメント I_3 の間には

$$I_3 = I_1 + I_2 \tag{11.44}$$

という関係があることを示しなさい．これを**平面板の定理**という．

解 剛体平面内部で $x_3 = 0$ なので，

$$I_1 = \int x_2^2\, dm,$$

$$I_2 = \int x_1^2\, dm,$$

$$I_3 = \int (x_1^2 + x_2^2)\, dm$$

となるため． □

長方形の剛体平板の主慣性モーメントを求めてみよう．

例題 11.6 質量が M, 各辺の長さが a と b で厚さの無視できる長方形板の重心の回りの主慣性モーメントをすべて求めなさい．

解 慣性主軸として図 11.7 のように，重心を通り辺 a, b それぞれに平行な方向に x_1, x_2 軸，板に垂直に x_3 軸を考えることができる．板の質量面密度は $M/(ab)$．まず，I_1 を求める．図 11.7 の濃い灰色部分のように，長方形板は幅が無限小 dx_1 の棒によって構成されると考えられる．この無限小幅の棒の質量は Mdx_1/a となるため主慣性モーメントへの寄与は例題 11.4 の答を用いると

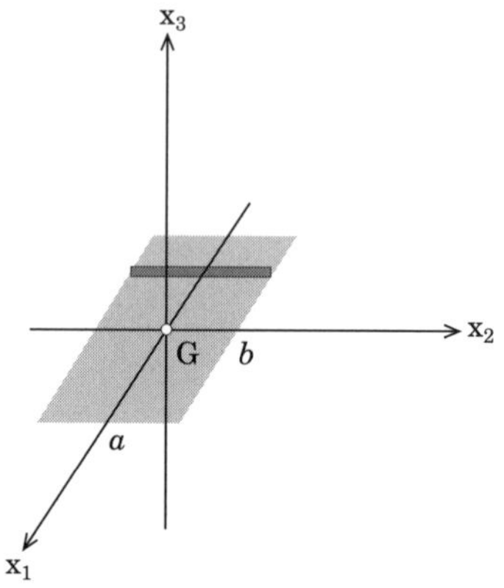

図 11.7 長方形板の慣性主軸と無限小幅の棒 (濃い灰色).

$$dI_1 = \frac{Mb^2}{12a} dx_1. \tag{11.45}$$

よって,

$$I_1 = \int dI_1 = \int_{-a/2}^{a/2} \frac{Mb^2}{12a} dx_1 = \frac{Mb^2}{12}. \tag{11.46}$$

I_2 についても同様の方法により,

$$I_2 = \frac{Ma^2}{12}. \tag{11.47}$$

I_3 については平板に対する定理 (11.44) 式より

$$I_3 = I_1 + I_2 = \frac{M(a^2 + b^2)}{12}. \tag{11.48}$$

□

リング, 円板, 中空円柱, そして円柱の主慣性モーメントを求めてみよう.

例題 11.7 (1) 質量 M, 半径 R で太さが無視できる一様なリングの重心の周りの主慣性モーメントをすべて求めなさい.

(2) 質量 M, 半径 R で厚さが無視できる一様な円板の重心の周りの主慣性モーメントをすべて求めなさい.

(3) 質量 M, 半径 R で長さが L, 厚さが無視できる一様な中空円柱の重心の周りの主慣性モーメントをすべて求めなさい.

(4) 質量 M, 半径 R で長さが L の一様な円柱の重心の周りの主慣性モーメントをすべて求めなさい.

解 (1) 慣性主軸として図 11.8 のように，重心を通りリングが存在する平面内に x_1, x_2 軸，それらに垂直に x_3 軸を考えることができる．リングの質量線密度は $M/(2\pi R)$ である．I_3 を求める．リング円周上の長さが $Rd\theta$ である微小部分 (図 11.8 の濃い灰色) の寄与は

$$dI_3 = \frac{MR^2}{2\pi}d\theta. \tag{11.49}$$

これをリング 1 周分積分して

$$I_3 = \int_0^{2\pi} \frac{MR^2}{2\pi}d\theta = MR^2. \tag{11.50}$$

また，対称性より $I_1 = I_2$. この場合も平面板の定理 $I_3 = I_1 + I_2$ が適用できるので,

$$I_1 = I_2 = \frac{I_3}{2} = \frac{MR^2}{2}. \tag{11.51}$$

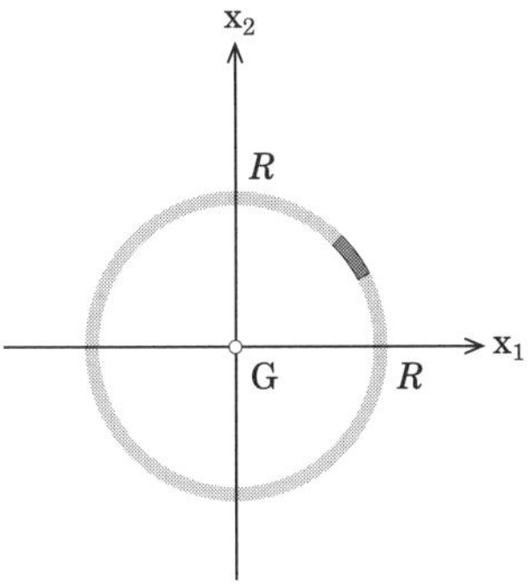

図 11.8 リングの慣性主軸と微小部分 (濃い灰色).

(2) 慣性主軸として図 11.9 のように，重心を通り円板が存在する平面内に x_1, x_2 軸，それらに垂直に x_3 軸を考えることができる．円板の質量面密度は $M/(\pi R^2)$ である．I_3 を求める．x_3 軸に垂直で半径が r, 幅が dr のリング (図 11.9 の濃い灰色) の寄与は

$$dI_3 = \frac{2Mr^3 dr}{R^2}. \tag{11.52}$$

これを $0 \leqq r \leqq R$ の領域で積分することにより，

$$I_3 = \int_0^R \frac{2Mr^3 dr}{R^2} = \frac{MR^2}{2}. \tag{11.53}$$

また，対称性より $I_1 = I_2$. 平面板の定理 $I_3 = I_1 + I_2$ を用いると，

$$I_1 = I_2 = \frac{I_3}{2} = \frac{MR^2}{4}. \tag{11.54}$$

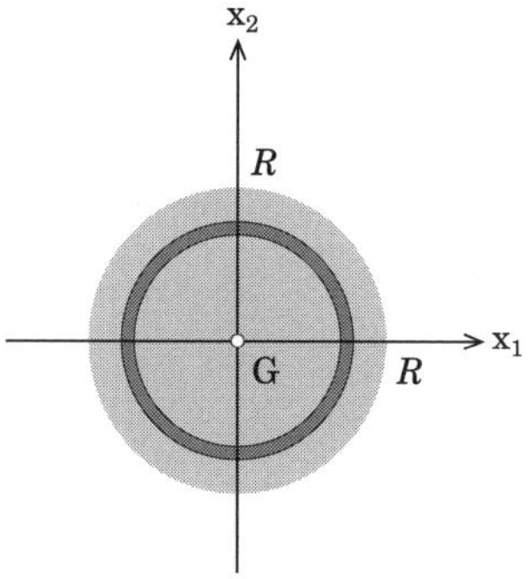

図 11.9 円板の慣性主軸と微小幅のリング (濃い灰色).

(3) 慣性主軸として図 11.10 のように，重心を通り中空円柱の軸に垂直な方向に x_1, x_2 軸，中空円柱の軸に平行に x_3 軸を考えることができる．中空円柱の質量面密度は $M/(2\pi RL)$ である．I_3 を求める．図 11.10 の濃い灰色部分のような，中空円柱上で幅が dx_3 のリングの寄与は

$$dI_3 = \frac{M}{2\pi RL} 2\pi R^3 dx_3 = \frac{MR^2}{L} dx_3. \tag{11.55}$$

これを $0 \leqq x_3 \leqq L$ の領域で積分することにより，

$$I_3 = MR^2. \tag{11.56}$$

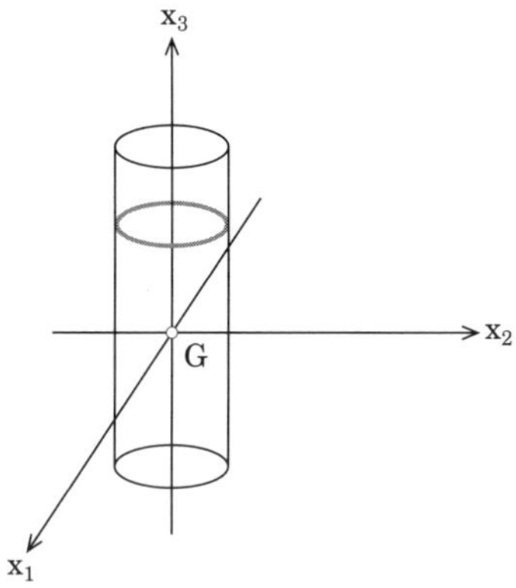

図 11.10　中空円柱の慣性主軸と微小幅のリング (濃い灰色).

また，対称性より $I_1 = I_2$. 平面板の定理 $I_3 = I_1 + I_2$ を用いると，

$$I_1 = I_2 = \frac{I_3}{2} = \frac{MR^2}{2}. \tag{11.57}$$

(4) 慣性主軸として図 11.11 のように，重心を通り円柱の軸に垂直な方向に x_1, x_2 軸，円柱の軸に平行に x_3 軸を考えることができる．円柱の質量密度は $M/(\pi R^2 L)$ である．I_3 を求める．図 11.11 (b) の破線部のような，x_3 軸に垂直で半径 r, 幅が dr の中空円柱の寄与は

$$dI_3 = r^2 \frac{M}{\pi R^2 L} 2\pi r L\, dr = \frac{2Mr^3}{R^2} dr. \tag{11.58}$$

これを $0 \leqq r \leqq R$ の領域で積分することにより，

$$I_3 = \frac{MR^2}{2}. \tag{11.59}$$

また，対称性より $I_1 = I_2$. これらを足し合わせ，円柱座標系を用いると，

$$\begin{aligned} I_1 + I_2 &= \int \frac{M}{\pi R^2 L}(x_1^2 + x_2^2 + 2x_3^2)\, d^3x \\ &= \frac{M}{\pi R^2 L} \int_0^R \int_0^{2\pi} \int_{-L/2}^{L/2} (r^2 + 2x_3^2)\, r dr d\theta\, dx_3 \\ &= 2M \left(\frac{R^2}{4} + \frac{L^2}{12} \right). \end{aligned} \tag{11.60}$$

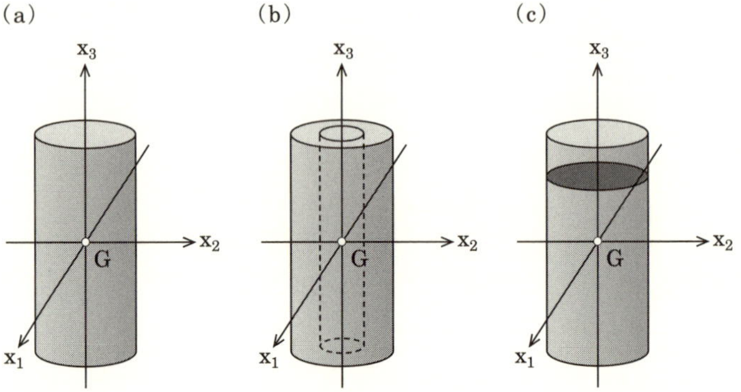

図 11.11 円柱の (a) 慣性主軸と (b) 微小厚の中空円柱 (破線), および (c) 微小厚の円板 (濃い灰色).

よって,

$$I_1 = I_2 = M\left(\frac{R^2}{4} + \frac{L^2}{12}\right). \tag{11.61}$$

別解 I_3 の求め方として, 次のような方法もある. 図 11.11 (c) の濃い灰色部分のような, x_3 軸に垂直で半径 R, 幅が dx_3 の円板の寄与は

$$dI_3 = \frac{MR^2 dx_3}{2L}. \tag{11.62}$$

これを積分して,

$$I_3 = \int_{-L/2}^{L/2} \frac{MR^2 dx_3}{2L} = \frac{MR^2}{2}. \tag{11.63}$$

□

最後に, 3 次元的な剛体の例として球殻と球の慣性モーメントを求めよう.

例題 11.8 (1) 質量 M, 半径 R で厚さが無視できる一様な球殻の重心の回りの主慣性モーメントをすべて求めなさい.

(2) 質量 M, 半径 R の一様な球の重心の回りの主慣性モーメントをすべて求めなさい.

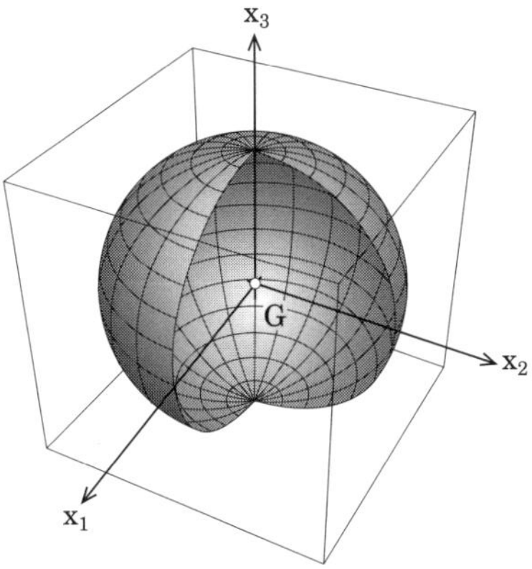

図 11.12 球殻の慣性主軸．ただし，球殻の一部を切り取ってある．

解 (1) 慣性主軸として図 11.12 のように，重心を通る 3 本の直交する軸を選べる．対称性より，$I_1 = I_2 = I_3$. これらを足し合わせたものの一般式は

$$I_1 + I_2 + I_3 = 2\int (x_1^2 + x_2^2 + x_3^2)\, dm. \tag{11.64}$$

質量面密度は $M/(4\pi R^2)$ で，球殻面上に集中している．よって，3 次元球座標を用いると，

$$\begin{aligned} I_1 + I_2 + I_3 &= 2\int_0^{2\pi}\int_0^{\pi} \frac{M}{4\pi R^2} \times R^2 \times R^2 \sin\theta d\theta d\phi \\ &= 2MR^2. \end{aligned} \tag{11.65}$$

これより，

$$I_1 = I_2 = I_3 = \frac{2MR^2}{3}. \tag{11.66}$$

(2) 慣性主軸として図 11.13 のように，重心を通る 3 本の直交する軸を選べる．対称性より，$I_1 = I_2 = I_3$. これらを足し合わせたものの一般式は (11.65) 式と同じになる．ところで質量密度は $3M/(4\pi R^2)$ である．3 次元球座標を用いると，

$$\begin{aligned} I_1 + I_2 + I_3 &= 2\int_0^{2\pi}\int_0^{R}\int_0^{\pi} \frac{3M}{4\pi R^2} \times r^2 \times r^2 dr \sin\theta d\theta d\phi \\ &= \frac{6MR^2}{5}. \end{aligned} \tag{11.67}$$

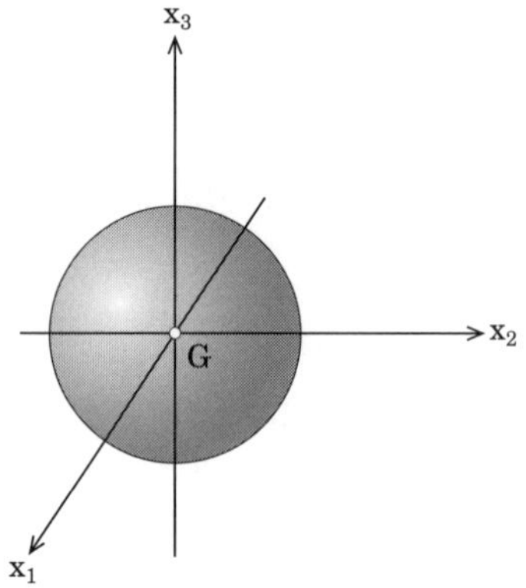

図 11.13 球の慣性主軸.

これより,

$$I_1 = I_2 = I_3 = \frac{2MR^2}{5}. \tag{11.68}$$

□

これらの例題からもわかるように,主慣性モーメントを求めるには,要は微小部分の慣性モーメントの寄与を求めて積分すれば良いわけである.以上の結果を表 11.3 にまとめる.

11.5 固定軸のまわりの運動

この節では,固定された回転軸のまわりで生じる剛体の運動について議論する.

実体振り子

第 5 章で単振り子について紹介したが,弦の質量を無視していた.実際には弦も質量を持つため,吊るしてあるおもりだけでなく弦の慣性モーメントも存在するはずである.この効果も取り入れることができれば,近似を一歩進めたことになる.そこで,一般的な形状をした剛体が水平な固定軸で拘束されていて,重力の影響により振動する状況を考える.こういった振動子を実体振り子と呼ぶ.(図

表 11.3 さまざまな形状の剛体の主慣性モーメント．質量はすべて M とし，主軸は重心を通るものを考える．

かたち	大きさ	主軸	慣性モーメント
棒	長さ L	棒に垂直	$\frac{1}{12}ML^2$
長方形板	各辺の長さ a と b	a に平行	$\frac{1}{12}Mb^2$
		b に平行	$\frac{1}{12}Ma^2$
		面に垂直	$\frac{1}{12}M(a^2+b^2)$
リング	半径 R	円のなす面に垂直	MR^2
		直径に平行	$\frac{1}{2}MR^2$
円板	半径 R	面に垂直	$\frac{1}{2}MR^2$
		直径に平行	$\frac{1}{4}MR^2$
中空円柱	半径 R	中心軸に平行	MR^2
		中心軸に垂直	$\frac{1}{2}MR^2$
円柱	半径 R	中心軸に平行	$\frac{1}{2}MR^2$
	長さ L	中心軸に垂直	$M\left(\frac{R^2}{4}+\frac{L^2}{12}\right)$
球殻	半径 R	直径に平行	$\frac{2}{3}MR^2$
球	半径 R	直径に平行	$\frac{2}{5}MR^2$

11.14).

いま，固定軸は重心を通らないとする．図 11.14 は重心を含み固定軸に垂直な平面による断面を表している．この平面と固定軸との交点を剛体内の基準点 O′ とし，鉛直上向きに z′ 軸，紙面の左から右に向けて x′ 軸，手前から奥に向けて y′ 軸をとる．剛体の質量を M とすると，剛体全体には $-Mg\boldsymbol{e}_{z'}$，各微小部分には $-\boldsymbol{e}_{z'}\rho(\boldsymbol{r}')g\,d^3r'$ の重力が作用している．また，固定軸から受ける拘束力も存在

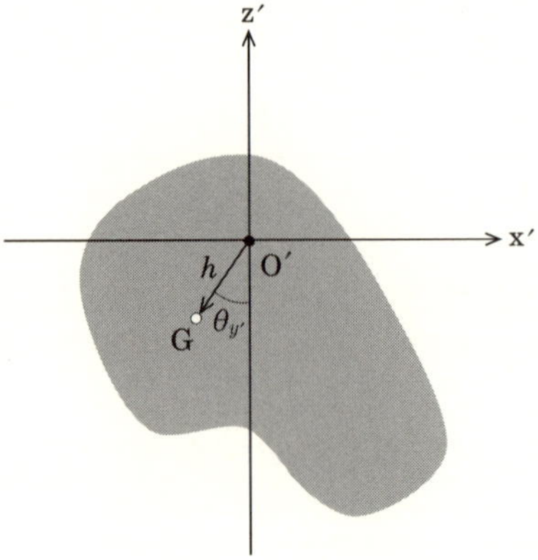

図 11.14　実体振り子の断面．ただし，重心を含み固定軸に垂直な平面の断面であるとする．

し，全拘束力を $\boldsymbol{N}$ で表す．また，固定軸回りの慣性モーメントを $I_{y'y'} = I$ とする[11]．

ここで，運動方程式を (11.27) 式と (11.28) 式をもとに書き下してみよう．いま，O′ は原点でかつ固定点であるため，$\boldsymbol{R}_{\mathrm{O}'} = \dot{\boldsymbol{R}}_{\mathrm{O}'} = \ddot{\boldsymbol{R}}_{\mathrm{O}'} = 0$ となる．そして，回転は固定軸回りの成分しかないため，$\dot{\boldsymbol{\theta}}$ も $\ddot{\boldsymbol{\theta}}$ も y' 成分以外はすべてゼロとなる．また，重心の位置ベクトルは固定軸と垂直となるため角速度との外積は $\dot{\boldsymbol{\theta}} \times \boldsymbol{r}'_{\mathrm{G}} = 0$ となる．以上の性質を用いると，(11.27) 式は

$$0 = -Mg\boldsymbol{e}_{z'} + \boldsymbol{N} \tag{11.69}$$

となり，全拘束力が決まる．

次に，(11.28) 式について考えよう．図 11.14 のように，h を原点 O′ と重心 G の間の距離とする．$\theta_{y'}$ は $\boldsymbol{r}'_{\mathrm{G}}(=\overrightarrow{\mathrm{O'G}})$ が鉛直下向きのとき 0 とし，反時計回りで増大していくとする．また，拘束力からは回転軸回りの回転を引き起こすようなトルクは生じないことに注意すると，(11.28) 式の y' 成分は

$$I\frac{d^2\theta_{y'}}{dt^2} = -\left(\int d^3r'\boldsymbol{r}' \times \rho(\boldsymbol{r}')g\boldsymbol{e}_{z'}\right)_{y'}$$

11] 固定軸が慣性主軸のいずれかと平行になるとは限らないので，主慣性モーメントになるとは限らない．

$$
\begin{aligned}
&= -g\left(\int d^3r'\boldsymbol{r}'\rho(\boldsymbol{r}')\times\boldsymbol{e}_{z'}\right)_{y'} \\
&= -Mg\left(\boldsymbol{r}'_{\mathrm{G}}\times\boldsymbol{e}_{z'}\right)_{y'} \\
&= -Mgh\sin\theta_{y'}
\end{aligned}
\tag{11.70}
$$

となる．z' 成分，x' 成分の方程式からは，$\ddot{\theta}_{z'}=\ddot{\theta}_{x'}=0$ を満たすように拘束力によるモーメントが決定される．よって，運動の様子を調べるには (11.70) 式だけ解けば良い．拘束条件により自由度が $\theta_{y'}$ 一つになっているため，運動方程式も一つで必要十分なのである．

(11.70) 式と第 5 章で紹介した単振り子の方程式 $l\ddot{\theta}=-mg\sin\theta$ を比較すると，実体振り子の周期は

$$
l=\frac{I}{Mh}
\tag{11.71}
$$

という長さの単振り子の周期と一致することがわかる．l を相当単振り子の長さと呼ぶ．単振り子と同様，振動の振幅が小さいときは単振動を行い，周期は

$$
T=2\pi\sqrt{\frac{I}{Mgh}}
\tag{11.72}
$$

となる．

例題 11.9 半径 R で質量 M の円板状の滑車がある．固定軸は水平に円板の中心を貫いているとする．ここに，質量のない弦でつながれた質量 m_1 と m_2 の質点を吊るす．$m_1>m_2$ として，質点の加速度を求めなさい．ここで，弦と滑車の間に滑りは生じないものとする．また，弦は常に張ったままで伸び縮みやたるみはないものとする．

解 第 4 章で滑車の問題を考えたが，そのときは無視していた滑車の慣性モーメントも取り込んで議論せよ，という問題である．

まず，滑車の慣性モーメントは $I=MR^2/2$ である．質点 m_1 と m_2 に働く張力をそれぞれ T_1, T_2 とする．質点 m_1 の加速度を a とすると，

$$
m_1a=m_1g-T_1,
\tag{11.73}
$$

$$
m_2a=T_2-m_2g.
\tag{11.74}
$$

滑車の角加速度は a/R となるので，滑車のトルクに関する方程式は

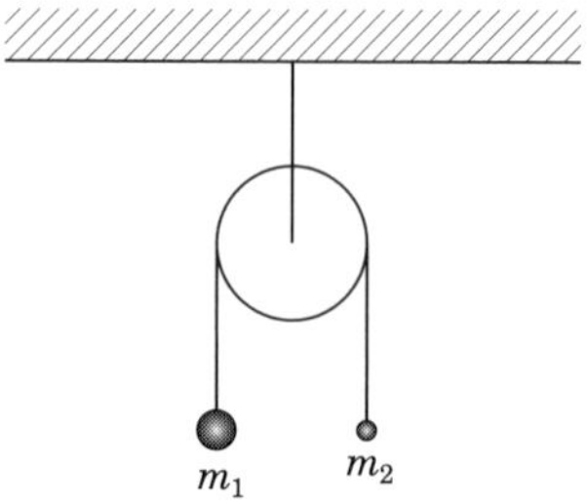

図 11.15 慣性モーメントを持つ滑車の問題.

$$\frac{Ia}{R} = (T_1 - T_2)R. \tag{11.75}$$

(11.73) 式と (11.74) 式を辺々足すと $T_1 - T_2$ が得られるので，(11.75) 式の右辺に代入すると a に関する方程式となり，

$$a = \frac{(m_1 - m_2)g}{m_1 + m_2 + M}. \tag{11.76}$$

よって，滑車の質量が加わった分だけ加速度が小さくなる. □

軸が固定されている場合の剛体の運動エネルギー

質点系の議論との対応の表 11.1 をもとに剛体の運動エネルギーの一般的な式を書き下すと，

$$\begin{aligned} T &= \int \frac{dm}{2} \left(\frac{d\boldsymbol{R}}{dt} \right)^2 \\ &= \int \frac{dm}{2} \left(\frac{d\boldsymbol{R}_{\mathrm{O}'}}{dt} + \frac{d\boldsymbol{\theta}}{dt} \times \boldsymbol{r}' \right)^2 . \end{aligned} \tag{11.77}$$

ここで，(11.5) 式を用いた (図 11.2 (p.187) も参照). これまで議論していたような，固定軸周りの回転運動の場合，固定軸上に O' を選ぶことによって，$\boldsymbol{R}_{\mathrm{O}'} = 0$ となる. そして，$\boldsymbol{n}$ を回転ベクトルに平行な単位ベクトルとすると，角速度ベクトルは $\dot{\boldsymbol{\theta}} = \dot{\theta}\boldsymbol{n}$ である. $\boldsymbol{r}'$ と $\boldsymbol{n}$ のなす角を ϕ とする. このとき $|\boldsymbol{n} \times \boldsymbol{r}'| = r' \sin\phi$ は点 P の回転半径となる. よって

$$T = \left(\frac{d\theta}{dt} \right)^2 \int \frac{dm}{2} (\boldsymbol{n} \times \boldsymbol{r}')^2 = \frac{I}{2} \left(\frac{d\theta}{dt} \right)^2 . \tag{11.78}$$

ここで，I は回転軸周りの慣性モーメントである．質点の運動エネルギー $m\dot{\boldsymbol{r}}^2/2$ と比べると，質量が慣性モーメント，速度が角速度に置き換わっていることがわかり，表 11.2 の対応関係が成り立っていることがここでもわかる．

11.6 平面運動

これまで剛体の回転に焦点を当てて議論してきたが，この節では並進と回転が同時に起こる，より一般的な場合を考えていこう．その簡単な例が平面運動である．これは，剛体中のすべての点が一つの固定した平面にそれぞれ平行に運動することを言う．この場合，平面内を剛体内の基準点が並進する自由度が 2, 回転に関しては固定平面に垂直な軸しか許されないので自由度は 1, 合計 3 自由度となる．平面運動の際には，基準点として重心 G を選ぶのが一般的である．よって，運動方程式は (11.29) 式と (11.30) 式となる．

斜面を転がる球の問題

平面運動のできるだけ簡単な一例として，斜面を最大傾斜線にそって一直線に転がる球の問題を考えよう[12]．

図 11.16 のように，斜面に平行かつ斜面を降りる向きに x 軸，斜面に垂直で上向きに y 軸をとり，球の重心座標を $(X_{\rm G}, Y_{\rm G})$ とする．斜面の角度を φ, 斜面から球に及ぼされる垂直抗力を N とする．斜面は粗く，球との間には摩擦力 F が働くものとする．そして最大静止摩擦係数を μ, 滑り摩擦係数を μ' とする $(\mu > \mu')$．また，球の回転角を θ とし，球が反時計回りに回ると増大するものとする．球の慣性モーメントは $I = 2MR^2/5$ である (表 11.3)．

運動方程式は，

$$M\frac{d^2X_{\rm G}}{dt^2} = Mg\sin\varphi - F, \tag{11.79}$$

$$0 = -Mg\cos\varphi + N, \tag{11.80}$$

$$I\frac{d^2\theta}{dt^2} = Fa. \tag{11.81}$$

12] 曲がるともはや平面運動でなくなる．

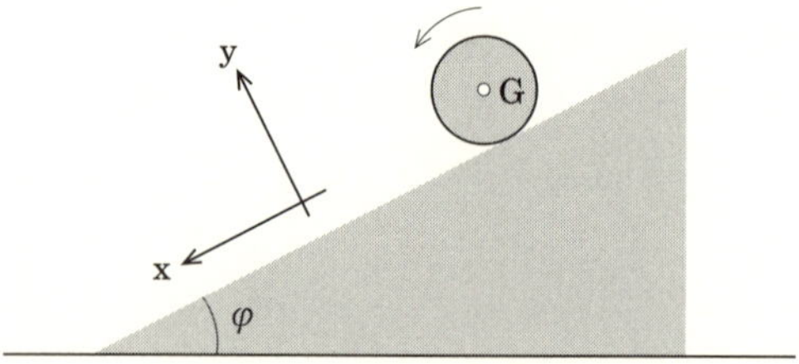

図 11.16 斜面を転がる球.

ところで，未知数が X_G, θ, N, F の四つであるのに対し，方程式は 3 本しかない．そこでさらなる条件を加える必要がある．それは，**(i) 球が滑らずに転がる場合**と，**(ii) 球が滑りながら転がる場合**，この二つに場合分けすることによって解決される．

(i) は F が最大静止摩擦力よりも小さい場合，すなわち

$$F \leqq \mu N \tag{11.82}$$

が満たされている場合である．このとき，新たな条件として

$$dX_G = a d\theta \tag{11.83}$$

が加わる．よって，

$$\frac{d^2 X_G}{dt^2} = \frac{Mg\sin\varphi}{M + I/a^2} = \frac{5}{7} g \sin\varphi, \tag{11.84}$$

$$F = \frac{2}{7} Mg\sin\varphi, \tag{11.85}$$

$$N = Mg\cos\varphi \tag{11.86}$$

のように解が得られる．ところで前提条件 (11.82) 式より，

$$\frac{F}{N} = \frac{2}{7}\tan\varphi \leqq \mu \tag{11.87}$$

が満たされている必要がある．

傾斜角 φ が大きくなったり，あるいは雨が降って斜面が滑りやすくなるなどしたため (11.87) 式が満たされなくなったとする．すなわち

$$\frac{2}{7}\tan\varphi > \mu > \mu' \tag{11.88}$$

となったとき，これが (ii) の場合に相当する．このときは F が滑り摩擦に一致する．すなわち，

$$F = \mu' N \tag{11.89}$$

となり，解は

$$\frac{d^2 X_{\rm G}}{dt^2} = g\sin\varphi - g\mu'\cos\varphi, \tag{11.90}$$

$$\frac{d^2\theta}{dt^2} = \frac{5g\mu'}{2a}\cos\varphi \tag{11.91}$$

のように求まる．$t=0$ で $\dot{X}_{\rm G}=0, \dot{\theta}=0$ とした場合，前提条件 (11.88) を考慮にいれると，重心の速度と接触点における回転速度の差は

$$\frac{dX_{\rm G}}{dt} - a\frac{d\theta}{dt} = gt(\sin\varphi - \frac{7\mu'}{2}\cos\varphi) > 0 \tag{11.92}$$

となる．これは重心が斜面を下る速さに回転が追いつかず，接触点で滑りが生じていることを示している．

例題 11.10 円板が壁と衝突する問題を考えよう．図 11.17 のように，滑らかな水平面上を滑る円板が粗い表面を持つ壁と斜めに衝突する．衝突後の円板の重心速度と角速度を求めなさい．ただし，壁の法線方向に関する衝突は完全弾性衝突であるとする．また，衝突前は円板は回転していないものとする．

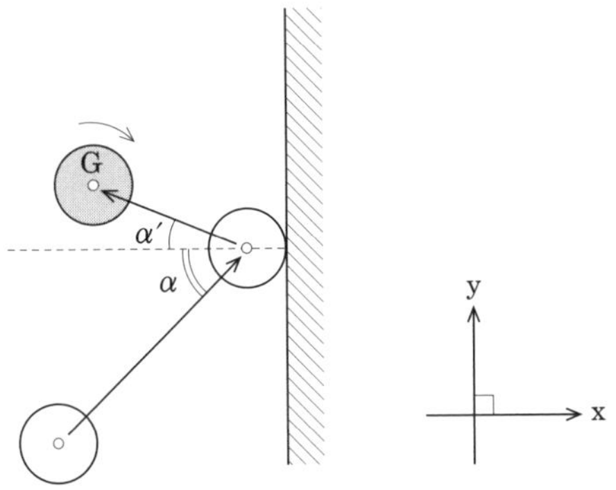

図 11.17 壁に衝突する円板．

解　図 11.17 のように，壁の法線方向に x 軸，それに垂直な平面内に y 軸をとる．衝突前の円板の速度を (V_{0x}, V_{0y}) とする．壁が円板に及ぼす抗力により生じる撃力を $-\bar{N}$, 摩擦力により生じる撃力を $-\bar{F}$ とする．円板の質量を M, 半径を R とすると，慣性モーメントは $MR^2/2$ となる (表 11.3).

求めたい衝突後の速度を (V_x', V_y'), 角速度を ω' とする．運動量および角運動量に関する方程式は，(11.29), (11.30) 式を時間で 1 回積分することにより得られ (10.5 節も参照),

$$MV_x' - MV_x = -\bar{N}, \tag{11.93}$$

$$MV_y' - MV_y = -\bar{F}, \tag{11.94}$$

$$\frac{MR^2}{2}\omega' = -\bar{F}R. \tag{11.95}$$

また，壁の法線方向に対する衝突は完全弾性的であるので跳ね返り係数は 1, すなわち,

$$\frac{-V_x'}{V_x} = 1, \tag{11.96}$$

したがって

$$V_x' = -V_x, \quad \bar{N} = 2MV_x. \tag{11.97}$$

(i) 衝突時に円板と壁の間に滑りがない場合

円板の静止摩擦係数を μ とすると,

$$\bar{F} \leqq \mu\bar{N} \tag{11.98}$$

が満たされていることが前提条件である．滑りがないことから,

$$V_y' = -R\omega. \tag{11.99}$$

これを (11.95) に代入すると,

$$\bar{F} = \frac{MV_y'}{2}. \tag{11.100}$$

これを (11.94) に代入して整理すると,

$$V_y' = \frac{2}{3}V_y. \tag{11.101}$$

これを (11.99) 式に代入して,

$$\omega = \frac{2V_y}{3R}. \tag{11.102}$$

ところで，前提条件 (11.98) が満たされるためには

$$\frac{MV_y}{2} \leqq 2\mu MV_x, \tag{11.103}$$

すなわち

$$\tan\alpha \leqq 4\mu \tag{11.104}$$

が満たされていなければならない．ここで，

$$\alpha = \tan^{-1}\frac{V_y}{V_x} \tag{11.105}$$

は衝突前の円板の軌道と壁の法線方向とのなす角である (図 11.17 (p.213))．速さにはまったく依存せず，速度の向きにのみ依存する点に注目してほしい．すなわち，どんなに速いスピードでぶつけても α が (11.104) 式を満たす程度に小さければ滑らないし，どんなにゆっくりぶつけても α が (11.104) 式を満たさない程度に大きければ滑ってしまう．

反射後の軌道と法線方向のなす角を α' とすると (図 11.17)，

$$\begin{aligned}\alpha' &= \tan^{-1}\left|\frac{V'_y}{V'_x}\right| \\ &= \tan^{-1}\frac{2V_y}{3V_x},\end{aligned}$$

したがって

$$\alpha > \alpha'. \tag{11.106}$$

すなわち，“反射の法則”が成り立たなくなることがわかる．

(ii) 衝突時に円板と壁の間で滑りが生じる場合

滑らない条件 (11.104) が満たされない場合，すなわち

$$\tan\alpha > 4\mu \tag{11.107}$$

の場合である．壁と円板の間の滑り摩擦係数を μ' とすると，

$$\bar{F} = \mu'\bar{N} = 2\mu' MV_{0x}. \tag{11.108}$$

これを (11.94) 式と (11.95) 式に代入して，

$$V_y' = V_y - 2\mu' V_x, \tag{11.109}$$

$$\omega = \frac{4\mu' V_x}{R} \tag{11.110}$$

を得る．ところで，

$$\tan\alpha' = \frac{V_y}{V_x} - 2\mu' \tag{11.111}$$

となるため，摩擦力がゼロの極限で“反射の法則”が成り立つことがわかる． □

平面運動をしている剛体の運動エネルギー

運動エネルギーについてコメントしておこう．剛体内の基準点を重心にとる．重心はいま平面運動をしているので，座標は 2 次元 $\boldsymbol{R}_{\rm G} = (X_{\rm G}, Y_{\rm G})$ となる．角速度ベクトルは平面に垂直となるので，$\dot{\boldsymbol{\theta}} = \dot{\theta}\boldsymbol{e}_z$ と書かれる．このとき，運動エネルギー (11.77) は

$$\begin{aligned} T &= \int \frac{dm}{2}\left(\frac{d\boldsymbol{R}_G}{dt} + \frac{d\boldsymbol{\theta}}{dt}\times\boldsymbol{r}\right)^2 \\ &= \int \frac{dm}{2}\left\{\left(\frac{d\boldsymbol{R}_G}{dt}\right)^2 + \left(\frac{d\theta}{dt}\right)^2(\boldsymbol{e}_z\times\boldsymbol{r})^2\right\} \\ &= \frac{M}{2}\left\{\left(\frac{dX_{\rm G}}{dt}\right)^2 + \left(\frac{dY_{\rm G}}{dt}\right)^2\right\} + \frac{I_{\rm G}}{2}\left(\frac{d\theta}{dt}\right)^2 \end{aligned} \tag{11.112}$$

となる．ここで，重心の定義より

$$\int dm\, \boldsymbol{r} = 0 \tag{11.113}$$

が成り立つことを用いた．また，

$$I_{\rm G} = \int dm\,(\boldsymbol{e}_z\times\boldsymbol{r})^2 \tag{11.114}$$

は重心を通り運動平面に垂直な回転軸のまわりの慣性モーメントである．よって (11.112) 式より，平面運動をしている剛体の運動エネルギーは，重心の並進運動による部分と，重心の回りの回転運動による部分にきれいに分離されることがわかる．

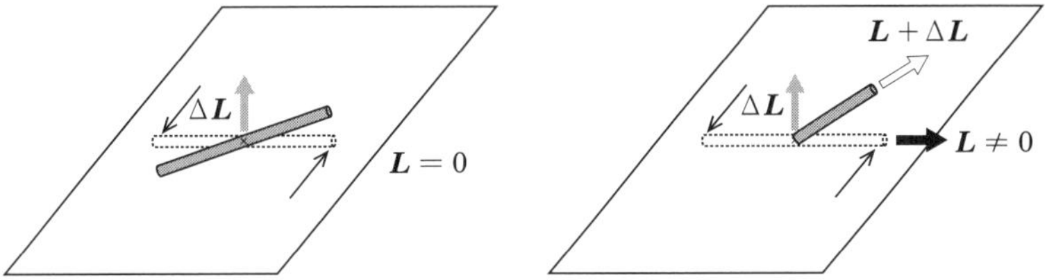

図 11.18 棒に偶力を加えたときの図. (a) 棒の軸方向の角運動量 $\boldsymbol{L}=0$ の場合, 棒は初めに横たわっていたのと同じ平面内を重心を中心として回転する. (b) $\boldsymbol{L}\neq 0$ の場合, 棒は初め横たわっていた平面内から立ち上がろうとする. ここで, 平面の下に潜り込んでかくれてしまった棒の部分は描いていないことに注意してほしい.

11.7 角運動量を持つ棒の運動

固定軸や平面などに拘束されないより一般的な剛体の 3 次元運動についても, (11.29) 式と (11.30) 式を用いて定量的に議論することができる. しかし, 計算は非常に煩雑になる. ここでは, 比較的簡単に剛体の興味深い性質を垣間見ることができる模型を定性的に議論してみたいと思う.

いま, 無重力空間で静止している一様な棒を考える (図 11.18). 棒は太さを持っており, 棒の中心軸回りの角運動量を持つことができる. これを $\boldsymbol{L}$ とする. まず, $\boldsymbol{L}=0$ の場合を考える. そして棒が横たわっているのと同じ平面内で (これを xy 平面とする), 大きさは等しく向きが互いに逆の力を棒の両端に加える. このような力を**偶力**と呼ぶ. 偶力の総和はゼロになるので, 棒の重心は静止し続ける. しかし重心の回りに xy 平面に垂直なトルクが加わるので, 棒は xy 平面内で回転をする.

次に, $\boldsymbol{L}\neq 0$ の場合を考える. 先ほどと同様に, 始め棒 (角運動量 $\boldsymbol{L}$) は xy 平面内に横たわっているとする. そこへ棒の両端に偶力を加えると, xy 平面に対し垂直なトルクが棒に加わる. 角運動量に関する運動方程式より, $\boldsymbol{L}$ はトルクが向く向きに変化して行く, すなわちそれまで横たわっていた xy 平面から起き上がろうとする. ところで $\boldsymbol{L}$ は棒の中心軸と平行である. そのため, 棒も xy 平面から起き上がるような運動をする. $\boldsymbol{L}$ が存在するのとしないのとで, 運動に大変大きな違いが生じるわけである. $\boldsymbol{L}=0$ のとき, 棒の両端は加えた力の向きに素直にしたがって変位していくが, $\boldsymbol{L}\neq 0$ のときは, 加えた力に対して垂直方向に変

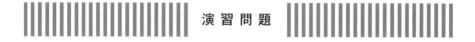

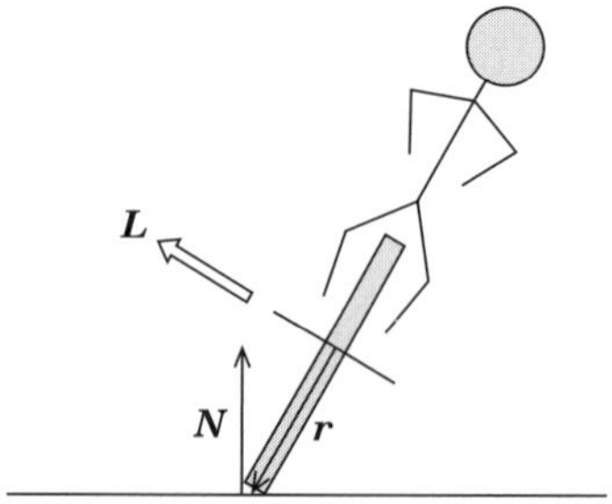

図 11.19 カーブを曲がる自転車．進行方向右側に傾いているものとする．$\boldsymbol{r} \times \boldsymbol{N}$ が車輪に加わるトルクとなる．この向きは紙面の手前から奥へ抜ける向きとなり，$\boldsymbol{L}$ すなわち回転軸もそちらへ向こうとする．

位する．

これと同じ原理が働く現象で，自転車に乗っている状況を考えよう．カーブを曲がるとき，ハンドルをほとんど切らなくても傾けた方向に自転車がスムースに曲がるのを皆さん経験しているだろう．なぜだろうか．図 11.19 を見ていただきたい．これは紙面の手前から向こうへ向けて，進行方向右側に傾きながら走り抜けている自転車の車輪の部分を示している．車輪は車軸にそって図の左斜め上向きの角運動量 $\boldsymbol{L}$ を持つ．一方で，車輪は地面から垂直抗力 $\boldsymbol{N}$ を受ける．この垂直抗力は車輪に対し，紙面の手前から向こう側へ向いたトルクを与える．よって，微小時間経った後に角運動量すなわち車軸は，紙面を手前から向こう側へ斜めに抜ける向きへと変化していく．これを有限時間繰り返して行くことにより，自転車は右へ右へと曲がって行くわけである．自転車が止まっている場合は ($\boldsymbol{L} = 0$)，ただ単純に倒れてしまうことも理解できる．まったく同じ理由でコマの首振り (歳差) 運動も説明できる．

演習問題

問 11.1 回転楕円体とは，楕円を長軸あるいは短軸のまわりで回転させてできる立体である．いま，長軸と短軸の長さがそれぞれ $2a$, $2b$ の楕円があったとして，これを長軸のまわりで回転させてできる回転楕円体を考える (図 11.20 参照)．こ

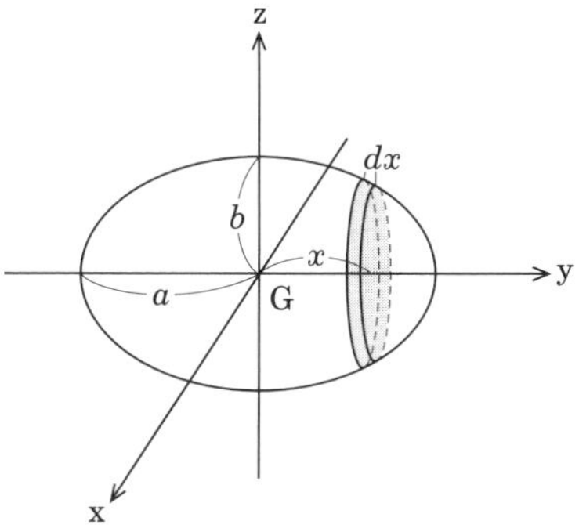

図 11.20　回転楕円体.

の回転対称軸のまわりの慣性モーメントを求めなさい．ただし，回転楕円体の質量を M とし，密度は一様であるとする．

問 11.2　同じ缶ジュースが 2 本ある．一本は常温で保存したもの，もう一本は冷凍庫で完全に凍らせた状態になっている．これらを同じ斜面の最速降下線にそって転がしたとき，どちらの加速度の方が大きくなるだろうか？

問 11.3　第 10 章の問題で，質点の代わりに静止している円板に他の円板を衝突させる問題を考える．入射する円板 1 の質量，半径，速さをそれぞれ m_1, a_1, v_0 とし，静止している円板 2 の質量と半径を m_2, a_2 とする．また，円板 1 と 2 の間の最大静止摩擦係数および滑り摩擦係数を μ と μ' とする．衝突前には両方の円板とも回転はしていないとする．衝突後の円板 1 と 2 の速度がそれぞれ入射方向となす角を θ と ϕ として，入射粒子の散乱角 θ を ϕ の関数として表しなさい．

付録

波動 (弦の振動) の方程式

弦や波などの連続体は質点が連続的に連なった状態とみなすことができ，連成振動 (10.8 節) において N 無限大の極限をとった場合に相当する．この極限をとることから弦の振動の方程式，すなわち波動方程式が導かれることを示す．

図 A.1 のような，全体の長さが L の領域の中に閉じ込められている N 個の連成振動子からスタートする．n 番目の質点の，つりあいの位置からの変位の表し方として，第 10 章では $u_n(t)$ と表していた．ここでは都合上，$u(x_n, t)$ と表すことにする．ただし，x_n は，n 番目の質点のつりあいの位置を指す (図 A.1 参照).

この表記で連成振動の運動方程式を書くと，

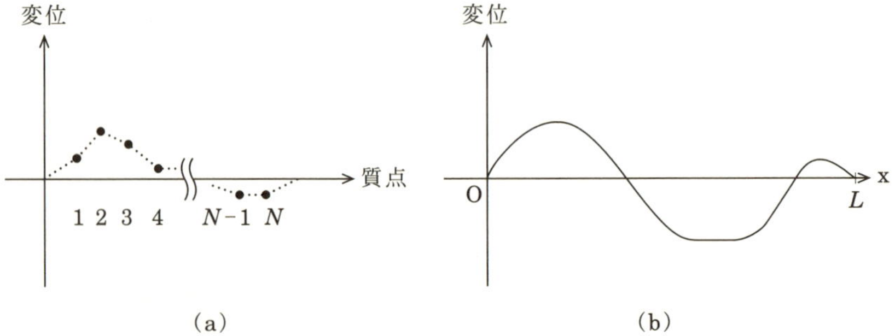

図 A.1　(a) N 個の質点の連成振動における各質点の変位の模式図．(b) $N \to \infty$ の極限をとったもの．

$$
\begin{aligned}
m\ddot{u}(x_n,t) &= -k\left\{u(x_n,t)-u(x_{n-1},t)\right\}+k\left\{u(x_{n+1},t)-u(x_n,t)\right\} \\
&= ku(x_{n-1},t)-2ku(x_n,t)+ku(x_{n+1},t).
\end{aligned} \tag{A.1}
$$

つりあいの状態における質点の間隔を a とすると，

$$
a=\frac{L}{N+1}\simeq\frac{L}{N}. \tag{A.2}
$$

ここで，N が 1 よりも十分大きい整数であることを用いた．これを使うと

$$
x_n = na \simeq \frac{nL}{N}, \tag{A.3}
$$

$$
\Delta x_n = x_{n+1}-x_n = \frac{L}{N} \tag{A.4}
$$

と表すことができる．ここで，L を一定にして $N\to\infty$ とすると，x_n はほとんど連続とみなせる．よって，

$$
x_n \to x, \tag{A.5}
$$

$$
\Delta x_n \to dx \tag{A.6}
$$

のように，連続変数に置き換えることができる．運動方程式 (A.1) においてこの置き換えをすると，

$$
m\frac{\partial^2 u(x,t)}{\partial t^2} = ku(x-dx,t)-2ku(x,t)+ku(x+dx,t) \tag{A.7}
$$

となる．そして，テイラー展開

$$
u(x\pm dx,t) = u(x,t)+dx\frac{\partial u(x,t)}{\partial x}+\frac{1}{2}(dx)^2\frac{\partial^2 u(x,t)}{\partial x^2}+\mathcal{O}(dx^3) \tag{A.8}
$$

を用いると，(A.7) 式は

$$
\frac{\partial^2 u(x,t)}{\partial t^2} = v^2\frac{\partial^2 u(x,t)}{\partial x^2} \tag{A.9}
$$

のようになる．これを波動方程式と呼ぶ．ただし，

$$
v=\sqrt{\frac{k(dx)^2}{m}}=\sqrt{\frac{T}{\rho}} \tag{A.10}
$$

は後にわかるように波の速さ，$T=kdx$ は dx あたりに働く弦の張力，$\rho=m/dx$ は弦の質量線密度を表す．

例題 A.1 波動方程式 (A.9) について．

(1) $u(x,t) = f(x \pm vt)$ というかたちの関数が解となることを確かめなさい．ただし，$v > 0$ とする．

(2) $f(x \pm vt)$ はそれぞれ速度が $\pm v$ の波の解であることを確かめなさい．

解 (1) $f(x \pm vt)$ において $y = x \pm vt$ とおくと，

$$\frac{\partial f(x \pm vt)}{\partial t} = \frac{\partial y}{\partial t}\frac{df}{dy} = \pm v\frac{df}{dy}, \tag{A.11}$$

$$\frac{\partial^2 f(x \pm vt)}{\partial t^2} = \pm v\frac{\partial y}{\partial t}\frac{d}{dy}\left(\frac{df}{dy}\right) = v^2\frac{d^2 f}{dy^2}, \tag{A.12}$$

$$\frac{\partial f(x \pm vt)}{\partial x} = \frac{\partial y}{\partial x}\frac{df}{dy} = \frac{df}{dy}, \tag{A.13}$$

$$\frac{\partial^2 f(x \pm vt)}{\partial x^2} = \frac{\partial y}{\partial x}\frac{d}{dy}\left(\frac{df}{dy}\right)\frac{d^2 f}{dy^2}. \tag{A.14}$$

(A.12) 式と (A.14) 式を比べると，

$$\frac{\partial^2 f(x \pm vt)}{\partial t^2} = v^2\frac{\partial^2 f(x \pm vt)}{\partial x^2} \tag{A.15}$$

となり，確かに波動方程式 (A.9) を満たしていることがわかる．

(2) 関数 $f(x - vt)$ について考える．たとえば $t = 0$ のときの波形，すなわち $f(x)$ が図 A.2 の点線のような孤立波で与えられているとする[1]．ここから時間が t_1 だけ経過すると，関数は $f(x - vt_1)$ のようになる．このかたちは図 A.2 の実線のように，$f(x)$ を x 軸の正の向きに vt_1 だけずらしたものとなる．すなわち，時

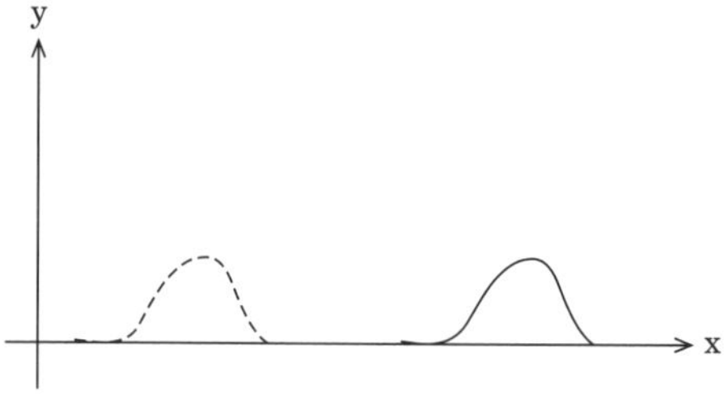

図 A.2 孤立波 $y = f(x - vt)$ の伝わり方．点線は $t = 0$ のときの波形．実線は $t = t_1$ のときの波形．

1] 波のかたちはどんなものであっても差し支えない．簡単のため孤立波としている．

間 t_1 の間に x 軸の正の向きへ vt_1 だけ変位したわけだから，速度は v となる．同様に $f(x + vt)$ についても考えると，速度は $-v$ となっていることがわかる． □

参考文献

力学の入門的な教科書として，

[1] 戸田盛和『力学 (物理入門シリーズ 1)』岩波書店 (1982)

[2] ファインマン著，坪井忠二訳『力学 (ファインマン物理学 I)』岩波書店 (1967, 新装版 1986)

などが非常に有名である．より発展的な内容を含む著名な教科書として，

[3] ランダウ，リフシッツ著，広重 徹・水戸 巌訳『力学 (ランダウ=リフシッツ理論物理学教程) (増訂第 3 版)』東京図書 (1986)

は大変示唆に富む．また，本書を執筆する上で，

[4] 多田政忠編『新稿 物理学概説 (上)』学術図書 (1974, 新稿版 1999)

[5] 原島 鮮『力学 (三訂版)』裳華房 (1985)

をしばしば参考にした．物理数学に関しては，

[6] 久保 健，打波 守『応用から学ぶ理工学のための基礎数学』培風館 (2007)

[7] 和達三樹『物理のための数学 (物理入門コース 10)』岩波書店 (1983)

[8] アルフケン，ウェーバー著，権平健一郎ほか訳『基礎物理学第 4 版 Vol.1–4 (KS 理工学専門書)』講談社 (1999)

などが非常に有用である (順序は難易度を目安とした).

演習問題の解答

第2章の解答

問 2.1　図 S.1 のように，太郎が進む速さを v, 太郎が進む方向と道路が延びている方向とのなす角を ϕ とする．道路を渡りきるまでの時間を T とすると，

$$W = vT\sin\phi. \tag{S.1}$$

また，太郎が車とぶつからずに道路を渡ることができる条件は

$$L + vT\cos\phi > VT \tag{S.2}$$

となるので，求める最小の速さを v_0, 角度を ϕ_0 とすれば，

$$W = v_0 T\sin\phi_0, \tag{S.3}$$

$$L + v_0 T\cos\phi_0 = VT \tag{S.4}$$

という条件が得られる．T を消去することを考えよう．(S.3) 式から，

$$T = \frac{W}{v_0\sin\phi_0}. \tag{S.5}$$

これを (S.4) 式に代入し，v_0 について求めてみると，

$$v_0 = \frac{VW}{L\sin\phi_0 + W\cos\phi_0}. \tag{S.6}$$

これが最小になるための条件は，分母の式

$$y = L\sin\phi_0 + W\cos\phi_0 \tag{S.7}$$

が最大になればよい．その条件は

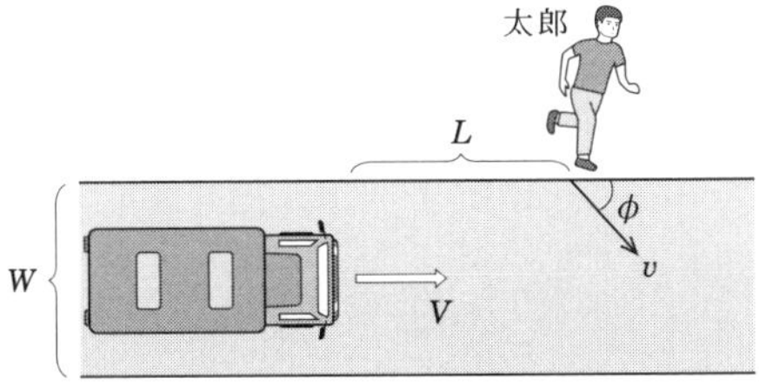

図 S.1　道路を渡る太郎.

$$\frac{dy}{d\phi_0} = L\cos\phi_0 - W\sin\phi_0 = 0. \tag{S.8}$$

よって，

$$\phi_0 = \tan^{-1}\frac{L}{W} \tag{S.9}$$

がまず求まる．これより，

$$\sin\phi_0 = \frac{L}{\sqrt{L^2+W^2}}, \tag{S.10}$$

$$\cos\phi_0 = \frac{W}{\sqrt{L^2+W^2}} \tag{S.11}$$

となるので，これを (S.6) 式に代入して，

$$v_0 = \frac{VW}{\sqrt{L^2+W^2}} \tag{S.12}$$

を得る．

問 2.2 円運動であるから，半径 $r = a =$ 一定．よって，

$$\dot{\boldsymbol{r}} = a\dot{\phi}\boldsymbol{e}_\phi, \tag{S.13}$$

$$\ddot{\boldsymbol{r}} = -a\dot{\phi}^2\boldsymbol{e}_r + a\ddot{\phi}\boldsymbol{e}_\phi. \tag{S.14}$$

等速円運動と異なり，加速度の ϕ 成分 (これを角加速度という) が生じていることがわかる．

第４章の解答

問 4.1 鉛直上向きに z 軸を選ぶ．速度を v_z とすると，質点 m が落下する際の運動方程式は

$$m\frac{dv_z}{dt} = -mg + m\eta v_z^2 \tag{S.15}$$

と書き表すことができる．ただし，η は正の定数である．速度が一定のとき $\dot{v_z} = 0$ となるので，終端速度を v_{zf} とすれば

$$0 = -mg + m\eta v_{zf}^2. \tag{S.16}$$

したがって，

$$v_{zf} = \sqrt{\frac{g}{m\eta}}.$$

問 4.2 円周の最下点を原点として，鉛直上向きに z 軸を選ぶ．虫がいる地点における円周の接線の傾きを θ とする．虫が登るにつれて θ は増加し，虫に作用する静止摩擦力もそれ

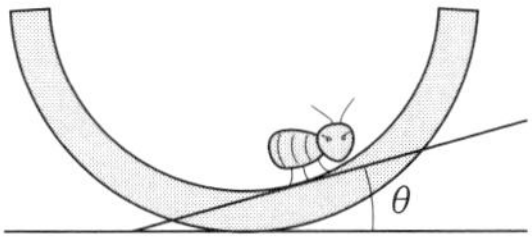

図 S.2　這い上がる虫.

につれて増加する．静止摩擦力が最大となる地点 (ここにおける $\theta = \theta_0$ とする) では，

$$\tan\theta_0 = \mu. \tag{S.17}$$

これより上へ行こうとしても，虫は滑って登れない．このときの虫の z 座標を $z_{最高}$ とすると，

$$\begin{aligned} z_{最高} &= R(1-\cos\theta_0) \\ &= R\left(1-\sqrt{\frac{1}{1+\mu^2}}\right). \end{aligned} \tag{S.18}$$

問 4.3　弦にかかる張力を T とすると，6 本の弦で物体を支えているので，物体の運動方程式は

$$MA = -Mg + 6T.$$

したがって，

$$T = \frac{M(A+g)}{6}. \tag{S.19}$$

第5章の解答

問 5.1　振幅が小さいとしたときの振り子の運動方程式は

$$ml\frac{d^2\phi}{dt^2} = -mg\phi - 2m\gamma l\frac{d\phi}{dt} - 2m\gamma' a\frac{d\phi}{dt} \tag{S.20}$$

と表すことができる．最後の項が新たに考慮した支点球と受け皿の粘性抵抗である．両辺を ml で割ると，

$$\frac{d^2\phi}{dt^2} = -\frac{g}{l}\phi - 2\gamma\frac{d\phi}{dt} - 2\gamma'\frac{a}{l}\frac{d\phi}{dt}. \tag{S.21}$$

よって，l を長くすることで支点球と受け皿の粘性抵抗の影響を小さくすることができる．

余談であるが，弘前大学にあるフーコーの振り子 (詳細は 9.4 節参照) は振り子の長さが日本一長いが，そのメリットの一つは (S.21) 式の右辺第 3 項で表される支点の抵抗の影響を極力抑えるためと言える．実際に支点として用いられている構造は球状ではなくナイフ・エッジと呼ばれるものであるが，これは γ' を小さくするための工夫と言える．

第6章の解答

問 6.1 (1) 力学的エネルギーの時間微分は，運動方程式 (5.64) を用いて，

$$\begin{aligned}\frac{dE}{dt} &= \frac{d}{dt}\left\{\frac{m}{2}\left(\frac{dx}{dt}\right)^2 + \frac{k}{2}x^2\right\} \\ &= \left(m\frac{d^2x}{dt^2} + kx\right)\frac{dx}{dt} \\ &= -2m\gamma\left(\frac{dx}{dt}\right)^2 < 0. \end{aligned} \tag{S.22}$$

よって，力学的エネルギーは抵抗力による散逸のため減少し最終的にはゼロとなり，質点は静止する．

(2) 第 5 章 (5.5 節) で調べたように，強制力を加えて十分な時間が経った後では，物体の振動は特解

$$x_{sp}(t) = \frac{F_0}{m\sqrt{(\omega_0^2 - \Omega^2)^2 + 4\gamma^2\Omega^2}}\cos(\Omega t - \delta'), \tag{S.23}$$

$$\tan\delta' = \frac{2\gamma\Omega}{\omega_0^2 - \Omega^2} \tag{S.24}$$

で表される．強制振動の一周期 $T = 2\pi/\Omega$ における力学的エネルギーの平均値は

$$\begin{aligned}\langle E\rangle &= \frac{1}{T}\int_0^T dt\left\{\frac{m}{2}\left(\frac{dx_{sp}}{dt}\right)^2 + \frac{k}{2}x_{sp}^2\right\} \\ &= \frac{F_0^2\Omega}{2\pi m^2\{(\omega_0^2 - \Omega^2)^2 + 4\gamma^2\Omega^2\}} \\ &\quad \times \int_0^{2\pi/\Omega} dt\left\{\frac{m}{2}\Omega^2\sin^2(\Omega t - \delta') + \frac{k}{2}\cos^2(\Omega t - \delta')\right\} \\ &= \frac{F_0^2(\Omega^2 + \omega_0^2)}{4m\{(\omega_0^2 - \Omega^2)^2 + 4\gamma^2\Omega^2\}}, \end{aligned} \tag{S.25}$$

すなわち，抵抗力のみが働いている (1) の場合とは異なり，力学的エネルギーはゼロにはならない．この結果は，減衰によって散逸していく力学的エネルギーが強制振動により加えられるエネルギーによって補われていることを意味している．

問 6.2 引っ張るのに必要な力がおもりの重さの 1/6 倍なので，力学的エネルギーの保存

則よりロープを引かなければならない長さは $6h$ となる．

第7章の解答

問 7.1 焦点の座標を $(x_0, 0)$ とすると，

$$r = \sqrt{(x - x_0)^2 + y^2}, \tag{S.26}$$

$$r\cos\phi = x - x_0 \tag{S.27}$$

となるので，曲線の方程式として

$$(1 - e^2)(x - x_0)^2 + 2el(x - x_0) + y^2 = l^2 \tag{S.28}$$

が得られる．これは確かに $e < 1$ で楕円，$e = 1$ で放物線，$e > 1$ で双曲線となっていることがわかる．

第8章の解答

問 8.1 電子の y 方向の運動方程式は

$$m\frac{d^2y}{dt^2} = -e_0 E_y \tag{S.29}$$

となるので，時刻 t における電子の位置は

$$x = v_0 t, \tag{S.30}$$

$$y = -\frac{e_0 E_y}{2m}t^2. \tag{S.31}$$

t を消去すると，$y = -e_0 E_y x^2/(2mv_0^2)$ となるので，

$$y_f = -\frac{e_0 E_y}{2m}\frac{L^2}{v_0^2}. \tag{S.32}$$

第10章の解答

問 10.1 入射粒子の速度を $\boldsymbol{v}_0$, 衝突後のそれぞれの粒子の速度を $\boldsymbol{v}_1$, $\boldsymbol{v}_2$ とする．完全弾性衝突であるから，運動エネルギーが保存するため，

$$\frac{m}{2}v_0^2 = \frac{m}{2}v_1^2 + \frac{m}{2}v_2^2. \tag{S.33}$$

また，運動量保存則より，

$$mv_0 = m\boldsymbol{v}_1 + m\boldsymbol{v}_2. \tag{S.34}$$

(S.34) 式を 2 乗すると，

$$v_0^2 = v_1^2 + v_2^2 + 2\boldsymbol{v}_1 \cdot \boldsymbol{v}_2. \tag{S.35}$$

これが (S.33) 式と矛盾しないためには

$$\boldsymbol{v}_1 \cdot \boldsymbol{v}_2 = 0, \tag{S.36}$$

すなわち衝突後の 2 粒子の速度は直交する．

問 10.2　図 S.3 のように θ_1, θ_2 を定義する．振り子がまっすぐ ($\theta_1 = \theta_2 = 0$) のときの質点の位置を基準として水平方向に x 軸をとり，高い方および低い方の質点の座標をそれぞれ x_1, x_2 とすると，

$$x_1 = l \sin\theta_1, \tag{S.37}$$

$$x_2 = l \sin\theta_2 \tag{S.38}$$

となる．振り子の x 方向の運動方程式は，上の弦および下の弦の張力をそれぞれ T_1, T_2 として

$$\begin{aligned} m\frac{d^2x_1}{dt^2} &= -T_1\sin\theta_1 + T_2\sin\theta_2 \\ &= -\frac{T_1}{l}x_1 + \frac{T_2}{l}(x_2 - x_1) \\ &= -\frac{T_1 + T_2}{l}x_1 + \frac{T_2}{l}x_2, \end{aligned} \tag{S.39}$$

$$\begin{aligned} m\frac{d^2x_2}{dt^2} &= -T_2\sin\theta_2 \\ &= \frac{T_2}{l}x_1 - \frac{T_2}{l}x_2. \end{aligned} \tag{S.40}$$

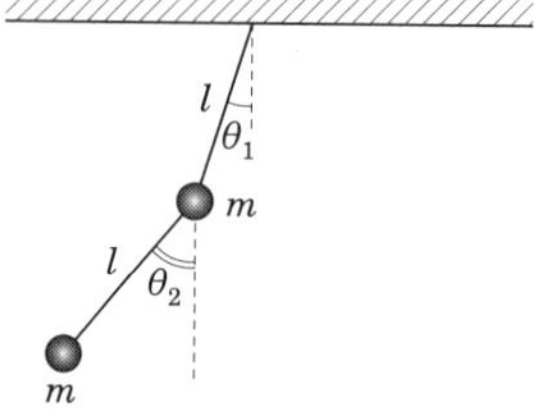

図 S.3　二重振り子．

また，振り子の振幅は十分に小さく鉛直方向の変位は無視できるとすると，

$$\begin{aligned} 0 &\simeq -mg + T_1\cos\theta_1 - T_2\cos\theta_2 \\ &\simeq -mg + T_1 - T_2, \end{aligned} \tag{S.41}$$

$$\begin{aligned} 0 &\simeq -mg + T_2\cos\theta_2 \\ &\simeq -mg + T_2. \end{aligned} \tag{S.42}$$

よって，

$$T_1 \simeq 2mg, \tag{S.43}$$

$$T_2 \simeq mg. \tag{S.44}$$

すると，運動方程式は (以下，近似していることを心に留め置きながら，$\simeq$ を $=$ と書いてしまおう)

$$m\frac{d^2x_1}{dt^2} = -\frac{3mg}{l}x_1 + \frac{mg}{l}x_2, \tag{S.45}$$

$$m\frac{d^2x_2}{dt^2} = \frac{mg}{l}x_1 - \frac{mg}{l}x_2. \tag{S.46}$$

ここで，

$$\begin{pmatrix} x_1(t) \\ x_2(t) \end{pmatrix} = \begin{pmatrix} A \\ B \end{pmatrix}\cos(\omega t + \delta) \tag{S.47}$$

とおき，(S.45) 式と (S.46) 式に代入すると，任意の時刻において等式が成り立つための条件式

$$\begin{pmatrix} \omega^2 - 3\omega_0^2 & \omega_0^2 \\ \omega_0^2 & \omega^2 - \omega_0^2 \end{pmatrix}\begin{pmatrix} A \\ B \end{pmatrix} = 0 \tag{S.48}$$

を得る．ただし，$\omega_0 = \sqrt{g/l}$ とおいた．自明でない解を得る条件，すなわち係数行列の行列式がゼロという条件から

$$\omega = \sqrt{2 \pm \sqrt{2}}\,\omega_0 \equiv \omega_\pm. \tag{S.49}$$

すなわち二つのモードが現れる．$\omega = \omega_-$ のときは $A:B = 1:1+\sqrt{2}$, $\omega = \omega_+$ のときは $A:B = 1:1-\sqrt{2}$ となるので，一般解は

$$\begin{pmatrix} x_1(t) \\ x_2(t) \end{pmatrix} = C_1\begin{pmatrix} 1 \\ 1-\sqrt{2} \end{pmatrix}\cos(\omega_+ t + \delta_+) + C_2\begin{pmatrix} 1 \\ 1+\sqrt{2} \end{pmatrix}\cos(\omega_- t + \delta_-) \tag{S.50}$$

のように表される．ただし，これは振幅が十分小さいとしたときの近似的な解であることを再度注意しておく．

第11章の解答

問 11.1　図 11.20 (p.219) の灰色部分で示したように，重心から回転対称軸に沿って x だけ離れたところにある厚さ dx の円板の半径は，

$$r = b\sqrt{1-\frac{x^2}{a^2}}$$

となる．よって，この部分の慣性モーメントに対する寄与は，回転楕円体の密度を ρ とすると，

$$dI = \frac{\rho\pi r^2 dx}{2} \times r^2 = \frac{\rho\pi b^4}{2}\left(1-\frac{x^2}{a^2}\right)^2 dx. \tag{S.51}$$

よって，求める慣性モーメントは

$$\begin{aligned} I &= \int_{-a}^{a} \frac{\rho\pi b^4}{2}\left(1-\frac{x^2}{a^2}\right)^2 dx \\ &= \frac{8\rho\pi b^4 a}{15}. \end{aligned} \tag{S.52}$$

ところで，$\rho = M/\left(\frac{4}{3}\pi b^2 a\right)$ より，

$$I = \frac{2Mb^2}{5}. \tag{S.53}$$

問 11.2　常温の缶と凍った缶の比較を始める前に，質量 M, 半径 a, 慣性モーメントが I の円筒が角度 θ の斜面の最速降下線に沿って降下していく様子を議論しておこう．斜面と円筒の間に働く摩擦力は f とし，最大静止摩擦係数を μ, 滑り摩擦係数を $\mu'(<\mu)$ とする．最速降下線に沿って下向きに x 軸をとると，垂直抗力を N, 角速度を ω として，

$$M\ddot{x} = Mg\sin\theta - f, \tag{S.54}$$

$$N = Mg\cos\theta, \tag{S.55}$$

$$I\dot{\omega} = fa \tag{S.56}$$

が成り立つ．

(i) 斜面と円筒の間に滑りがない場合 ($f < \mu N$).

$$\dot{x} = fa \tag{S.57}$$

となるので，

$$f = \frac{I}{a^2}\ddot{x}. \tag{S.58}$$

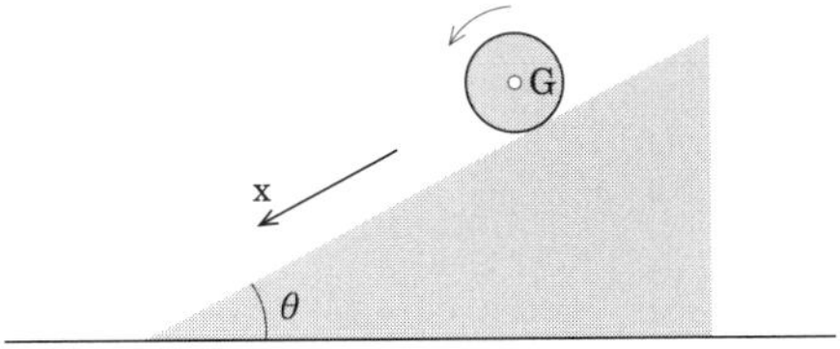

図 S.4　斜面を降下する円筒.

(S.58) 式を (S.54) 式に代入して,

$$\ddot{x} = \frac{Mga^2 \sin\theta}{Ma^2 + I} \tag{S.59}$$

が得られる．ところで，滑りがない条件より,

$$f = \frac{IMg\sin\theta}{Ma^2 + I} < \mu N = \mu Mg\cos\theta.$$

よって斜面の角度に対し,

$$\tan\theta < \mu\left(1 + \frac{Ma^2}{I}\right) \equiv \tan\theta_c \tag{S.60}$$

を満たすことが要求される.

(ii) 斜面と円筒の間に滑りが生じる場合 ($\theta > \theta_c$)

このとき,

$$f = \mu' Mg\cos\theta. \tag{S.61}$$

(S.61) 式を (S.54) 式に代入することで,

$$\ddot{x} = g(\sin\theta - \mu'\cos\theta). \tag{S.62}$$

これは必ず正となり，円筒が降下することと矛盾しないことが解る (なぜならば，$\tan\theta > \tan\theta_c = \mu(1 + Ma^2/I) > \mu > \mu'$).

さて，常温の缶と凍った缶の降下の様子を比較してみよう．常温の (凍った) 缶の静止摩擦係数，滑り摩擦係数をそれぞれ $\mu_1(\mu_2)$, $\mu_1'(\mu_2')$ とする．それぞれの缶ともに，最大静止摩擦係数は滑り摩擦係数より大きい．すなわち,

$$\mu_1 > \mu_{1'},$$
$$\mu_2 > \mu_{2'}. \tag{S.63}$$

また，最大静止摩擦係数も滑り摩擦係数も常温の缶の方が凍った缶より大きいとする．したがって，

$$\mu_1 > \mu_2,$$
$$\mu_{1'} > \mu_{2'} \tag{S.64}$$

(凍った缶の方が摩擦が小さいと仮定することは自然であろう)．そして，缶の容器部分の質量を m, ジュースの質量を $\tilde{m}$ とする．これらは当然，常温および凍った缶ともに同じ値となる．

さらなる仮定として，常温の缶の容器部分が回転している最中にジュースは回転しないものとする．一方で，凍っている缶では缶容器の回転とともに凍ったジュースも一緒に回転するものとする．よって，常温の缶の回転軸周りの慣性モーメントは質量が m である中空円柱の中心軸周りの慣性モーメント (表 11.3 (p.207)) と一致し，凍った缶の回転軸の周りの慣性モーメントは，それに質量 $\tilde{m}$ の円柱の中心軸周りの慣性モーメント (表 11.3 (p.207)) を加えたものと一致する．すなわち，

$$I_1 = ma^2,$$
$$I_2 = I_1 + \frac{\tilde{m}a^2}{2} (> I_1) \tag{S.65}$$

となる．

斜面の角度 θ を変えていったときの常温，および凍った缶の加速度 a_1, a_2 は表 S.1 のようにまとめられる．ただし，$M = m + \tilde{m}$ であり，θ_{c1}, θ_{c2} はそれぞれ常温，および凍った缶が滑り出す角度で，

$$\theta_{c1} = \tan^{-1} \mu_1 \left(1 + \frac{Ma^2}{I_1}\right),$$
$$\theta_{c2} = \tan^{-1} \mu_2 \left(1 + \frac{Ma^2}{I_2}\right). \tag{S.66}$$

ここで (S.64), (S.65) 式より，

$$\theta_{c2} < \theta_{c1} \tag{S.67}$$

であることがわかる．表 S.1 と (S.65) 式より，$\theta < \theta_{c2}$ のときは常温の缶の方が凍った缶よりも大きな加速度で降下することがわかる．また，表 S.1 と (S.64) 式より，$\theta_{c1} < \theta$ のときは逆に常温の缶の方が凍った缶よりも小さな加速度で降下することがわかる．

ところで，$\theta_{c2} < \theta < \theta_{c1}$ における a_1 と a_2 の表式の差は，

表 S.1 常温の缶，および凍った缶の加速度 a_1, a_2．ただし，$M = m + \tilde{m}$．

	$\theta < \theta_{c2}$	$\theta_{c2} < \theta < \theta_{c1}$	$\theta_{c1} < \theta$
a_1	$\dfrac{Mga^2 \sin\theta}{Ma^2 + I_1}$	$\dfrac{Mga^2 \sin\theta}{Ma^2 + I_1}$	$g(\sin\theta - \mu_1' \cos\theta)$
a_2	$\dfrac{Mga^2 \sin\theta}{Ma^2 + I_2}$	$g(\sin\theta - \mu_2' \cos\theta)$	$g(\sin\theta - \mu_2' \cos\theta)$
大小関係	$a_1 > a_2$	条件に依存	$a_1 < a_2$

$$a_1 - a_2 = g\cos\theta \left\{ \mu_2' - \left(1 - \frac{Ma^2}{Ma^2 + I_1}\right)\tan\theta \right\} \tag{S.68}$$

のようにまとめられる．いま，(S.68) 式の右辺がゼロとなる角度を

$$\theta' = \tan^{-1} \frac{\mu_2'}{1 - \dfrac{Ma^2}{Ma^2 + I_1}} = \tan^{-1} \left\{ \mu_2' \left(1 + \frac{Ma^2}{I_1}\right) \right\} \tag{S.69}$$

とおく．(S.68) 式の右辺は $\theta < \theta'$ のとき正，$\theta' < \theta$ のときは負となる．また，(S.63), (S.64) 式より，$\theta' < \theta_{c1}$ であることに注意してほしい．

すると，答えは以下のようにまとめられる．斜面の角度 θ が小さいうちは，常温の缶の方が凍った缶よりも加速度が大きい．ところが，θ を大きくするにつれ大小関係が逆転する．逆転が起こる角度 $\bar{\theta}$ は，

- $\theta' \leqq \theta_{c2}$ のとき，すなわち，

$$\mu_2' \left(1 + \frac{Ma^2}{I_1}\right) \leqq \mu_2 \left(1 + \frac{Ma^2}{I_2}\right)$$

  ならば，

$$\bar{\theta} = \theta_{c2}.$$

- $\theta_{c2} < \theta'$ のとき，すなわち

$$\mu_2 \left(1 + \frac{Ma^2}{I_2}\right) < \mu_2' \left(1 + \frac{Ma^2}{I_1}\right)$$

  ならば，

$$\bar{\theta} = \theta'.$$

問 11.3 複雑な問題に思えるかもしれないが，問いで求められている答えを得るだけならば実は簡単で，二つの質点の非弾性衝突の場合とまったく同じ結果が得られる．剛体の重心

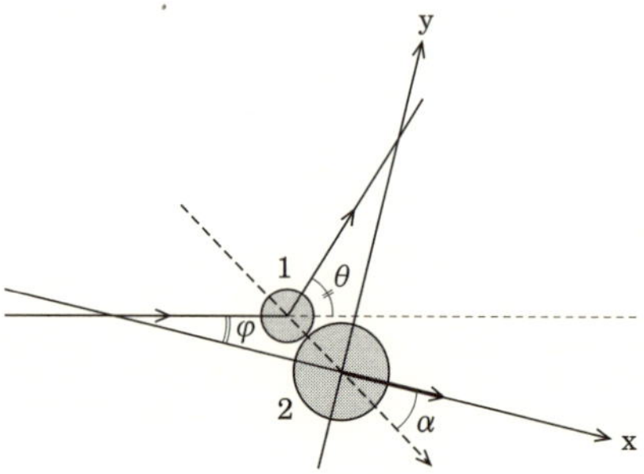

図 S.5　円板の衝突

運動は，同じ質量を持った質点の運動と同じになるからである．

もうすこし詳しく述べよう．図 S.5 のように，標的円板の重心を原点として，標的円板が衝突後に飛んでいく方向へ x 軸，それに垂直な方向へ y 軸をとる．こうして重心に対する運動量保存の法則と，跳ね返り係数の定義式を書き下すと，第 10 章の例題 10.12 で議論した二つの質点の非弾性衝突の問題とまったく同じ式になることがわかる．

衝突時における 2 円板の重心を結ぶ線と x 軸とのなす角 α がゼロでないのは，接触時に摩擦力が働くためである．よって，トルクが生じるために衝突後 2 円板は回転をする．そして，2 円板の接触の瞬間に滑りがある場合，およびない場合それぞれの条件式を課すことによって，2 円板の回転の角速度を求めることができる．この問題の発展版として，ビリヤード球の運動などが挙げられる．

筆者はこの円板の問題を高校生の頃に物理の授業の自由課題レポートで提出したことがあった．その当時ブルーバックスなどの科学入門書を読み漁っていて，湯川の非局所場理論とか素領域理論とか，拡がった素粒子描像などというくだりを読んで何もわかりもしないのにその気になり，よしそれでは教科書に出ている質点の散乱問題を剛体に置き換えてやってみようと勢い取り組んでみたが，なかなか骨の折れる計算であった．最近では剛体も高校で習うようになったが，筆者が高校生の頃は教程に含まれておらず，実家の納戸に眠っていたカビ臭いファインマン物理学 (いまは筆者の大学の居室の本棚に収まっている) などを紐解きながらやっとの思いで解いた記憶がある．実は実験も行った．自作でエアーテーブルを造り，平面との摩擦を減らした上で目印となるシールを貼った 500 円玉を滑らせ衝突させ，写真が得意な友人の助力を得てストロボ撮影で並進速度や回転速度を測定し，理論の結果との比較を行った．あの装置は高校の物理教室に置きっぱなしにしてきたが (なぜかコインだけは実家に置いてある．500 円 $\times 2 = 1,000$ 円が惜しかったのだろうか)，卒業以来 30 年近く一度も足を運んでいない．今もまだあるだろうか $\cdots$

講義の余談のようなつもりで詮ないことを書いてしまった．締めくくりの演習問題ということで，ご勘弁願いたい．

索引

数字・アルファベット

あ　行

か　行

さ　行

た 行

な 行

は 行

ま 行

ら 行

御領 潤（ごりょう・じゅん）
1972年　東京都生まれ.
1999年　北海道大学大学院理学研究科博士課程修了.
現　在　弘前大学大学院理工学研究科准教授．博士（理学）.
　　　　専門は凝縮系物理学理論.

NBS Nippyo Basic Series　日本評論社ベーシック・シリーズ＝NBS

力学
（りきがく）

2017 年 4 月 20 日　第 1 版第 1 刷発行

著　者――――御領　潤
発行者――――串崎　浩
発行所――――株式会社 日本評論社
〒170-8474 東京都豊島区南大塚 3-12-4
電　話――――(03) 3987-8621 (販売) (03) 3987-8599 (編集)
印　刷――――三美印刷
製　本――――井上製本所
装　幀――――図工ファイブ
イラスト―――Tokin

ISBN 978-4-535-80638-2